華 章 圖 書

一本打开的书，一扇开启的门，

通向科学殿堂的阶梯，托起一流人才的基石。

云计算与虚拟化技术丛书

Mastering Elasticsearch 5.x

Third Edition

深入理解 Elasticsearch

（原书第3版）

［印度］ 波哈维·荻西特（Bharvi Dixit） 著

刘志斌 译

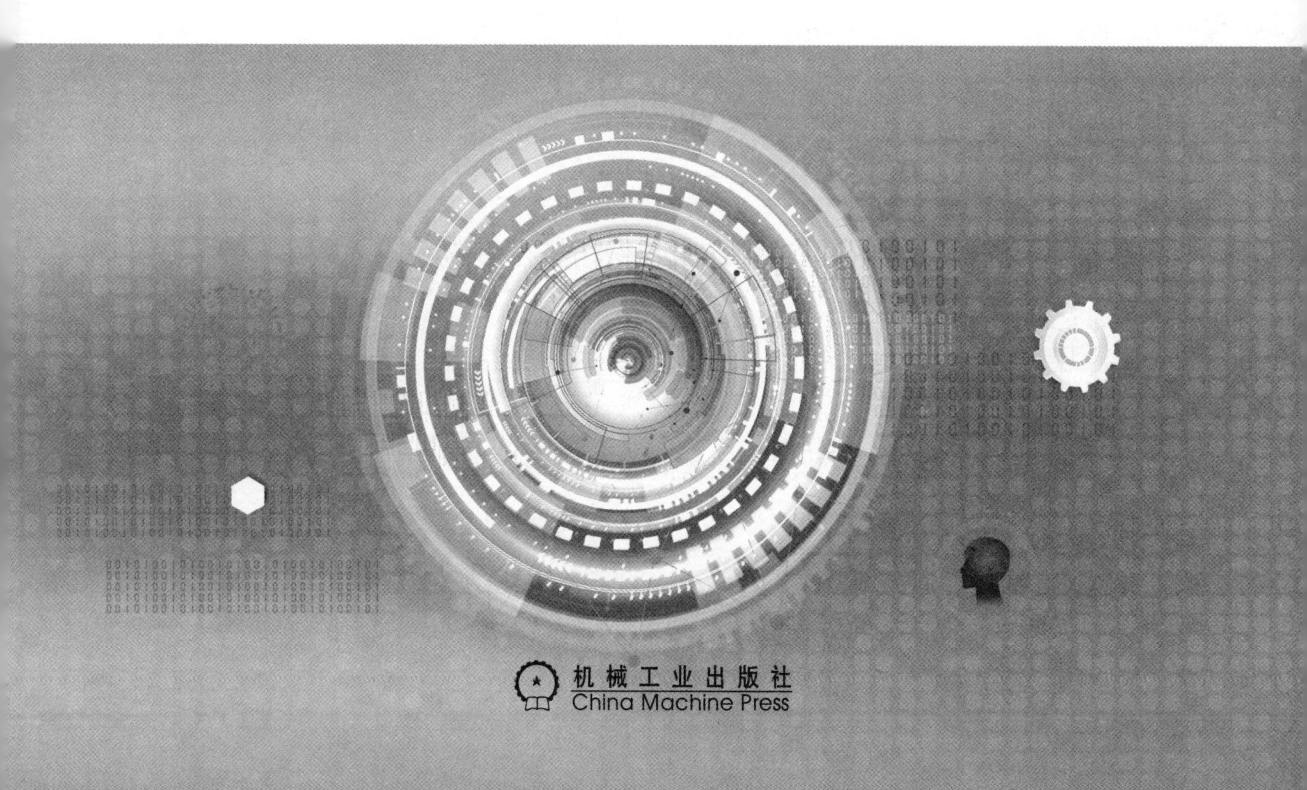

机械工业出版社

China Machine Press

图书在版编目（CIP）数据

深入理解 Elasticsearch（原书第 3 版）/（印）波哈维·荻西特（Bharvi Dixit）著；刘志斌译．—北京：机械工业出版社，2020.1

（云计算与虚拟化技术丛书）

书名原文：Mastering Elasticsearch 5.x, Third Edition

ISBN 978-7-111-64307-4

I. 深…　II. ① 波…　② 刘…　III. 搜索引擎－程序设计　IV. TP391.3

中国版本图书馆 CIP 数据核字（2019）第 269938 号

本书版权登记号：图字　01-2017-4104

Bharvi Dixit：Mastering Elasticsearch 5.x, Third Edition（ISBN：978-1-78646-018-9）.

深入理解 Elasticsearch（原书第 3 版）

出版发行：机械工业出版社（北京市西城区百万庄大街 22 号　邮政编码：100037）

责任编辑：李永泉　　责任校对：殷　虹

印　　刷：中国电影出版社印刷厂　　版　　次：2020 年 1 月第 1 版第 1 次印刷

开　　本：186mm×240mm　1/16　　印　　张：18.75

书　　号：ISBN 978-7-111-64307-4　　定　　价：89.00 元

客服电话：（010）88361066　88379833　68326294　　投稿热线：（010）88379604

华章网站：www.hzbook.com　　读者信箱：hzit@hzbook.com

The Translator's Words 译　者　序

关于本书的主要内容介绍，作者已经在前言中进行了详细介绍，应该足以让读者非常全面地了解这本书。译者也绞尽脑汁地想洋洋洒洒一番，却总怕有画蛇添足之嫌，所以不如干脆凝成一句话：本书适合 Elasticsearch 的中高级读者阅读，他们可以从设计原理、部署调优、高级特性、扩展开发等方面进行进一步的学习。

译者默默耕耘于数据技术的广袤土地，忽然抬头仰望星空，深感韶华易逝，总觉得应该有些东西可以分享给大家，或者换种方式为这奔涌向前的时代多做一点贡献。幸得贵友推荐，机械工业出版社愿意给予机会，让我可以开始第一次尝试。

此次翻译历时约半年，中间经历反复断续最终得以全部完成。对于这本书的翻译，在不偏离原文内容的原则下，译者尽量使语句通顺、流畅。受水平和经验所限，不足之处在所难免，还请读者多多包涵并不吝赐教。本版的许多内容借鉴了前一版中文译作，在此要向前一版的所有译者表达衷心的感谢。

在此还要对我的家人表达感谢，感谢他们的理解与默默支持。孩子们学业繁重，也期盼能多出去玩乐，却常常只能一起相伴于青灯苦影。只好安慰自己说，我们是在分头努力吧！

最后，感谢 Elastic 提供的这个强大的搜索服务器，希望它也能越来越好，不断进步！

前　言 *Preface*

欢迎来到Elasticsearch的世界并阅读本书。在阅读的过程中，我们将带你了解与Elasticsearch紧密相关的各种话题。但请注意，本书的目标读者并不是初学者，Elasticsearch从1.x演进到5.x已经有了非常大的变化，因此本书在上一版的基础上补充了很多新内容。

本书将探讨与Elasticsearch和Lucene相关的各方面内容。首先简单介绍一下Lucene和Elasticsearch，带你了解Elasticsearch提供的各种查询方法。在这里会涉及与查询相关的不同主题，比如结果过滤、在特定场景下如何选择合适的查询方式等。Elasticsearch当然并非只具备查询功能，本书还将介绍Elasticsearch新引入的聚合功能以及其他特性，帮你挖掘出被索引数据的价值，并为用户提供更好的查询体验。

在与Elasticsearch脚本模块相关的章节中，也将讨论在Elasticsearch中进行数据建模和处理关系型数据的方法，同时也会展示一些用新的默认脚本语言Painless写成的例子。

对大多数用户来说，查询和数据分析是Elasticsearch最吸引人的部分，不过这些并不是本书讨论的全部内容。因此在索引架构的部分，本书还会试图与读者探讨一些额外的话题，比如如何选择合适的分片数和副本数、如何调整分片分配方式等。在讨论Elasticsearch和Lucene之间的关系时，还将介绍不同的评分算法、如何选择合适的存储机制、它们之间的差异、为什么做出合适的选择很重要等。

Elasticsearch的管理功能虽然被放在了最后讨论，但同样重要。这一部分内容包括发现模块和恢复模块，以及对人类友好的Cat API——使用它可以快速获取管理命令的结果，并将返回的JSON格式数据以人类易于阅读的格式展现，无须再次转换。我们还将讨论ingest节点，它可以在生成索引之前就对Elasticsearch中的数据进行预处理，以及如何利用部落节点来完成在多个节点之间进行联合搜索的功能。

看书名就知道，本书不会错过与性能相关的话题，会用整整一章来专门讨论它。

与本书第 2 版一样，也有一章专门讨论 Elasticsearch 插件的开发。展示如何构建 Apache Maven 项目，并开发两个不同类型的插件——自定义 REST 操作插件和自定义分析插件。

最后一章将讨论完整的 Elastic Stack 所包含的全部组件，读后会对如何开始使用 Logstash、Kibana 和 Beats 等工具有大致的了解。

读过上述内容之后，如果对某些内容产生了兴趣，那么这本书就是适合的。希望读者在读完整本书之后，会喜欢它。

本书主要内容

第 1 章先介绍了 Apache Lucene 的工作方式，再介绍 Elasticsearch 5.x。主要关注基本概念以及 Elasticsearch 在从 1.x 到 5.x 的演进过程中发生的重要功能变化。

第 2 章讲解新的默认评分算法 BM25，以及它与之前的 TF-IDF 算法相比的优点。另外还讲解了 Elasticsearch 的各种功能，如查询改写、查询模板、查询模块的变化，以及在特定场景下可以选择的不同查询方法，等等。

第 3 章讲述了多匹配控制、二次评分、函数评分查询等查询相关功能。这一章也包括 Elasticsearch 的脚本模块相关内容。

第 4 章讨论了在 Elasticsearch 中进行数据建模的不同方法，以及在真实场景中如何用 parent-child 关系和嵌套数据类型来处理文档之间的关系。这一章还进一步讨论了用于数据分析的 Elasticsearch 聚合模块。

第 5 章关注通过查询建议器（suggester）提升用户搜索体验的话题，它可以改正查询语句中的拼写错误，提供高效的自动补齐功能。本章内容还包括如何提高查询相关性，如何使用同义词进行搜索等。

第 6 章的主要内容包括选择正确的分片数和副本数、路由是怎么工作的、分片分配是怎么工作的、如何影响分片行为等。本章还讨论了查询执行偏好是什么，以及它是怎样影响查询执行的。

第 7 章讲述如何更改 Apache Lucene 的评分机制，以及如何选择备用的评分算法。本章还包括准实时搜索、索引和事务日志的使用，理解索引的段合并机制，再基于 Elasticsearch 5.x 的删除合并策略细节，就可以根据场景来进行调优了。在本章的最后，还可以了解 IO 节流（IO Throttling）和 Elasticsearch 的缓存机制。

第 8 章关注与管理 Elasticsearch 相关的内容。其中介绍了什么是发现模块、网关模块和恢复模块，并讲解了如何配置它们，以及为什么值得如此大费周章地配置它们。本章还介绍了什么是 Cat API、如何备份数据并恢复到不同云服务上（亚马逊 AWS、微软 Azure 等）。

第 9 章讲述了 Elasticsearch 5 的最新特性——ingest 节点，用它可以先对数据进行预处理，再在 Elasticsearch 中生成索引。本章也讲到了联盟搜索使用部落节点在不同的集群之间完成搜索的工作原理。

第 10 章讨论在不同的负载下如何提升性能、扩展生产集群的正确方法、垃圾回收原理、热点线程问题等以及如何应对它们，并进一步讨论了查询分析和查询基准测试。本章最后针对高查询量和高索引吞吐率这些不同场景，给出了一些 Elasticsearch 集群的调优建议。

第 11 章详细地演示和讲解了如何开发自己的 REST 操作插件和语言分析插件，以及 Elasticsearch 插件的开发方法。

第 12 章介绍了 Elastic Stack 5.0 的各个组件，包括 Elasticsearch、Logstash、Kibana 和 Beats 等。

阅读本书的必备资源

本书基于 Elasticsearch 5.0.x 写成，所有范例代码都可以在该版本下正常运行。除此之外，还需要 curl 或者一个与 curl 类似的可以发送 HTTP 请求的命令行工具，curl 在绝大多数操作系统上都可以使用。请注意，本书中的所有例子都使用了 curl。如果想换用其他工具，请注意对请求进行正确的格式转换，以保证选择的工具可以正确地解析请求。

另外，如果想要成功运行第 11 章中的例子，需要在电脑上安装 1.8.0_73 版本或以上的 JDK，并需要一个可以开发代码的编辑器，比如 Eclipse 之类的 Java IDE。本书使用 Apache Maven 来构建代码和管理依赖项。

本书最后一章基于 Elastic Stack 5.0.0 写成，因此要准备好 Logstash、Kibana 和 Metricbeat，并要注意保证版本兼容。

本书的目标读者

本书的目标读者是那些对 Elasticsearch 的基本概念已经熟悉，还想对这个强大的搜索服务器有进一步了解的 Elasticsearch 用户和发烧友。书中也包括 Apache Lucene 和 Elasticsearch 的工作原理，以及 Elasticsearch 从 1.x 到 5.x 的演进过程。除此之外，想了解如何改进查询相关性、如何自己开发插件来扩展 Elasticsearch 功能的读者，也可以从中受益。

如果刚刚接触 Elasticsearch，对查询和索引等基本概念还不熟悉，阅读本书可能会有些吃力，因为大多数章节都假设读者已经具备了相关背景知识。

约定

在本书中可以看到不同字体的文字，它们是用来表示不同信息的。下面是一些例子，用来解释各种不同的字体各自代表什么意思。

下面是一段代码：

```
public class CustomRestActionPlugin extends Plugin implements ActionPlugin
{
  @Override
     public List<Class<? extends RestHandler>> getRestHandlers() {
           return Collections.singletonList(CustomRestAction.class);
     }
}
```

如果希望读者特别留意代码中的某些部分，相关内容会以粗体显示：

```
curl -XGET 'localhost:9200/clients/_search?pretty' -d '{
 "query" : {
  "prefix" : {
   "name" : {
    "prefix" : "j",
    "rewrite" : "constant_score_boolean"
   }
  }
 }
}'
```

所有命令行的输入或输出都用下面的字体表示：

```
curl -XPUT 'localhost:9200/mastering_meta/_settings' -d '{
 "index" : {
  "auto_expand_replicas" : "0-all"
 }
}
```

这个符号表示警告或者重要提示。

这个符号表示提示或者小窍门。

下载示例代码及彩色图片

本书的示例代码及所有截图，可以从 http://www.packtpub.com 通过个人账号下载，也可以访问华章图书官网 http://www.hzbook.com，通过注册并登录个人账号下载。

致　谢 *Acknowledgements*

这是我关于 Elasticsearch 的第二本书。第一本书《Elasticsearch Essentials》的读者们给了我许多关怀和反馈，让我非常感动。现在你手里拿到的这本书讲的是与 Elasticsearch 5.x 相关的内容，这个版本的 Elasticsearch 为这个强大的搜索服务器增添了许多特性，并做出了许多改进。希望在阅读本书之后，你不仅会了解 Lucene 和 Elasticsearch 的底层架构，还可以掌握许多高级概念，比如脚本、改进平台性能、写定制的基于 Java 的插件等。

是时候说一声谢谢了。

我想感谢我的家庭一直给予我的支持，尤其是我的兄弟 Patanjali Dixit，在我的职业生涯中他一直是我力量的支柱。我还要对 Lavleen 致以最大的谢意，感谢她在我忙于写作或处理工作上的复杂问题时，给予我的爱、支持和鼓励。

我也要对帮助出版这本书的 Packt 团队表示感谢，包括我们的技术审阅者们。没有他们给予的强大支持，这本书不会像现在这么棒。

我还要对在 Sentieo 共事的所有人表示感谢，感谢他们共同创造了这样良好的氛围，让工作变得如此有趣。我要对 Atul Shah 表示特别感谢，他在我研究 Lucene 和 Elasticsearch 的各种错综复杂的问题时给了我许多灵感，帮助我解决了许多的难题。

最后要感谢 Shay Banon 创造了 Elasticsearch，感谢所有为这个项目的各种库和模块做出贡献的人们。

再一次，谢谢你们！

About the Author 作者简介

Bharvi Dixit 是一名在搜索服务器、NoSQL 数据库和云服务等领域有着丰富经验的 IT 专家，拥有计算机科学专业的硕士学位，现就职于 Sentieo（一家位于美国的财务数据和产权搜索平台），在 Sentieo 的搜索和数据团队中扮演着关键角色，主导了公司的整体平台架构建设，该架构运行在数百台服务器之上。

Bharvi 也是新德里召开的 Elasticsearch Meetup Group 的组织者，在会上做过有关 Elasticsearch 和 Lucene 的演讲，并在不断构建着与这些技术有关的社区。

Bharvi 还是一名 Elasticsearch 顾问，帮助近十家公司采用 Elasticsearch 的方案解决各自领域内的复杂搜索问题，比如在反恐和危机管理领域的大数据自动化智能平台搜索方案等，还涉及招聘、电子商务、财务、社交搜索和日志监控等其他领域。

Bharvi 对打造分布式后端平台也有着强烈的兴趣，另外，感兴趣的领域还包括搜索工程、数据分析和分布式计算等。他喜欢用 Java 和 Python 写代码，也为咨询公司构建过专用软件。

Bharvi 从 2013 年开始从事与 Lucene 和 Elasticsearch 相关的工作。在 2016 年写了自己的第一本书《 Elasticsearch Essentials》，由 Packt 出版。他也是 Packt 出版的《学习 Kibana 5.0》一书的技术审阅者。

读者可以在 LinkedIn 上（https://in.linkedin.com/in/bharvidixit）与 Bharvi 互加好友，或者在 Twitter（@d_bharvi）上关注他。

审阅者简介 About the Reviewer

Marcelo Ochoa 在阿根廷首都布宜诺斯艾利斯的 UNICEN 国立大学系统实验室工作，是 Scotas 公司（这家公司专注于通过 Apache Solr 和 Oracle 技术提供准实时搜索解决方案）的 CTO。他的时间主要花在校内工作，以及校外与 Oracle、大数据技术相关的项目上。他参与过许多与 Oracle 相关的项目，比如翻译 Oracle 手册和基于计算机技术的多媒体教学等。他有数据库、网络、网站和 Java 技术等多方面的背景。在 XML 方面，他是 Apache Cocoon 项目的 DB Generator 开发者。他还对一些其他开源项目做过贡献，比如用 Oracle JVM Directory 实现 Lucene-Oracle 整合的 DBPrism 和 DBPrism CMS 项目，在 Restlet.org 项目中主要做 Oracle XDB Restlet Adapter（这是在基于 JVM 的数据库中写原生 REST 网站服务的另一种方案）等。从 2006 年开始他就加入了 Oracle ACE 项目，Oracle ACE 是 Oracle 社区非常著名的 Oracle 技术爱好者和拥护者，候选人都要经过 Oracle 技术与应用社区的 ACE 提名。他与人合著过许多书，比如 Digital 出版的《 Oracle Database Programming using Java and Web Services 》和 Wrox 出版的《 Professional XML Databases 》等。他也是许多 Packt 图书的技术审阅者，比如《 Apache Solr 4 Cookbook, ElasticSearch Server 》等。

Contents 目录

译者序

前言

致谢

作者简介

审阅者简介

第1章 回顾Elasticsearch与演进历史 …… 1

1.1 Apache Lucene 简介 …… 1

1.1.1 更深入地了解 Lucene 索引 …… 2

1.1.2 Elasticsearch 概览 …… 7

1.2 Elasticsearch 5.x 介绍 …… 8

1.2.1 Elasticsearch 新特性简介 …… 9

1.2.2 Elasticsearch 的演进 …… 10

1.2.3 2.x 到 5.x 的变化 …… 14

1.3 小结 …… 16

第2章 查询DSL进阶 …… 17

2.1 Lucene 的新默认文本评分机制——BM25 …… 17

2.1.1 理解精确率与召回率 …… 18

2.1.2 回顾 TF-IDF …… 18

2.1.3 BM25 与 TF-IDF 有什么不同 …… 21

2.2 查询 DSL 重构 …… 22

2.3 为任务选择合适的查询 …… 22

2.3.1 查询方式分类 …… 22

2.3.2 使用示例 …… 27

2.3.3 查询 DSL 的其他重要变化 …… 36

2.4 查询改写 …… 37

2.4.1 前缀查询示例 …… 37

2.4.2 回到 Apache Lucene …… 39

2.4.3 查询改写的属性 …… 40

2.5 查询模板 …… 43

2.5.1 引入查询模板 …… 43

2.5.2 Mustache 模板引擎 …… 45

2.6 小结 …… 49

第3章 不只是文本搜索 …… 50

3.1 多匹配控制 …… 50

3.2 多匹配类型 …… 51

3.2.1 最佳字段匹配 …… 51

3.2.2 跨字段匹配 …… 54

3.2.3 最多字段匹配……55

3.2.4 短语匹配……56

3.2.5 带前缀的短语匹配……56

3.3 用函数得分查询控制分数……57

3.4 函数得分查询下的内嵌函数……58

3.4.1 weight 函数……58

3.4.2 字段值因子函数……59

3.4.3 脚本评分函数……60

3.4.4 衰变函数——linear、exp 和 gauss……60

3.5 查询二次评分……61

3.6 二次评分查询的结构……62

3.7 Elasticsearch 脚本……66

3.7.1 语法……66

3.7.2 Elasticsearch 各版本中脚本的变化……66

3.8 新的默认脚本语言 Painless……67

3.8.1 用 Painless 写脚本……67

3.8.2 示例……69

3.8.3 用脚本为结果排序……71

3.8.4 按多个字段排序……72

3.9 Lucene 表达式……73

3.9.1 基础知识……73

3.9.2 一个例子……73

3.10 小结……75

第4章 数据建模与分析……76

4.1 Elasticsearch 中的数据建模方法……76

4.2 管理 Elasticsearch 中的关系型数据……77

4.2.1 对象类型……77

4.2.2 嵌套文档……80

4.2.3 父子关系……82

4.2.4 其他可选方案……84

4.2.5 数据反范式的例子……84

4.3 用聚合做数据分析……85

4.3.1 Elasticsearch 5.0 的快速聚合……85

4.3.2 重温聚合……86

4.3.3 一类新的聚合：矩阵聚合……93

4.4 小结……96

第5章 改善用户搜索体验……97

5.1 改正用户拼写错误……97

5.1.1 测试数据……98

5.1.2 深入技术细节……99

5.2 suggester……99

5.2.1 在 `_search` 端点下使用 suggester……99

5.2.2 `term` suggester……103

5.2.3 `phrase` suggester……105

5.2.4 completion suggester……113

5.3 实现自己的自动完成功能……117

5.4 处理同义词……120

5.4.1 为同义词搜索准备 `settings`……120

5.4.2 格式化同义词……121

5.4.3 同义词扩展与收缩……122

5.5 小结……123

第6章 分布式索引架构……125

6.1 配置示例的多节点集群……125

6.2 选择合适数量的分片和副本……127

6.2.1 分片和预分配……127
6.2.2 预分配的正面例子……128
6.2.3 多分片与多索引……128
6.3 路由……129
6.3.1 分片和数据……129
6.3.2 测试路由功能……130
6.3.3 在索引过程中使用路由……132
6.3.4 路由实战……132
6.3.5 查询……134
6.3.6 别名……136
6.3.7 多值路由……137
6.4 分片分配控制……137
6.4.1 部署意识……138
6.4.2 确定每个节点允许的总分片数……142
6.4.3 确定每台物理服务器允许的总分片数……143
6.5 查询执行偏好……146
6.5.1 preference 参数……146
6.5.2 使用查询执行偏好的例子……148
6.6 将数据切分到多个路径中……148
6.7 索引与类型——创建索引的改进方法……148
6.8 小结……149

第7章 底层索引控制……150

7.1 改变 Apache Lucene 的评分方式……150
7.2 可用的相似度模型……151
7.3 为每个字段配置相似度模型……151
7.4 相似度模型配置……152
7.5 选择默认的相似度模型……153
7.6 选择合适的目录实现——store 模块……156
7.7 存储类型……156
7.8 准实时、提交、更新及事务日志……158
7.8.1 索引更新及更新提交……159
7.8.2 更改默认的刷新时间……159
7.8.3 事务日志……160
7.8.4 实时读取……161
7.9 控制段合并……162
7.9.1 Elasticsearch 合并策略的变化……163
7.9.2 配置 tiered 合并策略……163
7.9.3 合并调度……164
7.9.4 强制合并……165
7.10 理解 Elasticsearch 缓存……166
7.10.1 节点查询缓存……166
7.10.2 分片查询缓存……166
7.10.3 字段数据缓存……168
7.10.4 使用 circuit breaker……168
7.11 小结……169

第8章 管理Elasticsearch……170

8.1 Elasticsearch 的节点类型……170
8.1.1 数据节点……171
8.1.2 主节点……171
8.1.3 Ingest 节点……171
8.1.4 部落节点……172
8.1.5 协调节点 / 客户端节点……172

8.2 发现和恢复模块 …… 172
8.2.1 发现模块的配置 …… 173
8.2.2 网关和恢复模块的配置 …… 177
8.2.3 索引恢复 API …… 179
8.3 使用对人类友好的 Cat API …… 182
8.3.1 Cap API 的基础知识 …… 183
8.3.2 使用 Cat API …… 184
8.4 备份 …… 186
8.4.1 快照 API …… 187
8.4.2 在文件系统中保存备份 …… 187
8.4.3 在云中保存备份 …… 189
8.5 快照恢复 …… 193
8.6 小结 …… 196

第9章 数据转换与联盟搜索 …… 197

9.1 用 ingest 节点在 Elasticsearch 里对数据进行预处理 …… 197
9.1.1 使用 ingest 管道 …… 198
9.1.2 处理管道中的错误 …… 202
9.1.3 使用 ingest 处理器 …… 204
9.2 联盟搜索 …… 208
9.2.1 测试集群 …… 208
9.2.2 建立部落节点 …… 209
9.2.3 通过部落节点读取数据 …… 211
9.2.4 主节点级别的读操作 …… 212
9.2.5 通过部落节点写入数据 …… 213
9.2.6 主节点级别的写操作 …… 213
9.2.7 处理索引冲突 …… 213
9.2.8 屏蔽写操作 …… 215
9.3 小结 …… 215

第10章 提升性能 …… 216

10.1 查询验证与分析器 …… 216
10.1.1 在执行前就验证代价大的查询 …… 217
10.1.2 获得详细查询执行报告的查询分析器 …… 219
10.1.3 关于查询分析用途的思考 …… 221
10.2 热点线程 …… 222
10.2.1 热点线程的使用说明 …… 222
10.2.2 热点线程 API 的响应 …… 223
10.3 扩展 Elasticsearch 集群 …… 224
10.3.1 垂直扩展 …… 224
10.3.2 水平扩展 …… 225
10.3.3 在高负载的场景下使用 Elasticsearch …… 231
10.4 用 shrink 和 rollover API 高效管理基于时间的索引 …… 242
10.4.1 shrink API …… 243
10.4.2 rollover API …… 244
10.5 小结 …… 246

第11章 开发Elastisearch插件 …… 247

11.1 创建 Apache Maven 的项目架构 …… 247
11.1.1 了解基础知识 …… 248
11.1.2 Maven Java 项目的结构 …… 248
11.2 创建自定义 REST 行为插件 …… 252
11.2.1 设定 …… 252

11.2.2 实现细节 ···················· 252

11.2.3 测试阶段 ···················· 256

11.2.4 检验 REST 行为插件是否工作正常 ···················· 257

11.3 创建自定义分析插件 ············· 258

11.3.1 实现细节 ···················· 258

11.3.2 测试自定义分析插件 ······ 262

11.4 小结 ································ 264

第12章 介绍Elastic Stack 5.0 ·········· 265

12.1 Elastic Stack 5.0 简介 ············· 265

12.2 介绍 Logstash、Beats 和 Kibana ··· 266

12.2.1 使用 Logstash ··············· 266

12.2.2 引入 Beats 作为数据传输器 ······················· 271

12.2.3 使用 Kibana ················ 273

12.3 小结 ································ 282

第 1 章 Chapter 1

回顾 Elasticsearch 与演进历史

从 2014 年发布的 1.x 版到 2016 年的 5.x 版，Elasticsearch 发展得非常迅速。从最早的 1.0.0 到现在的两年半时间里，Elasticsearch 的应用量迅猛增长，供应商和社区在一起提交缺陷修复、交互性改善及新功能升级，因此对于结构化和非结构化的文档来说，Elasticsearch 一直都是最受欢迎的 NoSQL 存储、索引和搜索工具，而且作为 Elastic Stack 的一部分，它也成了越来越受欢迎的日志分析工具。

我们希望本书能让读者的 Elasticsearch 知识系统化，并通过一些例子来让读者在某些场景下触类旁通，扩展知识。如果你只是想找一本 Elasticsearch 入门书，请阅读 Packt 出版的《Elasticsearch Essentials》。

在深入阅读这本书之前，我们假设读者已经对如何使用 Elasticsearch 有了基本认识，知道如何索引文档、如何发送命令找出自己感兴趣的文档、如何用过滤器来筛选查询结果、如何使用聚合功能来统计数据。不过，在接触 Elasticsearch 各种令人激动的功能之前，我们将先对 Apache Lucene 进行简单介绍，因为 Elasticsearch 正是使用开源搜索库 Lucene 构建和搜索索引的。希望读者能按本书所要求的那样正确理解 Lucene。本章将涵盖以下内容：

- Lucene 和 Elasticsearch 简介。
- 介绍 Elasticsearch 5.x。
- Elasticsearch 新特性。
- Elasticsearch 1.x 之后的演进。

1.1 Apache Lucene 简介

为了全面理解 Elasticsearch 的工作原理，尤其是索引和查询处理环节，对 Apache

Lucene 库的理解显得至关重要。揭开 Elasticsearch 的神秘面纱，你会发现它在内部使用 Apache Lucene 创建索引，同时也使用 Apache Lucene 对文档进行搜索。在接下来的内容里，我们将向读者介绍 Apache Lucene 的基本概念，特别是那些从来没有使用过 Lucene 的读者们。

Lucene 是一个用 Java 写的成熟的、开源的、高性能、分布式、轻量级而又强大的库。它的核心就是单个 Java 库文件，并且没有第三方依赖。用户可以使用它提供的各种全文检索功能进行索引创建和搜索操作。当然，Lucene 还有很多扩展，它们提供了各种各样的功能，例如多语言处理、启用拼写检查、高亮显示等。如果不需要这些额外的特性，可以下载单个 Lucene 核心库文件，直接在应用程序中使用它。

1.1.1 更深入地了解 Lucene 索引

在理解 Lucene 之前，先要理解如下概念。

- **文档（document）**：索引与搜索的主要数据载体，包含一个或多个字段，存放将要写入索引的或将从索引搜索出来的数据。
- **字段（field）**：文档的一个片段，包括字段的名称和内容两个部分。
- **词项（term）**：搜索时的一个单位，代表了文本中的一个词。
- **词条（token）**：词项在字段文本中的一次出现，包括词项的文本、开始和结束的偏移量以及类型。

1. 倒排索引

Apache Lucene 将写入的所有信息组织为倒排索引（inverted index）的结构形式。倒排索引是一种将词项映射到文档的数据结构，这与传统关系型数据库的工作方式不同。你可以把倒排索引当作面向词项的而不是面向文档的数据结构。

我们来看看简单的倒排索引是什么样的。例如，假设一些只包含 title 字段的文档，如下所示：

- Elasticsearch Server（文档 1）。
- Mastering Elasticsearch（文档 2）。
- Elasticsearch Essentials（文档 3）。

这些文档索引好以后，可简略地显示如下：

词项	数量	文档 : 位置	词项	数量	文档 : 位置
Elasticsearch	3	1:1, 2:2, 3:1	Mastering	1	2:1
Essentials	1	3:2	Server	1	1:2

正如所见，每个词项指向该词项所出现过的文档数，以及在文档中的位置。这种索引组织方式支持快速有效的搜索操作，例如基于词项的查询。除了词项本身以外，每个词项有一个与之关联的计数，该计数可以告诉 Lucene 该词项在多少份文档中出现过。

2. 段

索引由多个段（segment）组成，每个段只会写入一次但是会被查询多次。索引期间，一个段创建以后就不再被修改。例如，当段中的某个文档被删除，有关它的信息会被单独保存在一个文件中，而段本身并没有被修改。

多个段将会在**段合并**（segment merge）阶段被合并在一起。段合并操作或被强制执行，或由 Lucene 的内在机制决定在某个时刻执行，合并后段的数量更少，但是单个段的体积更大。段合并操作耗费 I/O 非常严重，合并期间有些不再使用的信息将被清理掉，例如被删除的文档。对于容纳相同数据量的索引，搜索一个大段比搜索多个小段速度更快。

当然，实际的 Lucene 索引比前面提到的更复杂、更高深，除了词项的文档频率和出现该词项的文档列表之外，还包含其他附加信息。在这里我们会介绍一些关于索引的附加信息，了解这些信息对我们很有帮助，尽管它们只在 Lucene 内部使用。

3. norm

norm 是一种与每个被索引文档相关的因子，它存储文档的归一化结果，被用于计算查询的相关得分。norm 基于索引时的文档加权值（boost）计算得出，与文档一起被索引。使用 norm 可以让 Lucene 在建立索引时考虑不同文档的权重，代价仅仅是需要一些额外的磁盘空间和内存来索引和存储 norm 信息。

4. 词项向量

词项向量（term vector）是一种针对每个文档的微型倒排索引。词项向量由词项和词项的出现频率结对组成，还可以包括词项的位置信息。Lucene 和 Elasticsearch 默认都禁用词项向量索引，不过要启用诸如关键词高亮之类的功能，就需要启用这个选项。

5. 倒排项格式

随着 Lucene 4.0 的发布，Lucene 引入了解码器架构，允许开发者控制索引文件写入磁盘的格式，倒排项就是索引中可定制的部分之一。倒排项中可以存储字段、词项、文档、词项位置和偏移量以及载荷（payload，一个在 Lucene 索引中随意存放的字节数组，可以包含任何需要的信息）。针对不同的使用目的，Lucene 提供了不同的倒排项格式。比如，有一种优化后的格式是专门为高散列范围字段提供的（如唯一标识）。

6. doc values

我们前面提到过，Lucene 索引是一种倒排索引。不过针对某些功能（比如聚合），这种倒排索引架构就不是最佳选择。这类功能通常需要操作文档而不是词项，因此 Lucene 需要把索引翻转过来构成正排索引，然后才能进行这些功能所需要的计算。基于这些考虑，Lucene 引入了 doc values 和额外的数据结构来进行排序和聚合。doc values 是存储字段的正排索引，Lucene 和 Elasticsearch 都允许通过配置来指定 doc values 的具体存储方式。可选的存储方式包括基于内存的、基于硬盘的以及二者的混合。从 Elasticsearch 2.x 开始 doc values 就已经默认提供了。

7. 文档分析

当把文档导入 Elasticsearch 时，会经历一个必要的分析阶段，以生成倒排索引。如下图所示，分析阶段由 Lucene 经过一系列步骤完成。

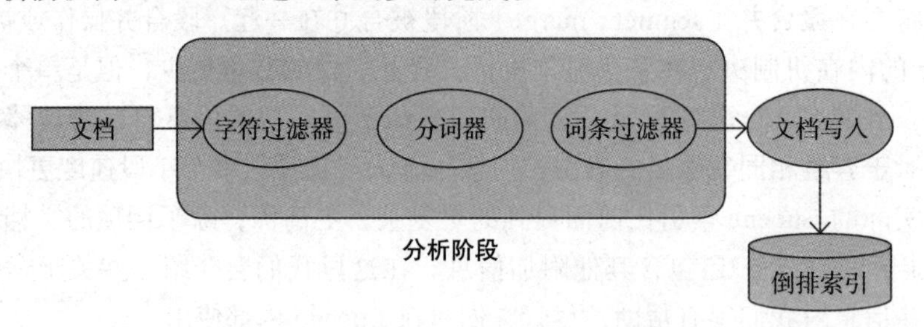

文本分析过程由分析器来执行，分析器包含一个分词器、零到多个词条过滤器以及零到多个字符过滤器。

Lucene 的分词器用来将文本切割成词条，词条是携带各种额外信息的词项，这些信息包括词项在原始文本中的位置和词项的长度。由分词器得到的结果被称为词条流，因为这些词条被一个接一个地推送给过滤器处理。

除了分词器，过滤器也是 Lucene 分析器的组成部分。过滤器的数量可选，可以为零个、一个或多个，用于处理词条流中的词条。例如，它可以移除、修改词条流中的词条，甚至可以生成新的词条。Lucene 中有很多现成的过滤器，也可以根据需要实现新的过滤器。以下是一些过滤器的例子。

- **小写过滤器**：将所有词条转化为小写。
- **ASCII 过滤器**：移除词条中所有非 ASCII 字符。
- **同义词过滤器**：根据同义词规则，将一个词条转化为另一个词条。
- **多语言词干还原过滤器**：将词条的文本部分转换成词根形式，即词干还原。当分析器中有多个过滤器时，会逐个处理，因此可以通过添加多个过滤器的方式来获得近乎无限的分析能力。

最后介绍字符过滤器，它在分词器之前被调用，在分析阶段开始之前完成文本预处理。字符过滤器的一个例子就是 HTML 文本的去除标签处理。

在查询时也会经过分析阶段，但是可以选择其他路径而不分析查询条件。有一点需要牢记，Elasticsearch 中有些查询会被分析，而有些则不会被分析。例如，前缀查询（prefix query）不会被分析，而匹配查询（match query）会被分析。

关于索引期与检索期的查询分析，只有当查询（query）语句经过分词过程得到的词项能与索引中的词项匹配上时，才会返回预期的文档集。例如，如果在索引期使用了词干还原与小写转换，那么在查询期，也应该对查询串做相同的处理，否则，查询可能不会返回任何结果。

8. Lucene查询语言基础

Elasticsearch提供的一些查询类型（query type）支持Apache Lucene的查询解析语法，因此，我们应该深入了解Lucene的查询语言。

在Lucene中，查询（query）通常被分割为词项与操作符。Lucene中的词项可以是单个的词，也可以是一个短语（用双引号括起来的一组词）。如果查询被设置为要被分析，那么预先选定的分析器将会对查询中的所有词项进行处理。

查询也可以包含布尔操作符。布尔操作符连接多个词项，使之构成从句（clause）。有以下这些布尔操作符。

- AND：文档匹配当前从句，当且仅当AND操作符左右两边的词项都在文档中出现。例如，当执行apache AND lucene这样的查询时，只有同时包含词项apache和词项lucene的文档才会被返回给用户。
- OR：包含当前从句中任意词项的文档都被视为与该从句匹配。例如，当执行apache OR lucene这样的查询时，任意包含词项apache或词项lucene的文档都会被返回给用户。
- NOT：与当前从句匹配的文档必须不包含NOT操作符后面的词项。例如，当执行lucene NOT Elasticsearch这样的查询时，只有包含词项lucene且不包含词项Elasticsearch的文档才会被返回给用户。

除了前面介绍的那些操作符以外，还可以使用以下这些操作符。

- +：只有包含了+操作符后面词项的文档才会被认为与从句匹配。例如，当查找那些必须包含lucene，但是apache可出现可不出现的文档时，可以执行查询：+lucene apache。
- -：与从句匹配的文档不能出现-操作符后的词项。例如，当查找那些包含lucene，但是不包含Elasticsearch的文档时，可以执行查询：+lucene -Elasticsearch。

如果查询中没有出现前面提到过的任意操作符，那么默认使用OR操作符。

除了前面介绍的内容之外，还有一件事情值得一提：可以使用圆括号对从句进行分组，以构造更复杂的从句，例如：

```
Elasticsearch AND (mastering OR book)
```

9. 对字段执行查询

就像Elasticsearch的处理方式那样，Lucene中所有数据都存储在字段（field）中，而字段又是文档的组成单位。为了实现针对某个字段的查询，用户需要提供字段名称，再加上冒号以及将要对该字段执行查询的从句。例如，如果查询所有在title字段中包含词项Elasticsearch的文档，可以执行以下查询：

```
title:Elasticsearch
```

也可以在一个字段中同时使用多个从句。例如，如果查找所有在 title 字段中同时包含词项 Elasticsearch 和短语 mastering book 的文档，可执行如下查询：

```
title:(+Elasticsearch +"mastering book")
```

当然，上面的查询也可以写成下面这种形式：

```
+title:Elasticsearch +title:"mastering book"
```

10. 词项修饰符

除了使用简单词项和从句的常规字段查询以外，Lucene 还允许用户使用修饰符（modifier）修改传入查询对象的词项。毫无疑问，最常见的修饰符就是通配符（wildcard）。Lucene 支持两种通配符：? 和 *。前者匹配任意一个字符，而后者匹配多个字符。

除通配符之外，Lucene 还支持模糊（fuzzy and proximity）查询，办法是使用“~”字符以及一个紧随其后的整数值。当使用该修饰符修饰一个词项时，意味着搜索那些包含与该词项近似的词项的文档（所以这种查询称为模糊查询）。~字符后的整数值定义了近似词项与原始词项的最大编辑距离。例如，当我们执行查询 writer ~ 2 时，意味着包含词项 writer 和 writers 的文档都可以被视为与查询匹配。

当修饰符~作用于短语时，其后的整数值用于告诉 Lucene 词项之间多大距离是可以接受的。例如，执行如下查询：

```
title:"mastering Elasticsearch"
```

在 title 字段中包含 mastering Elasticsearch 的文档被视为与查询匹配，而包含 mastering book Elasticsearch 的文档则被认为不匹配。但如果执行下面这个查询：title:"mastering Elasticsearch"~2，则这两个文档都被认为与查询匹配。

此外，还可以使用 ^ 字符并赋予一个浮点数对词项加权（boosting），从而提高该词项的重要程度。小于 1 的权重值会降低文档重要性，而大于 1 的权重值会提高文档重要性。词项权重值默认为 1。请参考 2.1 节进一步了解什么是权重，以及它在文档评分过程中是如何发挥作用的。

也可以使用方括号和花括号来构建范围查询。例如，在一个数值类型的字段上执行一个范围查询：

```
price:[10.00 TO 15.00]
```

上面查询返回的文档的 price 字段值将大于等于 10.00 并小于等于 15.00。

当然，也可以在字符串类型的字段上执行范围查询，例如：name:[Adam TO Adria]，返回文档的 name 字段中，包含了按字典顺序介于 Adam 和 Adria 之间（包括 Adam 和 Adria）的词项。

要执行同时排除边界值的范围查询，则可使用花括号作为修饰符。例如，查找 price 字段值大于等于 10.00 但小于 15.00 的文档，可使用如下查询：

```
price:[10.00 TO 15.00}
```

执行一边受限而另一边不受限制的范围查询。例如，查找price字段值大于等于10.00的文档，可使用如下查询：

```
price:[10.00 TO *]
```

11. 特殊字符处理

很多应用场景中，搜索某个特殊字符（这些特殊字符包括+、-、&&、||、!、(,)、{}、[]、^、"、~、*、?、:、\、/等)，需要先使用反斜杠对特殊字符进行转义。例如，搜索abc"efg这个词项，需要按如下方式处理：abc\"efg。

1.1.2 Elasticsearch概览

尽管期望读者在阅读本书时已对Elasticsearch有所了解，在这里仍然要把基本概念再简单介绍一下。

Elasticsearch是基于Lucene打造的分布式全文本搜索与分析引擎，用于构建搜索和分析应用。它最早由Shay Banon创建，并于2010年2月发布。之后的几年，Elasticsearch迅速流行开来，成为其他开源和商业解决方案之外的一个重要选择。它是下载量最多的开源项目之一。

1. 基本概念

下面是Elasticsearch的基本概念，理解了它们，才能理解Elasticsearch是怎么工作和运行的。

- **索引**：Elasticsearch存储数据的逻辑名字空间，在有分片和副本的情况下可能由一个或多个Lucene索引构成。
- **文档**：文档就是JSON对象，包含的实际数据由键值对构成。有一点非常重要：一旦某个字段上生成了索引，Elasticsearch就会为那个字段创建一个数据类型。从2.x版开始，都会进行严格的类型检查。
- **类型**：Elasticsearch的一个文档类型代表了一类相似的文档。类型有两个重要组成部分：一是名字，比如一个用户或一篇博客；二是字段的数据类型和Lucene配置之间的映射关系。
- **映射**：如1.1节所述，文档在生成索引之前都要经历分析阶段。配置如何将输入文本拆分成词条、哪些词条要被过滤出来、还要经过哪些额外处理（比如去除HTML标签）等，这就是映射要扮演的角色——存储分析链所需的信息。虽然Elasticsearch能根据字段的值自动检测字段的类型，有时候（事实上几乎是所有时候）用户还是想自己来配置映射，以避免出现一些令人不愉快的意外。
- **节点**：运行在服务器上的单个Elasticsearch服务实例被称为节点。Elasticsearch有许多种节点。众所周知，Elasticsearch是用来索引和存储数据的，因此第一类节点就是数据节点，用来储存数据，同时提供对这些数据的搜索功能。第二类节点是主节点，作为监督者控制其他节点的工作。第三类是客户端节点，只用于查询路由。第四类是Elasticsearch 1.0版引入的部落节点，它可以像桥梁一样将多个集群关联起来，允许在多个集群之上执行几乎所有可以在单集群Elasticsearch上执行的功能。Elasticsearch 5.0还引入了一种名为`ingest`的新节点，可以在生成索引之前先进行数据转换。

- **集群**：多个协同工作的Elasticsearch节点的集合被称为集群。
- **分片**：分片就是可以存储在一个或多个节点之上的容器，由Lucene段组成。索引由一到多个分片组成，让数据可以分布开。分片的数量在索引创建时就配置好了，之后无法增减。

分片也有主从之分。所有改动索引的操作都发生在主分片上。从分片的数据由主分片复制而来，支持数据快速检索和高可用。如果主分片所在的服务器宕机了，从分片会自动升级为主分片。

- **副本**：副本是为支持高可用而保存在分片中的另一份数据。副本也有助于提供快速检索体验。

2. Elasticsearch工作原理

Elasticsearch使用`zen discovery`模块来组成集群。多播是Elasticsearch 1.x的默认发现机制，但在2.x里单播是默认发现机制。在Elasticsearch 2.x中多播仍作为一个插件保留，在Elasticsearch 5.0中彻底删除了对多播的支持。

当一个Elasticsearch节点启动时，它先尝试去搜索和发现单播主机列表，寻找主节点，这个列表由配置文件`elasticsearch.yml`中的`discovery.zen.ping.unicast.hosts`参数指定。默认的单播主机列表是`["127.0.0.1","[::1]"]`，因此每个节点启动时并不会自己形成一个集群。在第8章会有一节内容详细介绍zen discovery和节点配置。

1.2 Elasticsearch 5.x介绍

Elasticsearch公司在2015年收购了Kibana、Logstash和Beats，然后公司改名为Elastic。Shay Banon说，改名的初衷之一是让公司与其提供的丰富解决方案相匹配：从实时搜索到复杂分析，再到构建现代数据应用等，Elasticsearch强大的开发者和企业社区用ELK Stack创造着新产品、新变革，在解决各种领域里的问题。

但是由一家公司来提供多个产品，如果发布时不能协调好，就会让用户非常困惑。因此ELK Stack更名为Elastic Stack，把Elastic Stack的各个组件一起发布。所有产品都使用相同的版本号，方便用户部署和简化兼容性测试，开发者们开发涉及整个技术栈多个组件的新功能时也更加容易。

Elastic Stack 发布的第一个 GA 版是 5.0.0，这也是本书要讲解的版本。另外，Elasticsearch 也与 Lucene 的版本发布保持同步，并不断将缺陷修复和最新功能整合进 Elasticsearch。Elasticsearch 5.0 是基于 Lucene 6 构建的，这是 Lucene 的一个重要版本，有许多非常棒的功能，而且着重改进了搜索速度。在接下来几章里我们也会讲到 Lucene 6，让读者了解 Elasticsearch 在搜索和存储等方面非常棒的改进。

1.2.1 Elasticsearch 新特性简介

Elasticsearch 5.x 经过了一次重要重构，有许多改进，也废弃了一些功能。我们将在接下来的几章里继续讨论这些废弃的、优化的和新增的特性，现在先浏览一下这些新增和改进的特性。

1. Elasticsearch 5.x 新特性

Elasticsearch 5.0 版新引入了下列重要特性。

- **Ingest 节点**：这是 Elasticsearch 的一类新节点，可用于在构建索引之前先进行简单的数据转换和处理。最棒的是任意一个节点都可以配置成 `ingest` 节点，而且非常轻量级。完成这样的任务不一定要用 Logstash，因为 `ingest` 节点就是一个 Java 版的 Logstash 过滤器，而且是 Elasticsearch 自带的。
- **索引收缩**：从设计的角度来说，一旦索引构建完成，就没办法减少分片数量了，而且每个分片都会消耗资源，这样会带来很多问题。为了让用户使用起来更方便，Elasticsearch 在保持设计不变的基础上引入了一个新的 `_shrink API` 来解决这个问题。这个 API 可以让用户将现有的索引收缩成一个新索引，并且分片数更少。

> 我们将在第 9 章中详细讲解 `ingest` 节点和 `shrink API`。

- **Painless 脚本语言**：因为脚本速度慢，又有安全隐患，因此在 Elasticsearch 中很少使用。Elasticsearch 5.0 引入了一种名为 Painless 的新脚本语言，又快又安全。要变得更强大和更有适应性，Painless 还有很多优化工作要做。我们将在第 3 章介绍。
- **快速聚合**：在 Elasticsearch 5.0 中查询被完全重构了，现在是在协调节点上进行解析，并用二进制格式序列化到不同节点上。Elasticsearch 因此可以变得更高效，缓存的查询语句更多，在数据被切分为按时间分片的场景中表现得尤其突出。因此聚合速度大大提高。
- **新的自动完成建议器**：自动完成建议器也被完全重写了。由于自动完成建议器对语法和响应有要求，类型补齐字段的语法和数据结构都有了变化。自动完成建议器现在是基于 Lucene 的第一版新的 `suggest` API 构建的。
- **多维点**：这是 Lucene 6 的一个非常激动人心的新特性，也极大地增强了 Elasticsearch 5.0 的功能。它基于 k-d 树地理空间数据结构构建，可以提供快速的单维和多维数字范围以及地理空间点形状过滤功能。多维点有助于减少磁盘空间和内存占用，加快搜索。

- **通过查询 API 删除**：在社区的千呼万唤之下，Elasticsearch 现在可以支持通过 `_delete_by_query` REST 端点来删除满足查询条件的文档了。

2. Elasticsearch 2.x 新特性

除了刚刚提到的特性，Elasticsearch 2.x 以来的所有新特性仍保持可用。如果读者没有了解过 2.x 系列的特性，可以阅读一下下面的简介。

- **重建索引 API**：很多用户在使用 Elasticsearch 时，常常会遇到需要对文档重建索引的场景。`_reindex` API 让这项工作变得非常简单，用户不必自己写代码来实现同样的功能了。简单来说，这个 API 把数据从一个索引移到另一个索引里，而且在为文档重新生成索引的同时还提供了丰富的控制手段，比如用脚本做数据转换、许多可配置参数等。想进一步了解重建索引 API 可以访问以下链接：https://www.elastic.co/guide/en/elasticsearch/reference/master/docs-reindex.html.
- **通过查询更新**：与重建索引的需求相似，用户也希望能非常方便地根据某些条件直接更新文档，并且无须重新索引数据。Elasticsearch 在 2.x 版通过 `update_by_query REST` 端点提供了这个功能。
- **任务 API**：通过 `_task` REST 端点提供的任务管理 API 用于从集群的一个或多个节点获取当前正在执行的任务信息。下面的例子展示了任务 API 的用法

```
GET /_tasks
GET /_tasks?nodes=nodeId1,nodeId2
GET /_tasks?nodes=nodeId1&actions=cluster;*
```

因为每个任务都有 ID，你可以等待任务完成，也可以用如下方法取消任务：

```
POST /_tasks/taskId1/_cancel
```

- **查询 Profiler**：`Profile` API 非常有用，可以调试查询语句，了解为什么有的查询很慢，并采取步骤优化它。这个 API 在 2.2.0 版发布，提供了搜索请求执行过程中各个单独模块的详细耗时信息。要启用这个功能，需要将 `profile` 标志置 `true`。例如

```
curl -XGET 'localhost:9200/_search' -d '{
  "profile": true,
  "query" : {
    "match" : { "message" : "query profiling test" }
  }
}'
```

1.2.2 Elasticsearch 的演进

Elasticsearch 的改动列表非常长，而且也不适合在本书内展开详细讲解，因为许多都是

用户不必知晓的内部修改。但是与当前的 Elasticsearch 用户相关的重要改动还是会提一下。

尽管本书基于 5.0 写成，读者仍然应该了解从 1.x 到 2.x 的变化。如果刚刚上手 Elasticsearch 而且不了解旧版本的功能，那么可以直接跳过这一节。

1. 1.x 到 2.x 的变化

Elasticsearch 2.x 版关注**适应性**、**可靠性**、**简单化**和**新功能**。这一版基于 Apache Lucene 5.x 开发，查询执行和空间搜索功能都有了很大改进。

2.x 版在索引恢复方面也有了相当大的改进。在此之前，不管是节点维护还是升级，Elasticsearch 的索引恢复过程都极其痛苦，而且集群越大越头痛。另外节点故障或重启都有可能触发重分配风暴，有时候不管是否包含了全量数据，整个分片都要跨网络进行传输。曾有用户反映重启单个节点用了一整天的时间做恢复。

在 2.x 版中，已有副本的分片恢复几乎可以立刻完成，重分配过程更合理，避免了全部重新洗牌，让滚动升级的过程更快更简单。最新版中的自动调整反馈环也打消了用户对旧版本中合并限流和相关设置的顾虑。

Elasticsearch 2.x 还解决了许多经久未决的已知问题，如下：

- 映射冲突（经常得到错误结果）。
- 内存压力和频繁的垃圾回收。
- 数据低可靠性。
- 安全边界与脑裂问题。
- 节点维护或集群滚动升级过程中的慢恢复问题。

2. 映射的变化

Elasticsearch 的开发者以前把索引当成数据库，把类型当成表。因此用户会在一个索引内部创建多个类型，这就导致了许多问题，因此 Lucene 对此进行了约束。

在一个索引里的多个类型中如果有字段名字相同，这些字段都会被映射成 Lucene 内部的同一个字段。假如某字段在一个文档中是整型，在另一个文档中是字符串型，这就有可能导致查询结果出错，甚至索引崩溃。还有些别的问题可能导致映射重构，以及处理映射冲突时的主要约束。

Elasticsearch 2.x 版有以下主要变化：

- 必须通过完整的名字引用字段名。
- 字段名不能用类型名字前缀引用。
- 字段名不能包含点号。
- 类型名不能用点号开头（`.precolator` 是个特例）。
- 类型名长度不能超过 255 个字符。
- 类型不能被删除。假如一个索引包含多个类型，任何一个类型都不能从索引中删除。解决方案只能是创建一个新索引，重导数据。

- ❑ index_analyzer 和 _analyzer 参数被从映射定义中删除了。
- ❑ Doc values 现在是默认的。
- ❑ 父类型不能预先存在，而且在创建子类型时必须带上父类型。
- ❑ put 映射 API 的 ignore_conflicts 选项被删掉了，冲突不能再被忽略了。
- ❑ 文档和映射包含的元数据字段名不能以下划线开头。假如文档中有字段名为 _id 或 _type，在 2.x 版就会出错。解决方案是把这些字段删掉，重新索引文档。
- ❑ 默认的日期格式从 date_optional_time 换成了 strict_date_optional_time，新格式需要 4 位数字的年份，2 位数字的月份和日期，另外还有 2 位数字的小时、分钟和秒数，这些是可选部分。因此类似 "2016-01-01" 的动态索引集会在 Elasticsearch 中被存储为 "strict_date_optional_time||epoch_millis" 格式。如果用的是 1.x 之前的旧版 Elasticsearch，那就要考虑重新审核一下对时间字段的范围查询语句，比如，假设你在 Elasticsearch 1.x 中索引了两个文档，一个日期是 2017-02-28T12:00:00.000Z，另一个日期是 2017-03-01T11:59:59.000Z。如果你搜索 2017 年 2 月 28 日到 2017 年 3 月 1 日之间的文档，下面的查询语句可以返回两个文档：

```
{
   "range": {
     "created_at": {
       "gte": "2017-02-28",
       "lte": "2017-03-01"
     }
   }
}
```

但从 Elasticsearch 2.0 版开始，如果仍然想返回相同的结果，查询条件中就必须带上完整的日期内容，如下所示：

```
{
   "range": {
     "created_at": {
       "gte": "2017-02-28T00:00:00.000Z",
       "lte": "2017-03-01T11:59:59.000Z"
     }
   }
}
```

也可以考虑组合使用日期匹配操作，如下查询也会返回相同结果：

```
{
   "range": {
     "doc.created_at": {
       "lte": "2017-02-28||+1d/d",
     "gte": "2017-02-28",
     "format": "strict_date_optional_time"
   }
  }
}
```

3. 查询与过滤器的变化

在 2.0.0 版之前，Elasticsearch 有两种不同的对象用于查询数据：查询和过滤器。两者的功能和性能各有千秋。

查询通过为每个文档打分的方法，判断文档与特定查询语句的相关度。过滤器用于匹配特定标准，并可以缓存结果，加速查询。比如过滤器匹配到了 1000 份文档，Elasticsearch 就会利用布隆过滤器将这些文档保存在内存中，下一次再执行相同的过滤器时就可以直接得到结果。

但是 Elasticsearch 2.0.0 用的是 Lucene 5.0，在其中查询和过滤器都是相同的内部对象，一个对象完成了文档相关度判断和匹配的工作。

在旧版本中的 Elasticsearch 查询类似这样：

```
{
"filtered" : {
"query": { query definition },
"filter": { filter definition }
 }
}
```

在 2.x 版之后要改用如下写法：

```
{
"bool" : {
"must": { query definition },
"filter": { filter definition }
}
}
```

另外，以前经常对该如何区别选择 `bool` 过滤器和 and/or 过滤器感到很困惑，现在 `and/or` 过滤器已经被废弃了，相应功能由上面例子中的 `bool` 查询语法代替。在旧版 Elasticsearch 中，运行错误的过滤器所产生的结果也会被缓存起来，造成不必要的内存开销。现在 Elasticsearch 会跟踪并优化频繁使用的过滤器将不再缓存，少于 10 000 份文档或索引率少于 3% 的段。

4. 安全、可靠性与网络变化

2.x 版之后，Elasticsearch 运行在默认启动的 Java 安全管理器之下，启动之后就会进行权限管理。

在可靠性和跨节点数据复制方面，Elasticsearch 采用了“默认持久化”的策略，在响应索引化请求之前，文档就会被同步到磁盘上。文件重命名也是原子操作，以避免文件的部分写入问题。

应系统管理员们的强烈要求，Elasticsearch 废弃了网络上的多播，默认的 Zen 发现机制改成了单播。Elasticsearch 默认是捆绑到本机的，以防止未配置的节点加入公网中。

5. 监控参数的变化

在 2.0.0 版之前，Elasticsearch 用 SIGAR 库收集与操作系统相关的统计信息，但 SIGAR

已经没人维护了，Elasticsearch 用 JVM 提供的统计信息代替了。在 node_info 和 node_stats API 的监控参数中可以看到各种相应的变化：

- network.* 从 nodes_info 和 nodes_stats 中移除。
- fs.*.dev 和 fs.*.disk* 从 nodes_stats 中移除。
- 除 os.timestamp、os.load_average、os.mem.* 和 os.swap.* 之外，os.* 从 nodes_stats 中移除。
- os.mem.total 和 os.swap.total 从 nodes_info 中移除。
- 在 _stats API 中，关于父子数据结构内存的 id_cache 参数被移除，现在可以从 fielddata 中获取 id_cache。

1.2.3 2.x 到 5.x 的变化

与 1.x 系列相比，Elasticsearch 2.x 发布的版本并不多。最后一个 2.x 版是 2.3.4，然后 Elasticsearch 5.0 就发布了。用户把当前版本 Elasticsearch 升级为最新版本时，必须先了解以下重要变化：

Elasticsearch 5.x 需要 Java 8，请在使用 Elasticsearch 之前一定先升级 Java 版本。

1. 映射的变化

从用户角度看，映射的变化是一定要了解的内容，因为错误的映射会阻止索引的创建，也可能导致不期望的搜索。以下是这方面必须了解的重要变化。

（1）不再有字符串字段

因为已经有了 text 和 keyword 这两种数据类型，字符串类型被废弃了。在 Elasticsearch 的早期版本中，字符串相关字段的默认映射被表示如下：

```
{
   "content" : {
      "type" : "string"
   }
}
```

从 5.0 开始，上面的内容要用下面的语法表示：

```
{
  "content" : {
    "type" : "text",
    "fields" : {
      "keyword" : {
        "type" : "keyword",
        "ignore_above" : 256
      }
    }
  }
}
```

这样就可以用原来的字段名做全文搜索，并且用次级关键字字段排序并做聚合运算。

基于字符串的字段默认是允许多字段的，而且会在用户依赖映射的动态生成时带来额外的代价。

然而，如果为字符串字段创建特别的映射关系，用于全文搜索，可以用如下方法：

```
{
      "content" : {
        "type" : "string"
      }
}
```

类似地，要用下面的映射关系创建not_analyzed字符串字段。

```
{
      "content" : {
        "type" : "keyword"
      }
}
```

对于所有的字段数据类型（除了已经废弃的字符串字段），索引属性只接受true/false，而不是not_analyzed/no。

（2）float现在是默认类型

十进制小数字段以前的默认数据类型是double，现在改成了float。

2. 数字字段的变化

数字字段现在用完全不同的数据结构索引，即BKD树。它会使用更少的磁盘空间，并且在范围搜索时更快。从以下链接可以了解更多细节：

https://www.elastic.co/blog/lucene-points-6.0

3. geo_point字段的变化

geo_point字段也和数字字段一样采用了新的BKD树结构，而且geohash、geohash_prefix、geohash_precision和lat_lon等用于geo_point字段的字段参数也不再被支持。从API的角度来说geo_hash仍然可以用.geohash字段扩展访问，但不再用于索引geo_point数据。

比如在旧版的Elasticsearch里，geo_point字段的映射定义如下：

```
"location":{
       "type": "geo_point",
       "lat_lon": true,
       "geohash": true,
       "geohash_prefix": true,
       "geohash_precision": "1m"
}
```

但从Elasticsearch 5.0版开始，只可以用如下方法创建geo_point字段的映射：

```
"location":{
      "type": "geo_point"
    }
```

4. 一些其他变化

除了上述内容，下面的这些重要变化也应该了解。

- 去除了 site 插件，Elasticsearch 5.0 中已经完全删除了对 site 插件的支持。
- Node client 已经从 Elasticsearch 中完全删除了，因为从安全的角度看，它的问题非常多。
- 每种 Elasticsearch 节点都是默认绑定到本机上的，如果把绑定地址改成了某些非本机的 IP 地址，Elasticsearch 就认为这个节点已经准备就绪，可以被用于生产环境了，并且会在 Elasticsearch 节点启动时做各种引导检查。这样做的目的是在没有为 Elasticsearch 分配足够资源的情况下，避免集群将来会垮掉。Elasticsearch 会做以下引导检查：最大文件描述符数量检查、最大映射数量检查、堆大小检查等。请参考以下网址进行参数设置，以保证引导检查可以通过：`https://www.elastic.co/guide/en/elasticsearch/reference/master/bootstrap-checks.html`。

> 请注意，如果服务器上使用了 OpenVZ 虚拟化，那么在生产模式下运行 Elasticsearch 就会很难配置最大映射数，因为虚拟化不会轻易地允许修改内核参数。因此要让系统管理员正确设置 vm.max_map_count 参数，或者改用 kvm VPS 之类能设置的平台。

- 在 2.x 废弃的 `_optimize` 端点被彻底删除了，换成了 Force Merge API。比如，一个 1.x 版的优化请求

```
curl -XPOST 'http://localhost:9200/test/_optimize?max_num_segments=5'
```

应该被改成：

```
    curl -XPOST
'http://localhost:9200/test/_forcemerge?max_num_segments=5'
```

除了这些变化，在搜索、设置、分配、合并、脚本模块、cat 和 Java API 等方面还有许多重要改变，我们将在后续章节里慢慢讲到。

1.3 小结

在本章中，我们简介了 Lucene，讨论了它是怎样工作的，分析过程是怎样进行的，以及如何使用 Apache Lucene 查询语言。除此之外，还讨论了 Elasticsearch 的基本概念。

介绍了 Elasticsearch 5.x，包括 2.x 和 5.x 中引入的最新特性。最后，还谈到了从 1.x 演进到 5.x 的过程中所发生的重要变化，以及去除了哪些特性。

读者在下一章将了解到新的默认评分算法 BM25，及其与 TF-IDF 相比有哪些优点。另外，我们还会在一个特定的场景下讨论 Elasticsearch 的几个特性，如查询改写、查询模板、查询模块的变化，以及各种可供选择的查询等。

第 2 章 Chapter 2

查询 DSL 进阶

在上一章，我们知道了 Lucene 是什么、是怎么工作的、文本分析过程是如何完成的，以及如何使用 Apache Lucene 查询语言。除此之外，还讨论了 Elasticsearch 的基本概念，介绍了 Elasticsearch 5.x，以及从 2.x 到 5.x 版引入的新特性。我们还讨论了 Elasticsearch 从 1.x 到 5.x 版的演进过程中，新增或去除掉的重要特性。在本章，我们将深入研究 Elasticsearch 的查询 DSL。在了解高级查询之前，将先了解 Lucene 的相似性算法公式。本章包含的内容有。

- Lucene 的新默认文本评分机制：BM25。
- 理解精确率与召回率。
- BM25 与 TF-IDF 有什么不同。
- Elasticsearch 查询 DSL。
- 理解布尔查询语法。
- 怎样的查询适用于特定场景。
- Elasticsearch 查询 DSL 的重要变化。
- 什么是查询改写，以及如何使用。
- 什么是模询模板，以及如何使用。

2.1 Lucene 的新默认文本评分机制——BM25

评分是 Apache Lucene 查询处理过程的一个重要环节。评分是指针对给定查询计算某个文档的分值属性的过程。什么是文档得分？它是一个描述文档与查询匹配程度的参数。

Lucene 提供了许多种算法用于评分计算，但从最早版本的 Lucene 发布开始，TF-IDF（词频 / 逆文档频率）就一直是默认评分算法。Apache Lucene 6.0 发布后，Lucene 的一个重要变化就是默认的评分算法已经换成了 BM25（最佳匹配）。在本节中，我们将了解搜索相关度的两个基本概念——精确率与召回率，然后研究 Apache Lucene 的新默认评分机制，以及与 TF-IDF 有什么不同。

2.1.1 理解精确率与召回率

在执行了一次搜索查询之后，很自然接下来的问题就是：找到了最相关的文档吗？漏掉了结果集中最重要的文档吗？另外，也不希望得到与查询上下文无关的垃圾结果。把所有可能的结果都获取到，还要排除掉所有不相关的文档，这是非常困难的。但衡量一下搜索任务完成得怎么样是可以的，只需要借助两个参数：精确率与召回率。

精确率和召回率是搜索相关性的两个基本概念，每个搜索工程师都应该掌握。在一次特定的搜索查询和结果集（搜索引擎返回的文档）的基础上，可以定义精确率和召回率如下。

- **精确率**：获取到的相关文档数占获取到的总文档数（包括相关与不相关的）的比例，用百分数表示。
- **召回率**：获取到的相关记录数占数据库中相关的记录总数的比例，用百分数表示。

在 Elasticsearch 中，有许多种不同的方法来控制搜索相关性和提高召回率。在分析阶段中，搜索工程师可以控制 Lucene 的评分机制，进而提高召回率。另外，Elasticsearch 还提供了定制权重和函数评分查询等其他不同的功能，增强用户的控制力。

2.1.2 回顾 TF-IDF

TF-IDF 是 Lucene 评级功能的核心，融合了**向量空间模型（VSM）**和信息获取的**布尔模型**。Lucene 的主要理念是：与一个查询词项在整个集合中出现的次数相比，这个词项在一个文档中出现的次数越多，那这个文档就和查询越相关。Lucene 也会利用查询规范的布尔逻辑，先用布尔模型来缩小要打分的文档的范围。用 TF-IDF 来为文档打分，还要考虑几个因子，包括。

- **词频**：一个基于词项的因子，用来表示一个词项在某文档中出现了多少次。计算方法是用该词项在文档中出现的次数，除以文档的词项总数。词频越高，文档得分越高。
- **逆文档频率**：一个基于词项的因子，用来告诉评分公式该词项有多罕见。逆文档频率越高，该词项就越罕见。评分公式利用该因子来为包含罕见词项的文档加权。它的计算方法是 log_e（包含词项 t 的文档数除以文档总数）。

> 计算 IDF 时要用到 `log` 运算，因为 `the`、`that`、`is` 之类的词项可能会出现非常多次，要降低这些频繁出现的词项权重，提高很少出现的词项权重。

- **协调因子（coord）**：基于文档中词项个数的协调因子，一个文档命中了查询中的词项越多，得分越高。
- **字段权重（field boost）**：查询期赋予某个字段的权重值。
- **文档权重（document boost）**：索引期赋予某个文档的权重值。
- **长度范数（Length norm）**：每个字段基于词项个数的归一化因子（在索引期被计算并存储在索引中）。一个字段包含的词项数越多，该因子的权重越低，这意味着 Apache Lucene 评分公式更“喜欢”包含更少词项的字段。
- **查询范数（Query norm）**：一个基于查询的归一化因子，等于查询中词项的权重平方和。查询范数使不同查询的得分能互相比较，尽管这种比较通常是困难和不可行的。

在信息获取的过程中，相关性评分函数的一种最简单实现就是把每个检索词项的 TF-IDF 权重加起来，而每个词项的权重 =TF(term)*IDF(term)。由一次检索中出现的所有词项的组合权重就可以计算出得分，用于返回排序后的结果。

Lucene 实际使用的评分公式要复杂得多，如下所示：

$$\text{score}(q,d)=\text{coord}(q,d)*\text{queryNorm}(q)*\sum_{t\text{ in }q}\left(\text{tf}(t\text{ in }d)*\text{idf}(t)^2*\text{boost}(t)*\text{norm}(t,d)\right)$$

对于一次检索，score（q, d）就是文档的得分。

接下来，再了解一下 BM25 评分技术，通过一个例子理解一下 BM25 的用途，以及与 TF-IDF 有什么不同。

1. BM25 评分机制简介

如前文所述，Lucene 6.0 发布之后 BM25 就成了默认的评分算法。与 TF-IDF 相似，BM25 也是一种根据相关性来为文档进行打分和评级。IR 研究者和工程师们已经广泛使用 BM25 来改进搜索引擎的相关性，而且被认为是当前最先进的评级算法,BM25 由 Stephen E. Robertson 和 Karen Sparck Jones 等于上世纪七八十年代基于概率相关性框架开发。

> 本书受篇幅所限，不能详细讲解 BM25 的所有细节。如果你有兴趣深入了解，可以阅读由 Stephen Robertson 和 Hugo Zaragoza 所著的论文《The Probabilistic Relevance Framework: BM25 and Beyond》，网址是：
> http://www.staff.city.ac.uk/~sb317/papers/foundations_bm25_review.pdf。

尽管 BM25 源于概率相关性模型，与 TF-IDF 仍然有许多共同点。两种算法都用到了词频、逆文档频率和字段长度范化，但这些因子的定义稍有不同。两种模型都根据某些 IDF 函数和 TF 函数为每个词项算出权重（weight），并把所有词项的权重相加，作为这个文档对应于这次查询的得分。接下来，我们再进一步讨论这些参数。

2. BM25 评分公式

下面是 BM25 使用的数学公式：

$$\mathrm{bm25}(d)=\sum_{t\in q,\ f_{t,d}>0}\log\left(1+\frac{N-df_t+0.5}{df_t+0.5}\right)\cdot\frac{f_{t,d}}{f_{t,d}+k\cdot\left(1-b+b\dfrac{l(d)}{\mathrm{avgdl}}\right)}$$

- ❑ N 是数据集中可用的文档总数。
- ❑ df_t 是包含这个词项的文档总数。
- ❑ k 也写作 $k1$，是饱和度参数，控制词项频率增长多快时会导致词频饱和。$k1$ 的默认值是 1.2，值越小饱和越快，值越大饱和越慢。
- ❑ b 是长度参数，控制字段长度归一化（normalization）的影响。值为 0.0 时完全关闭归一化，值为 1.0 时进行完全泛化。默认值是 0.75。
- ❑ $l(d)$ 是文档中的词条数量。
- ❑ avgdl 是整个数据集里所有文档的平均长度。
- ❑ $f_{t,d}$ 是文档中一个词项的频率。

在公式中，k 和 b 这两个参数最重要，请一定理解好。如果对默认的相关性不满意，用这两个参数就可以调节默认的评分算法。

> 饱和度是用于限制词频在具体文档中的影响的参数。通过调节参数 k 可以调节词频的影响。TF-IDF 中饱和度是没有限制的，尽管公式中已经用词频的平方根与对数值相乘，在文档中出现频率更高的词项总会得到更高的权重。BM25 引入 $k1$ 作为饱和度参数，这样就完全解决了这个问题。

3. 用定制相似度调节 BM25 的例子

接下来看一个例子，了解一下怎么通过调节 BM25 的参数来为一个索引生成一份定制的相似性配置，再看看是怎么对评分产生影响的：

```
curl -XPUT "http://localhost:9200/my_index" -d'
{
  "settings": {
    "similarity": {
      "my_custom_similarity": {
        "type": "BM25",
        "b": 0,
        "k1": 2
      }
    }
  },
  "mappings": {
    "doc": {
      "properties": {
        "text1": {
          "type":        "text",
          "similarity": "my_custom_similarity"
        },
        "text2": {
          "type":        "text"
```

```
          }
        }
      }
    }
  }'
```

通过上面的curl请求，我们创建了一个名为my_index的索引，基于Lucene的BM25用名字my_custom_similarity定义了自己的相似度属性。请注意在这份自定义的相似度属性中，修改了k1和b的值。接下来用doc_type创建了名为doc的映射，包括text1和text2两个字段。text1用了上面自定义的相似度，而text2用了默认的相似度。接下来为一份文档创建索引，文档中的两个字段内容相同。

```
    curl -XPUT "http://localhost:9200/my_index/doc/1" -d'
    {
      "text1": "He feels happy. Others feel happy He is being forced into
happiness (is he actually happy?). But The truth is He is actually not
happy at all.",
      "text2": "He feels happy. Others feel happy He is being forced into
happiness (is he actually happy?). But The truth is He is actually not
happy at all."
    }'
```

现在用词项happy做一次简单的匹配查询，这是这份文档中出现最多的词项：

```
curl -XGET "http://localhost:9200/my_index/doc/_search" -d'
{"query":{"match":{"text1":"happy"}}}'
```

这份文档返回的分数是0.575 364 2。

下面搜索text2字段的命令给这份文档打的分数是0.482 380 15。

```
curl -XGET "http://localhost:9200/my_index/doc/_search" -d'
{"query":{"match":{"text2":"happy"}}}'
```

2.1.3　BM25与TF-IDF有什么不同

前面几节提到了TF-IDF和BM25，接下来解释一下它们有什么根本不同，为什么说BM25比TF-IDF更好一些。

1. 饱和点

前文简单地提到了BM25评分公式中的饱和点。现在先理解一下TF-IDF中由饱合度引起的评分问题：如果你的布尔查询条件中的N个词项里，某一个词项在某份文档中出现了许多次，那这份文档的分值就会极高，因为它的词项饱和度sqrt(termFreq)很弱。如果查询条件是x or y，而某份文档中有1000个x，0个y，TF-IDF不会考虑y从未出现过，仍然会给它极高的分数。协调因子coord就是用来弱化这种行为的。

在这类场景下BM25会表现得好得多，因为它提供了参数k1，可以对词项饱和度提供更有力的控制。即使查询条件中的某个词项出现了许多次，它所增加的分数也远比不上另一个词项出现的次数从0变为1。BM25天然喜欢那些尽量多的查询词项都出现过的文档。

因此，假如某份文档中 x 出现过 5 次，y 只出现过一次，而另一份文档中出现过 1000 个 x 和 0 个 y，那前一份文档的得分肯定会高很多。

2. 平均文档长度

TF-IDF 和 BM25 的另一个显著区别是 BM25 也考虑了文档长度的影响。比如，某篇包含了 1000 个词项的文章中，假如“旅行”这个词只出现过一两次，那它的内容与旅行就应该没有太大关系。但如果“旅行”这个词在一篇很短的推文中就出现了两次，那这篇推文肯定和旅行有很大关系。TF-IDF 在计算与文档长度相关的分数时处理得很片面。篇幅较长的文档字数自然多，因此词频也会比较高，与词项不太相关，与查询条件也不太相关了。BM25 针对这种情况引入了文档长度进行补偿。有些文档的内容涉及范围比较广，因此字数多也合理。从数学公式中可以看到，BM25 引入了调节参数 b、文档长度 dl、平均文档长度 avdl 等来调节词项因子。

2.2 查询 DSL 重构

查询 DSL 是向 Elasticsearch 发送 JSON 格式的查询条件的接口，Elasticseach 2.0.0 的发布对它做了较大的重构。本书不会详细讲解查询 DSL 的所有细节。但如果用户之前使用全文搜索引擎的经验不多，那么刚看到 Elasticsearch 提供的如此大量的查询方法时会感到无从下手，也会非常困惑。因此我们会讲解最常用的查询方法，让读者理解如何用改进后的查询 DSL 语法来写查询语句和过滤器。因此本书对熟悉旧版本 Elasticsearch 和从 5.0 版开始接触 Elasticsearch 的两类读者都适用。

2.3 为任务选择合适的查询

在本节里，我们先了解一下 Elasticsearch 提供的各种不同查询方法，再看在不同的场景下读者如何选择合适的查询方式。

2.3.1 查询方式分类

当然，对查询方式进行分类是一件艰难的任务，我们也不敢打包票说在这里给出的分类列表是唯一正确的。我们甚至可以说，如果咨询其他的 Elasticsearch 使用者，他们可能会给出自己的分类方式，或者声称每个查询方式都可以被归入多个类别。有趣的是，他们有可能是对的。我们也曾考虑过多种分类方式存在的情况，不过，最终我们认为，每个查询方式都可以被归入以下列出的一个或多个类别中。

- **基本查询**：这类查询允许针对索引的一部分进行检索，其输入数据既可以分析也可以不做分析。这类查询的一个关键特征是，不支持在其内部再嵌套其他查询。基本查询的一个示例是 term 查询。

- **组合查询**：在这类查询中可以包含其他查询和过滤器，比如 bool 查询或 dismax 查询。
- **无分析查询**：这类查询不分析输入内容，直接将原样传递给 Lucene。term 查询就是这类查询的一员。
- **全文检索查询**：这类查询成员众多，许多查询都支持全文检索和输入内容分析，同时很可能支持可被 Lucene 识别的查询语法。比如 match 查询就属于这一类。
- **模式匹配查询**：这类查询都在查询语句中支持各种通配符。比如，前缀查询 prefix 就可以归入此类。
- **支持相似度操作的查询**：这类查询拥有一个共同的特性——支持近似词语或文档的匹配。这类查询包含 more_like_this 等查询。
- **支持打分操作的查询**：这类查询非常重要，尤其是在和全文搜索查询组合使用的场景下。这个类别包括那些允许在查询时修改打分计算过程的查询方式。在第 3 章中详细介绍的 function_score 查询可以归入此类。
- **位置敏感查询**：这类查询允许使用索引中存储的词项位置信息。span_term 查询就是一个很好的例子。
- **结构敏感查询**：这类查询的工作基于结构化数据，如父子文档结构。这个类别的一个例子是 nested 查询，我们会在第 4 章中详细讲解。

接下来简要介绍一下每类查询的目的，然后再讨论适用的场景。

1. 基本查询

在基本查询内部不可以包含其他查询，只有索引检索这一个用途。这类查询通常作为其他复杂查询的一部分或者单独传递给 Elasticsearch。可以把基本查询比作修筑大厦的砖块，而大厦就是各种复杂查询。举个例子，如果匹配某份文档中的一个特定词项，并且不关心文档中词项的顺序，也没有其他的要求，就可以考虑使用基本查询。本例中，match 查询就能很好地满足需求，无需再跟其他查询组合使用。

归属于基本查询的一些查询方式举例如下。

- match 查询：一种（实际上指好几种）查询方式，适用于执行全文检索且需要对输入进行分析的场景。一般来说，当需要分析输入内容却不需要完整的 Lucene 查询语法支持时，可以使用这种查询方式。这种查询不需要进行查询语法解析，发生解析错误的概率极低，因此特别适合处理用户输入文本的场景。
- match_all 查询：这个查询匹配所有文档，常用于需要对所有索引内容进行归类处理的场景。
- term 查询：一种简单的、无需对输入进行分析的查询方式，可以查询单个词项。这种查询方式的使用场景之一就是针对不需要分析的字段进行检索，比如在测试代码中检索 tags 字段。term 查询还经常跟过滤器配合使用，比如在测试代码中针对 category 字段进行过滤操作。

简单查询这一类可包括：match、multi_match、common、fuzzy_like_this、fuzzy_like_this_field、geoshape、ids、match_all、query_string、simple_query_string、range、prefix、regexp、span_term、term、terms、wildcard 等。

2. 组合查询

组合查询的唯一用途是把其他查询组合在一起使用。如果说简单查询是建造高楼的砖块，组合查询就是粘合这些砖块的水泥。理论上我们可以把组合查询无穷次地嵌套，用来构建极其复杂的查询，唯一能够阻止这样嵌套的障碍是性能。

组合查询的一些示例和用法如下。

- bool 查询：最常用的组合查询方式之一。能够把多个查询用布尔逻辑组织在一起，可以控制查询的某个子查询部分是必须匹配、可以匹配还是不应该匹配。如果把匹配不同查询条件的查询组合在一起使用，bool 查询就是一个很好的选择。bool 查询还可以用在这样的场景——希望文档的最终得分为所有子查询得分的和。
- dis_max 查询：一种非常有用的查询方式。这种查询的文档得分结果和最高权重的子查询得分高度相关，而不是如 bool 查询那样对所有子查询得分进行求和。dis_max 查询返回匹配所有子查询的文档，并通过一个简单公式计算最终得分——max（各子查询的得分）+tie_breaker*（非最高得分子查询的得分之和）。如果希望最高得分子查询能够在打分过程中起决定作用，dis_max 查询是不二选择。

组合查询类别可包括这些查询方式：bool、boosting、constant_score、dis_max、filtered、function_score、has_child、has_parent、indices、nested、span_first、span_multi、 span_first、span_multi、span_near、span_not、span_or、span_term、top_children 等。

3. 理解 bool 查询

bool 查询应用得最广泛，可以把包括 bool 从句在内的很多查询从句组合起来，因此要详细地讲解。以下 Boolean 从句可以组合起来，用于匹配文档。

- must：写在这个从句里面的条件必须匹配上，才能返回文档。
- should：写在 should 从句中的查询条件可能被匹配上，也可能不匹配，但如果 bool 查询中没有 must 从句，那就至少要匹配上一个 should 条件，文档才会返回。
- must_not：写在这个从句中的条件一定不能被匹配上。
- filter：写在这个从句中的查询条件必须被选中的文档匹配上，只是这种匹配与评分无关。

bool 查询的结构如下：

```
{
  "query":{
  "bool":{
  "must":[{}],
  "should":[{}],
  "must_not":[{}]
  "filter":[{}]
}
}
}
```

下面这些参数 bool 查询也支持。

- boost：这个参数用于控制 must 或 should 查询从句的分数。
- minimum_should_match：这个参数只适用于 should 从句。有了它，就可以限定要返回一份文档的话，至少要匹配上多少个 should 从句。
- disable_coord：一般情况下，bool 查询会对所有的 should 从句使用查询协调。这么做通常来说很好，因为匹配上的从句越多，文档的得分就越高。但请看看下面的例子，在这种情况下就要禁用：

```
{
  "query":{
  "bool":{
  "disable_coord":true,
  "should":[
    {"term":{"text":{"value":"turmoil"}}},
    {"term":{"text":{"value":"riot"}}}
  ]
}
}
}
```

在上面的例子中，我们试图在文本字段中查找单词 turmoil 和 riot，但其实它们彼此是同义词。而我们并不关心文档中出现了多少同义词，因为它们其实都是一样的。在这种情况下，把 disable_coord 置为 true，以禁用查询协调，让相似的从句不影响分数的计算。

4. 无分析查询

有一类查询不会被分析，而是被直接传递给 Lucene 索引。这意味着或者我们要确切理解分析过程是怎样的，并提供合适的词项；或者直接针对无分析字段进行查询。如果把 Elasticsearch 当作 NoSQL 数据库使用，这种查询方式就比较合适。这类查询会精确匹配传入的词语，不会使用语言分析器等工具对词语进行分词和其他处理。

以下示例可帮助理解无分析查询的目的。

- term 查询：即词项查询。当提及无分析查询时，最常用的无分析查询就是词项查询。它可以匹配某个字段中的给定值。比如说，如果你希望匹配一个拥有特定标签（我们示例文档中的 tags 字段）的文档，可以使用词项查询。
- prefix 查询：即前缀查询。另一种无需分析的查询方式。前缀查询常用于自动完成功能，即用户输入一段文本，搜索系统返回所有以这个文本开头的文档。需要注意的是，尽管前缀查询没有被分析，Elasticsearch 还是对它进行了重写，以确保能高速执行。

这类查询包括：common、ids、prefix、span_term、term、terms、wildcard 等。

5. 全文检索查询

当构建类似 Google 的查询接口时，可以使用全文检索查询。这类查询会根据索引映射配置对输入进行分析，支持 Lucene 查询语法和打分计算等功能。一般来说，如果查询的一部分文本来自用户输入，就可以从全文检索查询这一类中选择某个来用，比如 query_string、match 或 simple_query_string 查询。

全文检索查询类别的示例和用法如下。

- simle_query_string 查询：该查询方式构建于 Lucene 的 SimpleQueryParser 类（参考 http://lucene.apache.org/core/6_0_0/queryparser/org/apache/lucene/queryparser/simple/SimpleQueryParser.html，被设计为解析人类可读的查询条件）之上。通常情况下，如果不希望在遭遇解析错误时直接失败，而是想要尝试给出用户期望的答案，那么这种查询方式是不错的选择。

属于本类的查询方式包括：match、multi_match、query_string、simple_query_string 等。

6. 模式匹配查询

Elasticsearch 直接或间接地提供了一些支持通配符的查询方式，比如通配符查询（wildcard query）和前缀查询（prefix query）。除此之外，还可以使用正则表达式查询（regexp query），这种查询能够找出内容中包含给定模式的文档。

之前已经展示过一个前缀查询的例子，因此在这里主要介绍一下正则表达式查询。如果想找出其词项匹配某个固定模式的文档，正则表达式查询是唯一的选择。举个例子，假定把各种日志存储于 Elasticsearch 中，就可以使用正则表达式查询找出所有符合如下模式的日志记录：词项以 err 前缀开头并以 memory 结尾，中间可以有任意数量的字符。最后需要注意的是，对于所有模式匹配查询来说，如果包含可以匹配海量词项的表达式，性能代价将十分高昂。

本类查询包括：prefix、regexp、wildcard 等。

7. 支持相似度操作的查询

这类查询是一些可以根据给定词项查找近似词项或文档的查询方式的集合。举例来说，假定需要找出包含 crimea 的近似词项的文档，可以执行一个 fuzzy 查询。这类查询的另一个用途是提供类似“你是不是想找 XXX”的功能。比如要找出文档标题与输入文本相似的文档，可以使用 more_like_this 查询。一般来说，可以使用本类别下的某个查询来查找包含与给定输入内容近似的词项或字段的文档。

属于这个类别的查询有：fuzzy_like_this、fuzzy_like_this_field、fuzzy、more_like_this、more_like_this_field 等。

8. 支持修改得分的查询

这是一组用于改善查询精度和相关度的查询方式，通过指定自定义权重因子或提供额外处理逻辑的方式来改变文档得分。这类查询的一个很好的例子是 function_score 查询。function_score 查询可以使用函数，从而通过数学计算的方式改变文档得分。举个例子，如果希望离给定地理定位点越近的文档得分越高，则 function_score 查询可以帮助实现这个目的。

本类查询包括：boosting、constant_score、function_score、indices 等。

9. 位置敏感查询

这类查询不仅可以匹配特定词项，还能匹配词项的位置信息。Elasticsearch 提供的各种范围查询就是这类查询的典型代表。还可以把 match_phrase 查询归入此类，因为从某种程度上来说，它也需要考虑被索引词项的位置信息。如果需要找出一组和其他单词保持一定距离的单词，比如"找出以下文档，同时包含 mastering 和 Elasticsearch 且这两个单词相互临近，它们后面距离不超过 3 的位置包含 second 和 edition 单词"，这时就可以使用范围查询。不过需要注意的是，这些范围查询在将来版本的 Lucene 库中将被移除，届时 Elasticsearch 也不再提供支持。这是因为这些查询开销很大，需要消耗大量 CPU 资源才能保证正确处理。

本类查询包括：match_phrase、span_first、span_multi、span_near、span_not、span_or、span_term 等。

10. 结构敏感查询

最后一类查询是结构敏感查询（structure aware query）。这类查询包括：

- nested 查询。
- has_child 查询。
- has_parent 查询。
- top_children 查询。

一般来说，所有支持对文档结构进行检索并且不需要对文档数据进行扁平化处理的查询方式都可以归入此类。如果寻找一种查询方式，能够在子文档或嵌套文档中进行搜索，或查找属于给定父文档的子文档，就需要使用刚刚提及的查询方式之一。换句话说，如果需要处理文档中的数据关系，请选择使用这类查询。不过需要注意的是，尽管 Elasticsearch 可以对数据之间的关系进行一定程度上的处理，但它毕竟不是真正的关系数据库。

2.3.2　使用示例

了解了各类查询方式的适用场合以及期望结果，现在就可以趁热打铁，用具体的使用示例来进一步加强对它们的认知。请注意，这些例子并不能覆盖 Elasticsearch 查询的方方面面，而仅仅是对通过查询获取所需信息的一些简单示例说明。

1. 测试数据

先创建一个名为 library 的索引，并加入一些测试数据。library 索引的映射如下，可以在随书提供的 library.json 文件中找到。

```
{
  "book": {
    "properties": {
      "author": {
        "type": "text"
      },
      "characters": {
        "type": "text"
      },
      "copies": {
        "type": "long"
      },
      "otitle": {
        "type": "text"
      },
      "tags": {
        "type": "keyword"
      },
      "title": {
        "type": "text"
      },
      "year": {
        "type": "long"
      },
      "available": {
        "type": "boolean"
      },
      "review": {
        "type": "nested",
        "properties": {
          "nickname": {
            "type": "text"
          },
          "text": {
            "type": "text"
          },
          "stars": {
            "type": "integer"
          }
        }
      }
    }
  }
}
```

用到的数据在 books.json 文件中。文件中的示例文档如下：

```
{ "index" : { "_index" : "library", "_type" : "books", "_id" : "1" } }
```

```
{"title":"All Quiet on the Western Front","otitle":"Im Westen nichts
Neues","author":"Erich Maria Remarque","year":1929,"characters":["Paul
Bäumer","Albert Kropp","Haie Westhus","Fredrich Müller","Stanislaus
Katczinsky","Tjaden"],"tags":["novel"],"copies":1,"available":true,"section
":3}
{"index":{"_index":"library","_type":"book","_id":"2"}}
{"title":"Catch-22","author":"Joseph
Heller","year":1961,"characters":["John Yossarian","Captain
Aardvark","Chaplain Tappman","Colonel Cathcart","Doctor
Daneeka"],"tags":["novel"],"copies":6,"available":false,"section":1}
{"index":{"_index":"library","_type":"book","_id":"3"}}
{"title":"The Complete Sherlock Holmes","author":"Arthur Conan
Doyle","year":1936,"characters":["Sherlock Holmes","Dr. Watson","G.
Lestrade"],"tags":[],"copies": 0, "available":false, "section":12}
```

请注意：由于存在格式和字符编码的问题，直接运行从电子书中拷出来的内容可能出错。

运行下面的命令将会使用给定的映射创建索引，并索引数据：

```
curl -XPUT 'localhost:9200/library'
curl -XPUT 'localhost:9200/library/book/_mapping' -d @library.json
curl -s -XPOST 'localhost:9200/_bulk' --data-binary @books.json
```

上面的例子用批量方法索引数据，接下来再用 `curl` 请求依次为 `library` 索引增加两份文档。

将两份新文档添加到索引中的命令如下：

```
    curl -XPOST "http://localhost:9200/library/book/4" -d'
    {
      "title": "The Sorrows of Young Werther",
      "author": "Johann Wolfgang von Goethe",
      "available": true,
      "characters": ["Werther", "Lotte", "Albert", " Fräulein von B"],
      "copies": 1,
      "otitle": "Die Leiden des jungen Werthers",
      "section": 4,
      "tags": ["novel", "classics"],
      "year": 1774,
      "review": [{ "nickname": "Anna", "text": "Could be good, but not my
style", "stars": 3} ]
    }'
    curl -XPOST "http://localhost:9200/library/book/5" -d'
    {
      "title": "The Peasants",
      "author": "Władysław Reymont",
      "available": true,
      "characters": [ "Maciej Boryna", "Jankiel", "Jagna Paczesiówna",
"Antek Boryna" ],
      "copies": 4,
      "otitle": "Chłopi",
      "section": 4,
      "tags": [ "novel", "polish", "classics" ],
      "year": 1904,
```

```
      "review": [ { "nickname": "anonymous",  "text": "awsome  book",
"stars": 5    },  { "nickname": "Jane","text": "Great book, but   too
long", "stars": 4 },
       { "nickname": "Rick", "text": "Why bothe,  when you can find it on
the internet", "stars": 3 } ]
    }'
```

2. 基本查询示例

使用基本查询的例子。

查询给定范围的数据

匹配给定取值范围的文档是最简单的查询方式之一。通常，这种查询作为一个更复杂查询或过滤器的一部分而存在。举例来说，一个可以查出书籍本数在[1,3]区间内的查询如下所示：

```
curl -XGET 'localhost:9200/library/_search?pretty' -d '{
 "query" : {
  "range" : {
   "copies" : {
    "gte" : 1,
    "lte" : 3
   }
  }
 }
}'
```

3. 组合查询示例

使用组合查询来组合其他查询方式。

（1）对多个词项的布尔查询

假设需求是用户要显示由查询条件决定的书的若干个标签。如果用户提供的标签数超过3个，只要求匹配上查询条件中标签数的75%即可。如果用户提供了3个或更少的标签，就要全部匹配。

```
curl -XGET "http://localhost:9200/library/_search?pretty" -d'
{
  "query": {
    "bool": {
      "should": [
        {"term": {"tags": {"value": "novel"}}},
        {"term": {"tags": {"value": "polish" }}},
        {"term": {"tags": {"value": "classics"}}},
        {"term": {"tags": {"value": "criminal"}}}
      ],
      "minimum_should_match": "3<75%"
    }
  }
}'
```

（2）对匹配文档加权

最简单的示例是包含一个可选的加权片段的bool查询，来实现对部分文档的权重提升。举例来说，如果需要找出所有至少有一本的书籍，并对1950年后出版的书籍进行加权，可以使用如下查询命令：

```
curl -XGET 'localhost:9200/library/_search?pretty' -d '{
 "query" : {
  "bool" : {
    "must" : [ { "range" : { "copies" : { "gte" : 1 } } } ],
   "should" : [ { "range" : {  "year" : { "gt" : 1950 } } } ]
  }
 }
}'
```

（3）忽略查询的较低得分部分

dis_max 查询可以控制查询中得分较低部分的影响。举例来说，如果希望找出所有 title 字段匹配 Young Werther 或者 characters 字段匹配 Werther 的文档，并在文档打分时仅考虑得分最高的查询片段，可以执行如下查询命令：

Source filtering-Using_source and fields parameters

在下面的命令里，把 _source 置为 false，这样返回的结果中就只会返回元数据，不会返回任何字段内容了。在这里想强调的一点是，早期版本的 Elasticsearch 提供了两种方法从返回的数据中获取选择的字段：用 _source 参数或者 fields 参数。_source 的使用方法与各旧版本一致，但 fields 参数只能用于那些在映射中被标记为 stored 的字段。用 fields 参数去获取非 stored 的字段会导致查询解析异常。

```
curl -XGET "http://localhost:9200/library/_search?pretty" -d'
{
 "query" : {
  "dis_max" : {
   "tie_breaker" : 0.0,
   "queries" : [
    { "match" : { "title" : "Young Werther" } },
    { "match" : { "characters" : "Werther" } }
   ]
  }
 },
  "_source": false
}'
```

上面的查询返回的结果如下：

```
{
   "took": 11,
   "timed_out": false,
   "_shards": {
      "total": 5,
      "successful": 5,
      "failed": 0
   },
   "hits": {
      "total": 1,
      "max_score": 1.1537418,
```

```
            "hits": [
               {
                  "_index": "library",
                  "_type": "book",
                  "_id": "4",
                  "_score": 1.1537418
               }
            ]
      }
}
```

接下来单独看一下查询各部分的打分。单独执行如下查询片段：

```
curl -XGET "http://localhost:9200/library/_search?pretty" -d'
{
 "query" : {
  "match" : {
      "title" : "Young Werther"
    }
 },"_source": false
}'
```

查询结果如下：

```
{
   "took": 4,
   "timed_out": false,
   "_shards": {
      "total": 5,
      "successful": 5,
      "failed": 0
   },
   "hits": {
      "total": 1,
      "max_score": 1.1537418,
      "hits": [
         {
            "_index": "library",
            "_type": "book",
            "_id": "4",
            "_score": 1.1537418
         }
      ]
   }
}
```

下一个命令是：

```
curl -XGET "http://localhost:9200/library/_search?pretty" -d'
{
  "query": {
    "match": {
      "characters": "Werther"
    }
  },
  "_source": false
}'
```

可以看出，dis_max 查询返回的文档得分等于打分最高的查询片段的得分（上面的第一个查询片段)。这是因为把 tie_breaker 属性设置成了 0.0。

4. 无分析查询示例

不使用任何分析器的查询示例。

找出符合标签的结果

Elasticsearch 提供的 term 查询是最简单的无分析查询之一。一般很少单独使用 term 查询，而是常常将其使用在各种复合查询中。举个例子，假设查找出所有 tags 字段包含 novel 值的书籍。为了达到这个目的，需要执行如下查询命令：

```
curl -XGET 'localhost:9200/library/_search?pretty' -d '{
 "query" : {
  "term" : {
   "tags" : "novel"
  }
 }
}'
```

5. 全文检索查询示例

全文检索是一个很宽泛的主题，其使用场景也十分广泛。在这里选出两个简单场景的查询示例加以展示。

(1) 使用 Lucene 查询语法

有些时候，直接使用原生的 Lucene 查询语法也是不错的选择。我们在 1.1 节中介绍过 Lucene 查询语法。举个例子，假如找出 title 字段包含 sorrows 和 young 词项、author 字段包含 von goethe 短语，并且本数不超过 5 本的书，可以执行如下查询：

```
    curl -XGET "http://localhost:9200/library/_search?pretty" -d'
    {
      "query": {
        "query_string": {
          "query": "+title:sorrows +title:young +author:"von goethe"-
copies:{5 TO *]"
        }
      }
    }'
```

在这个查询中，使用了 Lucene 查询语法来传递所有匹配条件，让 Lucene 通过查询解析器来构造合适的查询。

(2) 对用户查询语句进行容错处理

有的时候，用户输入的查询可能包含错误。比如下面这个查询：

```
curl -XGET 'localhost:9200/library/_search?pretty' -d '{
 "query" : {
  "query_string" : {
   "query" : "+sorrows +young "",
   "default_field" : "title"
  }
 }
}'
```

返回的结果包含如下错误提示，后面是查询失败的具体原因：

```
"reason": "Failed to parse query [+sorrows +young "]",
```

这意味着在构建查询时遇到了解析错误，查询无法被成功地构建出来。这也是Elasticsearch引入simple_query_string查询的原因。它使用一个可以尝试处理用户输入错误的查询解析器，并试图猜测用户的查询用意。如果用simple_query_string查询来改写上面这个例子，代码如下：

```
curl -XGET 'localhost:9200/library/_search?pretty' -d '{
 "query" : {
  "simple_query_string" : {
   "query" : "+sorrows +young "",
   "fields" : [ "title" ]
  }
 }
}'
```

如果执行这个查询，Elasticsearch能够返回合适的文档结果，尽管查询并未被恰当地构造。

6. 模式匹配查询示例

使用通配符的查询例子有很多，不过在这里只展示下面这两个例子。

（1）使用前缀查询实现自动完成功能

针对索引数据提供自动完成功能是一种常见的应用场景。如大家所知，前缀查询不会被分析，直接基于特定字段中被索引的词项工作。因此，实际的功能依赖于索引时生成词条的方式。举例来说，假定对title字段的所有词条提供自动完成功能，此时用户输入的前缀是wes，符合条件的对应查询构造如下：

```
curl -XGET 'localhost:9200/library/_search?pretty' -d '{
 "query" : {
  "prefix" : {
   "title" : "wes"
  }
 }
}'
```

（2）模式匹配

如果匹配特定模式，而此时索引中的词条无法支持，就可以尝试使用regexp查询。读者需要注意的是，这种查询的执行代价非常昂贵，请尽量避免使用。还有一点需要注意，regexp查询的执行性能与所选正则表达式相关。如果选择了一个能够被改写成大量词项的正则表达式，执行性能将极其糟糕。

现在看一下使用regexp查询的例子。假定需要找出符合以下条件的文档：文档的characters字段中包含以wat开头、以n结尾、中间有两个任意字符的词项。为了表达这些条件，可以使用类似下面的regexp查询命令：

```
curl -XGET 'localhost:9200/library/_search?pretty' -d '{
```

```
 "query" : {
  "regexp" : {
   "characters" : "wat..n"
  }
 }
}'
```

7. 支持相似度操作的查询示例

一个关于如何查找相似文档和词项的简单示例。

找出给定词项的近似词项

一个非常简单的例子是使用 `fuzzy` 查询找出包含与给定词项近似的文档。比如，查找包含 `younger` 的近似词项的文档，可以执行如下查询命令：

```
curl -XGET 'localhost:9200/library/_search?pretty' -d '{
 "query" : {
  "fuzzy" : {
   "title" : {
    "value" : "younger",
    "fuzziness" : 3,
    "max_expansions" : 50
   }
  }
 }
}'
```

8. 支持修改得分的查询用例

Elasticsearch 提供的 `function_score` 查询是个非常赞的工具，可以改变匹配到的文档的得分。我们将在第 3 章中详细讲解。

对拥有某些值的书籍扣分

有时候需要降低某些文档的重要性，但仍然要在结果列表中输出。举个例子，想要列出所有的书籍，不过要通过降低书籍得分的方式把那些当前无货的书籍放到结果列表的末尾。不希望按标记是否有货的字段进行排序，因为用户有时候清楚地知道要找什么书，而且全文检索查询的结果得分也是很重要的。不过，如果仅仅想把当前无货的书籍排到结果尾部，可以执行如下查询命令：

```
curl -XGET 'localhost:9200/library/_search?pretty' -d '{
 "query" : {
  "boosting" : {
   "positive" : {
    "match_all" : {}
   },
   "negative" : {
    "term" : {
     "available" : false
    }
   },
   "negative_boost" : 0.2
  }
 }
}'
```

9. 模式查询示例

因为资源消耗过于巨大，所以这类查询用得不多。与模式有关的查询可以按短语和词项的正确顺序去匹配文档。下面是一些例子。

（1）匹配短语

这是这一类对位置敏感的查询中最简单，同时也是性能最高的。比如，只需要在文档的 otitle 字段中匹配到短语 leiden des jungen 的查询可以这么写：

```
curl -XGET 'localhost:9200/library/_search?pretty' -d '{
 "query" : {
  "match_phrase" : {
   "otitle" : "leiden des jungen"
  }
 }
}'
```

（2）无处不在的跨度查询

当然，短语查询在处理位置敏感需求时非常简便。不过，如果执行一个查询，找出符合以下条件的文档：在 die 词项后面不超过两个位置的地方包含一个 des jungen 短语，并且紧跟着短语后面是一个 werthers 词项。这时候可以使用范围查询。符合这些条件的查询命令如下：

```
    curl -XGET "http://localhost:9200/library/_search?pretty" -d'
{"query":{"span_near":{"clauses":[{"span_near":{"clauses":[{"span_term":{"o
title":"die"}},{"span_near":{"clauses":[{"span_term":{"otitle":"des"}},{"sp
an_term":{"otitle":"jungen"}}],"slop":0,"in_order":true}}],"slop":2,"in_ord
er":false}},{"span_term":{"otitle":"werthers"}}],"slop":0,"in_order":true}}
}'
```

请注意，跨度查询不会被分析。

2.3.3 查询 DSL 的其他重要变化

正在使用旧版本 Elasticsearch 的用户必须注意，Elasticsearch 查询 DSL 还有如下重要变化。

- missing 查询（早期叫作 missing 过滤器）被彻底去除了，要使用 must_not 来代替。
- 有了 bool 查询之后，AND/OR 过滤器被彻底去除（在 Elasticsearch 2.x 叫作 AND/OR 查询）。must 布尔从句可以替换 AND，should 从句可以替换 OR。
- 查询类型 count 从查询 DSL 中彻底去除，如果只想得到文档数量，那么在使用聚合时，把 size 参数设为 0 也可以达到相同目的。
- 查询类型 scan 也被去除了，功能由 scroll 请求替代，后者可以按 _doc 的顺序将文档排序。比如：

```
GET /index_name/doc_ype/_search?scroll=10m
{
```

```
  {"sort":["_doc"]}
}
```

❑ 过滤查询已经在 Elasticsearch 5.x 中被彻底去除了。

2.4　查询改写

之前探讨了评分机制，这些知识非常珍贵，特别是改进查询相关性时。在对查询进行调试时，也很有必要搞清楚查询是如何执行的。因此本节介绍一下查询改写是如何工作的，为什么需要查询改写，以及如何控制。

如果使用过诸如前缀查询或通配符查询之类的查询类型，那么会了解这些都是关于多个词项的查询，都涉及查询改写。Elasticsearch 使用查询改写是出于对性能的考虑。从 Lucene 的角度来看，所谓的查询改写操作，就是把原本的代价昂贵的查询语句改写成一组性能更高的查询语句，从而加快查询执行速度。查询改写过程对客户端不可见，不过最好能够知道修改查询改写的过程。举个例子，Elasticsearch 是如何处理前缀查询的。

2.4.1　前缀查询示例

讲解查询改写过程的最好方式莫过于通过范例深入了解该过程的内部实现机制，尤其是要去了解原始查询中的词项是如何被改写成目标查询中那些词项的。假设索引了下面这些数据：

```
curl -XPUT 'localhost:9200/clients/client/1' -d '{
  "id":"1", "name":"Joe"
}'
curl -XPUT 'localhost:9200/clients/client/2' -d '{
  "id":"2", "name":"Jane"
}'
curl -XPUT 'localhost:9200/clients/client/3' -d '{
  "id":"3", "name":"Jack"
}'
curl -XPUT 'localhost:9200/clients/client/4' -d '{
  "id":"4", "name":"Rob"
}'
```

现在找出索引中所有 `name` 字段以字母 `j` 开头的文档。为简单起见，在 `clients` 索引中执行以下查询：

```
curl -XGET 'localhost:9200/clients/_search?pretty' -d '{
 "query" : {
  "prefix" : {
   "name" : {
    "prefix" : "j",
    "rewrite" : "constant_score_boolean"
   }
  }
 }
}'
```

这里使用了一个简单的前缀查询，想检索出所有 name 字段以字母 j 开头的文档。同时也设置了查询改写属性以确定执行查询改写的具体方法，不过现在先忽略这个参数，具体的参数取值将在本章的后续部分讨论。

执行前面的查询之后，得到下面的结果：

```
{
  "took" : 2,
  "timed_out" : false,
  "_shards" : {
    "total" : 5,
    "successful" : 5,
    "failed" : 0
  },
  "hits" : {
    "total" : 3,
    "max_score" : 1.0,
    "hits" : [ {
      "_index" : "clients",
      "_type" : "client",
      "_id" : "3",
      "_score" : 1.0,
      "_source":{
  "id":"3", "name":"Jack"
}
    }, {
      "_index" : "clients",
      "_type" : "client",
      "_id" : "2",
      "_score" : 1.0,
      "_source":{
  "id":"2", "name":"Jane"

}
    }, {
      "_index" : "clients",
      "_type" : "client",
      "_id" : "1",
      "_score" : 1.0,
      "_source":{
  "id":"1", "name":"Joe"
}
    } ]
  }
}
```

返回的结果中有3份文档，这些文档的 name 字段都以字母 j 开头。并没有显式地设置待查询索引的映射，而 Elasticsearch 猜测出了 name 字段的映射，并将其设置为字符串类型并进行文本分析。可以使用下面的命令进行检查：

```
curl -XGET 'localhost:9200/clients/client/_mapping?pretty'
```

Elasticsearch 将返回类似下面的结果：

```
{
  "clients" : {
```

```
    "mappings" : {
      "client" : {
        "properties" : {
          "id" : {
            "type" : "text",
            "fields" : {
              "keyword" : {
                "type" : "keyword",
                "ignore_above" : 256
              }
            }
          },
          "name" : {
            "type" : "text",
            "fields" : {
              "keyword" : {
                "type" : "keyword",
                "ignore_above" : 256
              }
            }
          }
        }
      }
    }
  }
}
```

如果你是 Elasticsearch 5.0 之前旧版本的用户，并对上面的映射功能感到诧异，请重读 1.2 节。

2.4.2 回到 Apache Lucene

现在回到 Apache Lucene。如果还记得 Lucene 的倒排索引是如何构建的，就会知道倒排索引中包含了词项、总数、文档指针以及词项在文档中的位置（如果忘了，请重新阅读 1.1 节）。存储到 clients 索引中的数据大概是如何组织的，下面是个简化的表示。

词项	总数	文档 : 位置	词项	总数	文档 : 位置
Jack	1	3:1	Joe	1	1:1
Jane	1	2:1	Rob	1	4:1

词项这一列非常重要。如果探究 Elasticsearch 和 Lucene 的内部实现，就会发现前缀查询被改写为下面这种 Lucene 查询：

```
ConstantScore(name:jack name:jane name:joe)
```

可以用 Elasticsearch API 来检查重写片段。首先，使用 Explain API 执行如下命令：

```
curl -XGET 'localhost:9200/clients/client/1/_explain?pretty' -d '{
 "query" : {
  "prefix" : {
   "name" : {
    "prefix" : "j",
```

```
      "rewrite" : "constant_score_boolean"
    }
   }
  }
}'
```

执行结果如下：

```
{
  "_index" : "clients",
  "_type" : "client",
  "_id" : "1",
  "matched" : true,
  "explanation" : {
    "value" : 1.0,
    "description" : "sum of:",
    "details" : [
      {
        "value" : 1.0,
        "description" : "ConstantScore(name:joe), product of:",
        "details" : [
          {
            "value" : 1.0,
            "description" : "boost",
            "details" : [ ]
          },
          {
            "value" : 1.0,
            "description" : "queryNorm",
            "details" : [ ]
          }
        ]
      },
      .
      .
}
```

可以看到，Elasticsearch 对 name 字段使用了一个词项是 joe 的确定分值的查询。

2.4.3 查询改写的属性

当然，多词项查询的 rewrite 属性也可以支持除了 constant_score_boolean 之外的其他取值。通过这个属性来控制查询在 Lucene 内部的改写方式。将 rewrite 参数存放在代表实际查询的 JSON 对象中，例如，像下面的代码这样：

```
{
   "query" : {
    "prefix" : {
      "name" : "j",
       "rewrite" : "constant_score_boolean"
    }
  }
}
```

Elasticsearch 对布尔查询有个 1024 的限制，即在 bool 查询中最多可以使用 1024

个词项。通过 elasticsearch.yml 文件的 indices.query.bool.max_clause_count 属性设置这个值。但请注意，布尔查询越多，查询性能就越低。

rewrite 参数有哪些选项可以配置。

- scoring_boolean：该选项将每个生成的词项转化为布尔查询中的一个 should 从句。这种改写方法需要对每个文档都单独计算得分。因此，这种方法比较耗费 CPU（因为要计算和保存每个词项的得分），而且有些查询生成了太多的词项，以至于超出了布尔查询默认的 1024 个从句的限制。
- constant_score_boolean：该选项与前面提到过的 scoring_boolean 类似，但是 CPU 耗费得更少，因为它并不计算每个从句的得分，而是每个从句得到一个与查询权重相同的常数得分，默认情况下等于 1，我们也可以通过设置查询权重来改变这个默认值。因为这种重写方法也会生成布尔 should 从句，与 scoring_boolean 重写方法类似，该选项也受布尔从句最大数量的限制。
- constant_score（默认属性）：这是 Elasticsearch 的默认重写方法，当搜索的词项很少时，性能与 constant_score_boolean 相近，否则它会一个一个地按顺序去为每个词项标记文档。匹配上的文档将按查询的权重被设置为常值分数。
- top_terms_N：该选项将每个生成的词项转化为布尔查询中的一个 should 从句，并保存计算出来的查询得分。但与 scoring_boolean 的不同之处在于，该方法只保留最佳的 *N* 个词项，以避免触及布尔从句数量的限制，并提升查询整体性能。
- top_terms_boost_N：该改写选项与 top_terms_N 类似，不同之处在于它的文档得分不是通过计算得出的，而是被设置为跟查询权重（boost）一致，默认值为 1。
- top_terms_blended_freqs_N：这种改写方法先把每个词项转化为布尔查询的 should 从句，但所有的词项查询都会计算分数，就像它们频率相同一样。这里的频率就是所有匹配上的词项的最大频率。它只关心得分最高的词项，所以不会超出布尔查询的限制。这里的 N 指定选择多少个分数最高的词项。

一个例子

在范例查询中使用 top_terms_N 选项，并且 *N* 的值设置为 2，那么查询代码写出来会是这样：

```
curl -XGET 'localhost:9200/clients/client/_search?pretty' -d '{
  "query" : {
    "prefix" : {
     "name" : {
       "prefix" :"j",
       "rewrite" : "top_terms_2"
     }
    }
  }
}'
```

从Elasticsearch返回的结果中可以看出，和之前使用的查询不同，这里的文档得分都不等于1.0。

```
{
  "took" : 4,
  "timed_out" : false,
  "_shards" : {
    "total" : 5,
    "successful" : 5,
    "failed" : 0
  },
  "hits" : {
    "total" : 3,
    "max_score" : 0.6931472,
    "hits" : [
      {
        "_index" : "clients",
        "_type" : "client",
        "_id" : "2",
        "_score" : 0.6931472,
        "_source" : {
          "id" : "2",
          "name" : "Jane"
        }
      },
      {
        "_index" : "clients",
        "_type" : "client",
        "_id" : "1",
        "_score" : 0.2876821,
        "_source" : {
          "id" : "1",
          "name" : "Joe"
        }
      },
      {
        "_index" : "clients",
        "_type" : "client",
        "_id" : "3",
        "_score" : 0.2876821,
        "_source" : {
          "id" : "3",
          "name" : "Jack"
        }
      }
    ]
  }
}
```

这是因为`top_terms_N`需要保留得分最高的*N*个词项。

TIP 你该使用哪种改写类型？

这个问题的答案极大程度上取决于具体用例，但总的来说，如果希望性能更高，不介意精确率和相关度低，可以使用top-*N*的改写方法。如果需要高精确率，那就选用布尔查询，这样就会导致更多的相关查询，但性能当然也会更低。

2.5 查询模板

在应用程序迭代发展的同时，运行环境很可能会越来越复杂。在所处的组织中，很可能同一个应用程序的不同部分分别有专人负责，比如说，至少有一个前端工程师和一个负责数据库层的后端工程师。将应用程序划分为几个模块分别开发的方式非常便捷高效，能够让开发人员针对程序的不同部分并行进行开发工作，而无需在开发者之间和开发小组内部时刻同步信息。当然，本书不是关于项目管理的，而是聚焦于搜索的，因此回到正题上。有时候，整理出程序使用的所有查询语句交给搜索引擎工程师，让他们协助从性能和相关性两个方面对查询语句进行优化。这种做法通常是很有帮助的。在这种情况下，应用程序开发者只需要把查询传递给 Elasticsearch，而不需要考虑查询语句的构造、查询 DSL 语法、查询结果过滤等细节知识。

2.5.1 引入查询模板

查询模板在 Elasticsearch 1.1.0 版引入，它有专用查询模板 API 端点 `_search/template`。当知道要发往 Elasticsearch 的查询类型，但查询结构没有最终确定时，查询模板就派上大用场了。通过使用查询模板，可以快速提供查询的最基础版本，让应用程序提供参数，并且当查询参数改变时在 Elasticsearch 侧修改查询。在学习本章的了解查询用例时，仍会使用之前创建的 library 索引。

> 除了 `_search/template` API，Elasticsearch 还有个 `template` 查询，模板参数包括一个查询模板和一个键值对的映射。但在 Elasticsearch 5.0 中，`template` 查询已经被废弃，并会在将来的版本中删除掉。因此建议用户尽早切换模板 API。

假定一个针对 `library` 索引的查询语句，可以返回最相关的书籍记录。在这个查询中，允许用户选择是否对书籍的库存状态做筛选。在这个场景中，需要传入两个参数：一个查询短语和一个代表书籍库存状态的布尔变量。最开始的简化示例如下：

```
{
    "query": {
      "bool": {
        "must": {
          "match": {
            "_all": QUERY
          }
        },
        "filter": {
          "term": {
            "available": BOOLEAN
          }
        }
      }
    }
  }
```

在本章的一些例子中，会在查询时用到 _all 字段。如果对 _all 字段没什么了解，这里可以简单介绍一下。它是一个由 Elasticsearch 维护的特殊字段，默认情况下 Elasticsearch 会把所有字段的数据都拷贝到它里面。不过，GitHub 上已经提了一个 issue，要在接下来的版本中禁用这个字段。从下面的网址可以了解到这个 issue 的最新动态：https://github.com/elastic/elasticsearch/issues/19784

代码中的 QUERY 和 BOOLEAN 是占位符，代表应用程序传递给查询的变量。显然这个查询语句对于当前的示例场景来说实在太简陋了，不过之前说过，这只是最初版本，马上会进行改进。

既然已经有了最初版本的查询语句，可以基于它创建第一个查询模板。对该查询语句做简单修改如下：

```
{
  "inline": {
    "query": {
      "bool": {
        "must": {
          "match": {
            "_all": "{{phrase}}"
          }
        },
        "filter": {
          "term": {
            "available": "{{avail}}"
          }
        }
      }
    }
  },
  "params": {
    "phrase": "front",
    "avail": true
  }
}
```

在上面的例子中可以看到 inline 参数，在创建模板时就会用到。在早期版本中用的是 template 关键字，但引入 inline 之后就删掉了。

可以看出，原来的占位符被替换成了 {{phrase}} 和 {{avail}} 两个变量，并且添加了一个新的 params 片段。在 Elasticsearch 尝试解析查询语句时，如果遇到 {{phrase}} 变量，它将尝试从 params 片段中查找出名为 phrase 的参数，并用参数值替换掉 {{phrase}} 变量。通常，需要把参数值放到 params 片段中，并在查询中使用形如 {{var}} 的标记来引用 params 片段中参数名为 var 的参数。此外，查询本身被嵌套进一个 inline 元素中。通过这种方式，实现了查询的参数化。

接下来用 HTTP GET 请求把前面的查询语句发送给地址为 /library/_search/

template 的 REST 端点（注意这里不是通常使用的 /library/_search 端点）。请求命令构造如下：

```
curl -XGET "http://localhost:9200/library/_search/template?pretty" -d'
{
  "inline": {
    "query": {
      "bool": {
        "must": {
          "match": {
            "_all": "{{phrase}}"
          }
        },
        "filter": {
          "term": {
            "available": "{{avail}}"
          }
        }
      }
    }
  },
  "params": {
    "phrase": "front",
    "avail": true
  }
}'
```

前面的查询将返回一份 title 为 All Quiet on the Western Front 的文档。

2.5.2 Mustache 模板引擎

Elasticsearch 使用 Mustache 模板引擎（参考 http://mustache.github.io）来为查询模板生成可用的查询语句。每个变量都会被双大括号包裹，这一点是 Mustache 规范要求的，是该模板引擎间接引用变量的方式。Mustache 模板引擎的完整语法不在本书讨论范围之内，不过在这里简单介绍一下它最具魅力的部分，包括条件表达式、循环和默认值。

> Mustache 语法的详细内容请参阅 http://mustache.github.io/mustache.5.html。

1. 条件表达式

{{val}} 表达式用来插入变量 val 的值。而 {{#val}} 和 {{/val}} 则用来在变量 val 取值计算为 true 时把位于它们之间的变量标记替换为变量值。

看一下下面这个示例：

```
curl -XGET 'localhost:9200/library/_search/template?pretty' -d '{
  "inline": "{ {{#limit}}"size": 2 {{/limit}}}",
  "params": {
   "limit": false
  }
}'
```

这个命令将返回 library 索引中的所有文档。不过，假如把 limit 参数的取值改为 true，则再次执行查询后，只能得到两个文档。这是因为判断条件满足了，所以模板的内容被激活。命令中的 {val} 和 {/val} 表达式等效于 {{#limit}}"size": 2 {{/limit}}。另外还有一点，size 参数与转义符一起把请求变成了一个有效的 JSON 字符串，否则请求就会失败，Elasticsearch 会返回如下错误：

```
{
    "error": {
        "root_cause": [
            {
                "type": "json_parse_exception",
                "reason": "Unexpected character ('s' (code 115)):
was expecting comma to separate OBJECT entries\n at [Source:
org.elasticsearch.transport.netty4.ByteBufStreamInput@6ce7498d;
line: 2, column: 29]"
            }
        ],
        "type": "json_parse_exception",
        "reason": "Unexpected character ('s' (code 115)): was
expecting comma to separate OBJECT entries\n at [Source: org
.elasticsearch.transport.netty4.ByteBufStreamInput@6ce7498d;
line: 2, column: 29]"
    },
    "status": 500
}
```

2. 循环

循环结构的定义和条件表达式一模一样，都位于 {{#val}} 和 {{/val}} 之间。如果表达式中变量的取值是数组，则可以使用 {{.}} 标记来指代当前变量值。

例如，假定需要模板引擎遍历一个词项数组来生成一个词项查询，可以执行如下命令：

```
curl -XGET 'localhost:9200/library/_search/template?pretty' -d '{
  "inline": {
   "query": {
    "terms": {
     "title": [
      "{{#title}}",
      "{{.}}",
      "{{/title}}"
     ]
    }
   }
  },
  "params": {
   "title": [ "front", "complete" ]
  }
}'
```

上面的请求会命中两条结果。

3. 默认值

默认值标签允许在未定义指定参数时给它或整个模板部分设置默认值。例如，给 var 变量设置默认值的语法如下：

```
{{var}}{{^var}}default value{{/var}}
```

举个例子，假定给查询模板中的 phrase 参数设置默认值 complete，可以使用如下命令：

```
curl -XGET 'localhost:9200/library/_search/template?pretty' -d '{
  "inline": {
   "query": {
    "term": {
     "title": "{{phrase}}{{^phrase}}complete{{/phrase}}"
    }
   }
  },
  "params": {
   "phrase": "front"
  }
}'
```

这个命令将从 Elasticsearch 中查询出所有 title 字段中包含 front 的文档。而如果在 params 片段中不指定 phrase 参数的值，就会查出所有包含 complete 的文档。可以把 params 对象从上面的命令中去掉，再试一下。

4. 把查询模板保存到文件

抛开之前定义模板的方式不说，距离把查询跟应用程序解耦还有相当长的一段路要走。我们能够做的仅仅是把查询语句参数化，而整个查询模板字符串仍然需要保存在应用程序中。幸运的是，有一种简单的方法来改变目前这种查询定义方式，它允许 Elasticsearch 从 config/scripts 目录中动态地读取查询模板。

举例来说，创建一个名为 bookList.mustache 的文件（在 /etc/elasticsearch/scripts/ 目录中），文件内容如下：

```
{
  "query": {
    "bool": {
      "must": {
        "match": {
          "_all": "{{phrase}}"
        }
      },
      "filter": {
        "term": {
          "available": "{{avail}}"
        }
      }
    }
  }
}
```

接下来就可以在查询中通过模板名称来使用该文件的内容（模板名称就是模板文件名去掉 .mustache 后缀）。例如，使用 bookList 模板，用如下命令：

```
curl -XGET 'localhost:9200/library/_search/template?pretty' -d '{
```

```
  "file": "bookList",
  "params": {
   "phrase": "front",
   "avail": true
  }
}'
```

请注意上面命令中的 file 参数，指定从 Elasticsearch 的 config/scripts 目录中载入模板。

> Elasticsearch 有一个非常方便的特性：无须重启节点就可以检测到模板文件的变更。当然，需要在每个负责查询的 Elasticsearch 节点上部署查询模板文件。

5. 在集群中存储模板

在 Elasticsearch 集群状态下也可以存储模板，并通过模板的 _id 使用它们。通常都把模板名用作 _id。

下面的 curl 请求可用于把模板存入 Elasticsearch：

```
curl -XPOST "http://localhost:9200/_search/template/template1" -d'
{
"template": {
    "query": {
      "bool": {
        "must": {
          "match": {
            "_all": "{{phrase}}"
          }
        },
        "filter": {
          "term": {
            "available": "{{avail}}"
          }
        }
      }
    }
  }
}'
```

请特别注意 template 元素的使用，在前面的内容中这个位置一直是 inline。

执行下面的命令之后，上面的模板就可以随时在查询中使用了。

```
curl -XGET "http://localhost:9200/library/_search/template?pretty" -d'
{
 "id": "template1",
 "params": {
   "phrase": "front",
   "avail": true
 }
}'
```

上面的模板已经用 id template1 索引，可以使用如下命令获取：

```
curl -XGET "http://localhost:9200/_search/template/template1"
```

从下面的命令输出可以看到，Elasticsearch 使用了 Mustache，并且把模板内容保存成了一个 JSON 字符串。

```
{
  "lang": "mustache",
  "_id": "template1",
  "found": true,
   "template":
"{"query":{"bool":{"must":{"match":{"_all":"{{phrase}}"}},"filter":{"term":
{"available":"{{avail}}"}}}}}"
 }
```

用下面的 curl 请求可以删除模板：

```
curl -XDELETE "http://localhost:9200/_search/template/template1"
```

2.6 小结

在本章中，了解了 Apache Lucene 的默认打分机制，以及新的默认相似度评级算法 BM25，并解释了 BM25 和之前的默认算法 TF-IDF 之间的不同。还知道了精确率和召回率，这些都是查询相关性的基础。

本章后面详细讨论了 Elasticsearch 查询 DSL，并结合用例详细讲解了一些重要的查询。还了解了新的 bool 查询语法，以及如何在 bool 查询的上下文中使用过滤器。本章还详细讲解了如何使用查询改写，如何在 Mustache 模板引擎之上使用查询模板。

在下一章，将了解查询二次评分功能，以及在跨字段匹配和短语匹配等多匹配的场景之下，查询是怎样工作的。还将讨论在 Elasticsearch 中使用脚本的几种方法。

Chapter 3 第3章

不只是文本搜索

在上一章中讨论了进行文本搜索时评分和相关性是如何工作的。之后详细地讨论了Elasticsearch查询DSL，并讲解了一些重要的查询用例。最后讨论了查询改写，以及在Mustache模板引擎之上使用查询模板。本章将关注文本搜索之外的话题，介绍如何使用定制方法修改Apache Lucene的默认评分机制，以及Elasticsearch的脚本模块。本章包括以下内容：

- 多匹配控制。
- 使用函数得分查询来控制分数。
- 用查询二次评分优化查询，并重新打分。
- 关于Elasticsearch脚本的扩展信息。
- 新的脚本语言：Painless。
- 了解Lucene表达式。

3.1 多匹配控制

使用Elasticsearch的过程中很常见的场景是：一个查询语句会去多个字段里搜索词项。用Elasticsearch提供的`multi_match`查询很容易完成这个任务，但更重要的是知道和控制使用`multi_match`查询时的分数计算。`multi_match`基于简单的`match`查询构建，支持在多个字段中查询。

3.2　多匹配类型

本节讲解multi_match查询的不同变化，主要是通过为type属性设置不同的值来实现的。下面是现在已经支持的type类型：

- best_fields类型
- most_fields类型
- cross_fields类型
- phrase类型
- phrase_prefix类型

3.2.1　最佳字段匹配

使用best_fields类型进行字段匹配，需要将multi_match查询的type属性值设置为best_fields查询。此时多匹配查询会为fields字段中的每个值生成一个match查询。这种查询匹配类型特别适合在一个要做最佳匹配的字段中有多个值的查询。可以查看下面这个查询范例：

```
curl -XGET 'localhost:9200/library/_search?pretty' -d '{
  "query" : {
    "multi_match" : {
      "query" : "complete conan doyle",
      "fields" : [ "title", "author", "characters" ],
      "type" : "best_fields",
      "tie_breaker" : 0.8
    }
  }
}'
```

上面的查询将被转换成一个与下面相似的查询：

```
curl -XGET 'localhost:9200/library/_search?pretty' -d '{
  "query" : {
    "dis_max" : {
      "queries" : [
        {
          "match" : {
            "title" : "complete conan doyle"
          }
        },
        {
          "match" : {
            "author" : "complete conan doyle"
          }
        },
        {
          "match" : {
            "characters" : "complete conan doyle"
          }
        }
      ],
```

```
      "tie_breaker" : 0.8
    }
  }
}'
```

观察这两个查询的返回结果，可能会注意到下面的内容：

```
{
  "took": 3,
  "timed_out": false,
  "_shards": {
    "total": 5,
    "successful": 5,
    "failed": 0
  },
  "hits": {
    "total": 1,
    "max_score": 0.7364661,
    "hits": [
      {
        "_index": "library",
        "_type": "book",
        "_id": "3",
        "_score": 0.7364661,
        "_source": {
          "title": "The Complete Sherlock Holmes",
          "author": "Arthur Conan Doyle",
          "year": 1936,
          "characters": [
            "Sherlock Holmes",
            "Dr. Watson",
            "G. Lestrade"
          ],
          "tags": [],
          "copies": 0,
          "available": false,
          "section": 12
        }
      }
    ]
  }
}
```

不难发现，这两个查询返回的文档完全一样，文档得分也一样。需要注意的是文档得分的计算方式。如果查询中的 tie_breaker 属性被设置了，则每份文档的得分等于最佳匹配字段得分与其他匹配字段的得分之和，只是其他被匹配上的字段得分需要乘以 tie_breaker 的值。如果 tie_breaker 属性没有被设置，则文档得分等于最佳匹配字段的得分。

此外，值得一提的是最佳字段匹配的原理：当使用 AND 操作符或 minimum_should_match 属性时，最佳字段匹配会被转换为许多个 match 查询，并且 operator、minimum_should_match 的属性值会被应用到生成出来的 match 查询上。由于这个原因，下面的查询不会返回任何命中文档：

```
curl -XGET 'localhost:9200/library/_search?pretty' -d '{
  "query" : {
    "multi_match" : {
      "query" : "complete conan doyle",
      "fields" : [ "title", "author", "characters" ],
      "type" : "best_fields",
      "operator" : "and"
    }
  }
}'
```

这是由于上面的查询被转换成下面这样了：

```
curl -XGET 'localhost:9200/library/_search?pretty' -d '{
  "query" : {
    "dis_max" : {
      "queries" : [
        {
          "match" : {
            "title" : {
              "query" : "complete conan doyle",
              "operator" : "and"
            }
          }
        },
        {
          "match" : {
            "author" : {
              "query" : "complete conan doyle",
              "operator" : "and"
            }
          }
        },
        {
          "match" : {
            "characters" : {
              "query" : "complete conan doyle",
              "operator" : "and"
            }
          }
        }
      ]
    }
  }
}'
```

而这个查询与 Lucene 中的复合查询是等价的：

```
(+title:complete +title:conan +title:doyle) | (+author:complete
+author:conan +author:doyle) | (+characters:complete    +characters:conan
+characters:doyle)
```

事实上，索引中并没有任意文档在单个字段中包含了 complete、conan 和 doyle 这 3 个词项。可以使用 cross_fields（跨字段）匹配来实现在多个字段中命中不同的词项。

3.2.2 跨字段匹配

如果希望查询条件中的所有词项都在同一份文档中搜索的字段里出现，那么使用 cross_fields 匹配是非常合适的。再回忆一下上一个查询示例，这里只是用 cross_fields 匹配类型替换其中的 best_fields 类型，如下所示：

```
curl -XGET 'localhost:9200/library/_search?pretty' -d '{
  "query" : {
    "multi_match" : {
      "query" : "complete conan doyle",
      "fields" : [ "title", "author", "characters" ],
      "type" : "cross_fields",
      "operator" : "and"
    }
  }
}'
```

此时 Elasticsearch 返回的结果如下所示：

```
{
  "took": 3,
  "timed_out": false,
  "_shards": {
    "total": 5,
    "successful": 5,
    "failed": 0
  },
  "hits": {
    "total": 1,
    "max_score": 0.79400253,
    "hits": [
      {
        "_index": "library",
        "_type": "book",
        "_id": "3",
        "_score": 0.79400253,
        "_source": {
          "title": "The Complete Sherlock Holmes",
          "author": "Arthur Conan Doyle",
          "year": 1936,
          "characters": [
            "Sherlock Holmes",
            "Dr. Watson",
            "G. Lestrade"
          ],
          "tags": [],
          "copies": 0,
          "available": false,
          "section": 12
        }
      }
    ]
  }
}
```

这是因为查询被转化为如下等价的 Lucene 查询：

```
+(title:complete author:complete characters:complete)    +(title:conan
author:conan characters:conan) +(title:doyle    author:doyle
characters:doyle)
```

此时只有命中所有词项（任意字段）的文档才被返回。当然，这是使用AND操作符时的搜索结果，如果使用OR操作符，那么在任意字段中只要命中了一个词项，文档就会被返回。当使用cross_fields类型时，需要引起特别注意不同字段的词项频率可能带来的问题。Elasticsearch 对查询中涉及的多个字段中的词项频率做了平衡。简单来说，Elasticsearch 在查询涉及的字段中，为每个命中词项赋予了近似的权重。

3.2.3　最多字段匹配

另一种可用的multi_field选项是most_fields类型。根据官方文档所述，该匹配类型用于帮助检索那些多处包含相同文本，但是文本分析处理方式不同的文档。典型例子就是在不同的字段中包含了不同语言的内容。例如，搜索title或otitle字段中包含Die leiden的文档，可以执行下面这个查询：

```
curl -XGET 'localhost:9200/library/_search?pretty' -d '{
  "query" : {
    "multi_match" : {
      "query" : "Die Leiden",
      "fields" : [ "title", "otitle" ],
      "type" : "most_fields"
    }
  }
}'
```

在 Elasticsearch 内部，上面的查询会被转换成如下查询：

```
curl -XGET 'localhost:9200/library/_search?pretty' -d '{
  "query" : {
    "bool" : {
      "should" : [
        {
          "match" : {
            "title" : "die leiden"
          }
        },
        {
          "match" : {
            "otitle" : "die leiden"
          }
        }
      ]
    }
  }
}'
```

返回文档的分数是所有match查询的得分之和除以匹配上的match从句的数量。

3.2.4 短语匹配

接下来要介绍的是短语匹配类型，与前面提到的best_fields匹配类型非常相似。区别在于，后者将原始查询转换为match查询，而前者将原始查询转换为match_phrase查询。可以查看下面的查询范例：

```
curl -XGET 'localhost:9200/library/_search?pretty' -d '{
  "query" : {
    "multi_match" : {
      "query" : "sherlock holmes",
      "fields" : [ "title", "author" ],
      "type" : "phrase"
    }
  }
}'
```

因为使用了短语匹配，上面的查询被转换为下面这种形式：

```
curl -XGET 'localhost:9200/library/_search?pretty' -d '{
  "query" : {
    "dis_max" : {
      "queries" : [
        {
          "match_phrase" : {
            "title" : "sherlock holmes"
          }
        },
        {
          "match_phrase" : {
            "author" : "sherlock holmes"
          }
        }
      ]
    }
  }
}'
```

3.2.5 带前缀的短语匹配

该类型与短语类型原理完全一致，只是原始查询被转换为match_phrase_prefix查询，而不是match_phrase查询。读者可以尝试运行下面这个查询：

```
curl -XGET 'localhost:9200/library/_search?pretty' -d '{
  "query" : {
    "multi_match" : {
      "query" : "sherlock hol",
      "fields" : [ "title", "author" ],
      "type" : "phrase_prefix"
    }
  }
}'
```

在Elasticsearch内部，原始查询被转换为类似下面这样的查询：

```
curl -XGET 'localhost:9200/library/_search?pretty' -d '{
```

```
  "query" : {
    "dis_max" : {
      "queries" : [
        {
          "match_phrase_prefix" : {
            "title" : "sherlock hol"
          }
        },
        {
          "match_phrase_prefix" : {
            "author" : "sherlock hol"
          }
        }
      ]
    }
  }
}'
```

到目前为止，已经探讨了 multi_match 查询的 type 属性的各种可能的选项。使用者无须构造复杂的查询，就能获取各种需要的结果。而且，Elasticsearch 会自行处理评分及相关问题。

3.3　用函数得分查询控制分数

用 Elasticsearch 的默认评分算法来返回最相关的结果，已经足以满足绝大多数的需求。不过在某些场景下，用户希望对分数的计算过程有更多的控制，尤其是在实现特定领域内的逻辑时，比如实现某种非常特别的评分算法，或者修改最终得分。Elasticsearch 提供了 function_score 查询来对此进行控制。

function_score 查询可用于完全掌控特定查询的分数计算过程。如下是 function_score 查询的语法：

```
{
  "query": {"function_score": {
    "query": {},
    "boost": "boost for the whole query",
    "functions": [
      {}
    ],
    "max_boost": number,
    "score_mode": "(multiply|max|...)",
    "boost_mode": "(multiply|replace|...)",
    "min_score" : number
  }}
}
```

function_score 查询有两部分：第一部分基础查询找出需要的全部结果集，第二部分是一系列函数，用于调整得分。这些函数可以应用在主查询部分匹配到的每一份文档，以改变或完全替换掉原来的查询 _score。

在 function_score 查询中，每个函数都包含一个可选的过滤器，用于告诉 Elasticsearch 哪些记录需要调整分数（默认是所有记录），还包括一段描述，讲解如何调整分数。

其他可用于 function_score 查询的参数包括：

- boost 是可选参数，为整个查询定义权重。
- max_boost 定义 function_score 要应用的最大权重。
- boost_mode 是可选参数，默认是 multiply。定义评分函数的组合结果如何与子查询分数一起影响最终得分。另外可能的值有 replace（只采用函数得分，忽略查询得分）、max（取函数得分和查询得分的最大值）、min（取函数得分和查询得分的最小值）、avg 或 multiply（取函数得分和查询得分的乘积）。
- score_mode 描述单个评分函数的结果如何聚合。可能的值有 first（采用第一个能匹配上的函数）、avg、max、sum、min 和 multiply。
- min_score 参数是要采用的最小分数。这个参数用于排除掉没有达到某个得分标准的文档，因为它的相关程度不够。

3.4 函数得分查询下的内嵌函数

function_score 查询会用到以下内嵌函数：

- weight 函数。
- field_value_factor 函数。
- script_score 函数。
- 衰变函数——linear、exp、gauss。

接下来依次了解一下。

3.4.1 weight 函数

weight 函数可以给每个文档简单地应用一次权重，而不必将 boost 标准化。把 weight 的值设置为 2，意味着 2*_score。例如：

```
curl -XGET "http://localhost:9200/library/_search" -d'
{
  "query": {
    "function_score": {
      "query": {
        "match": {
          "tags": "novel"
        }
      },
      "functions": [
        {
```

```
              "filter": {
                "term": {
                  "tags": "classics"
                }
              },
              "weight": 2
            }
          ],
          "boost_mode": "replace"
        }
      }
    }'
```

上面的查询将命中所有属于 novel 这一类的书，但会给 classics 类的书更高得分。请注意 boost_mode 被设置成了 replace，因此查询得到的 _score 值将被 filter 从句中特别的 weight 函数覆盖掉。查询的输出结果中前面的书 _score 值都是 2，这些书既属于 novel 类又属于 classics 类。

3.4.2　字段值因子函数

用文档中一个字段的得分来修改 _score：

```
curl -XGET "http://localhost:9200/library/_search" -d'
{
  "query": {
    "function_score": {
      "query": {
        "term": {
          "tags": {
            "value": "novel"
          }
        }
      },
      "functions": [
        {
          "field_value_factor": {
            "field": "year"
          }
        }
      ],
      "boost_mode": "multiply"
    }
  }
}'
```

上面的查询将找出所有标签中有 novel 的书，但总分会依赖 year 字段，即书的出版年份不同会对总分产生不同影响。年份值越大，书的得分就越高。请注意 boost_mode 的值被设置为 multiply，因此最终的评分算法公式是：

```
_score = _score * doc['total_experience'].value
```

但这么做有两个问题。一是如果用 field_value_factor 来影响得分的字段值为 0，那最终得分就是 0。二是 Lucene 的 _score 取值范围通常是 0 到 10，所以如果字段的值大于0，全文搜索的得分结果就全乱了。

要解决这样的问题，除了使用field参数，field_value_factor函数还提供了如下可用参数：

- factor参数：一个可选的用于乘以字段得分的因子，默认值为1。
- modifier参数：可应用于修改字段得分的数学算式，可以是none、log、log1p、log2p、ln、ln1p、ln2p、square、sqrt或reciprocal。默认值是none。

3.4.3 脚本评分函数

这是Elasticsearch提供的最强大的功能，用定制的脚本即可完全控制评分逻辑。用户只需用脚本实现自己的逻辑，简单逻辑或复杂逻辑都可以。脚本也会被缓存，因此重复执行时会加快执行速度。请看下面的例子：

```
{
  "script_score": {
    "script": "doc['year'].value"
  }
}
```

请注意script参数中获取字段值的特殊语法。这是Painless脚本语言获取字段值的方法，在本章的后续小节中会详细讲解。本章内也将出现许多使用script_score的例子。

3.4.4 衰变函数——linear、exp和gauss

衰变函数有3种类型：linear（线性）、exp（指数）和gauss（高斯）。这3种衰变函数只能用于数字、日期和地理位置字段，当就数字或距离进行计算时可以使用它们。3种函数都使用origin、scale、decay和offset这几个参数，来控制衰变曲线的形状。

origin点用于计算距离。对日期字段来说默认值是now（当前时间戳）。参数scale定义了到origin点的距离，此时算出的分数与decay参数相等。可以认为参数origin和scale定义了最小值和最大值，曲线将在这个范围内波动。如果希望最近10天内生成的文档可以有更大的权重，则可以将origin定义成当前时间戳，把scale定义成10d。当文档的衰变函数距离大于定义的offset参数时，衰变函数才真的进行计算。offset默认值是0。

选项decay将定义文档根据位置不同而降级的程度。默认decay值是0.5。假设我们运行的查询如下：

```
curl -XGET "http://localhost:9200/library/_search" -d'
{
  "query": {
    "function_score": {
```

```
        "query": {
          "match_all": {}
        },
        "functions": [
          {
            "exp": {
              "year": {
                "origin": "2016",
                "scale": "100"
              }
            }
          }
        ],
        "boost_mode": "multiply"
      }
    }
  }'
```

在上面的查询中，使用了指数衰变函数，Elasticsearch 对距离给定 origin 的值 100 以外就应用衰变函数进行计算。因此，从 origin 的年份算起，100 年以前出版的书得分会很低，但不会归零。但如果把 weight 或 field_value_factor 等其他函数的分数查询与衰变函数一起使用，并把这些函数的结果结合在一起，100 年前的书的得分仍可能变高。

3.5　查询二次评分

Elasticsearch 提供的关键特性中就包括了查询二次评分（query rescoring），它能改变某个查询执行后返回文档的得分，自然而然地也能改变这些文档的排序。Elasticsearch 只使用了一个简单的技巧，对返回文档中的 top*N* 进行二次评分，即只改变部分返回文档的排序结果。这么做的理由有很多，其中之一就是基于性能方面的考虑。如果排序时使用了脚本，而脚本非常耗时，作为折中，可以仅对返回文档的一个子集进行重新打分。读者能想象到，二次评分使用户可以有很多机会定制业务逻辑。现在深入了解一下这项功能，并分析能从中获得什么便利。

什么是查询二次评分

查询二次评分是 Elasticsearch 的一种机制，能对查询条件返回文档的前若干个文档重新打分。这意味着 Elasticsearch 先取得某个查询（或 post_filter 短语）命中文档的前 *N* 个，然后再执行某个 rescore 公式为这些文档重新打分。比如进行词项查询时，先得到该查询的命中文档，然后对命中文档的前 100 个进行重新打分，而不是对所有命中的文档重新打分。二次评分的常用场景是：对整个文档集运行评分算法代价过大，但是可以很高效地先通过快速获取的方法得到前 *N* 个文档，再对它们打分。

如果对 post_filter 不了解，请访问以下链接：（https://www.elastic.co/guide/en/elasticsearch/reference/master/s/earch-request-post-filter.html）

下面是一个简单的查询例子：

```
{
  "query" : {
    "match_all" : {}
  }
}
```

该查询执行后将命中所有文档。因为使用了 match_all 查询，所有命中文档的得分都等于 1。这个查询非常简单，但足以用来演示查询二次评分对检索结果的影响。

3.6 二次评分查询的结构

使用查询二次评分的功能改写前面的查询。改写逻辑很简单，就是将文档得分改为文档的 year 字段的值。修改后的查询如下所示：

```
{
  "query": {
    "match_all": {}
  },
  "rescore": {
    "query": {
      "rescore_query": {
        "function_score": {
          "query": {
            "match_all": {}
          },
          "script_score": {
            "script": {
              "inline": "doc['year'].value",
              "lang": "painless"
            }
          }
        }
      }
    }
  }
  "_source": ["title", "available"]
}
```

进一步考察前面的查询。首先要注意的是 rescore 对象，该对象持有一个查询，将对这次查询的命中文档的得分产生影响。在案例中，得分的修改逻辑非常简单，就是将文档得分改写为文档的 year 字段的值。

读者还要注意，如果使用的是 curl 客户端，就需要对脚本的值进行转义，如 doc['year'].value 应转义为 doc[\"year\"].value。

如果将上面的查询保存在 query.json 文件中，可以使用下面的命令来执行该查询：

```
curl -XGET localhost:9200/library/book/_search?pretty -d @query.json
```

返回结果与下面类似（请注意为了看得清晰，这里略去了响应消息的结构信息）：


```
{
  "took": 6,
  "timed_out": false,
  "_shards": {
    "total": 5,
    "successful": 5,
    "failed": 0
  },
  "hits": {
    "total": 5,
    "max_score": 1,
    "hits": [
      {
        "_index": "library",
        "_type": "book",
        "_id": "2",
        "_score": 1962,
        "_source": {
          "available": false,
          "title": "Catch-22"
        }
      },
      {
        "_index": "library",
        "_type": "book",
        "_id": "3",
        "_score": 1937,
        "_source": {
          "available": false,
          "title": "The Complete Sherlock Holmes"
        }
      },
      {
        "_index": "library",
        "_type": "books",
        "_id": "1",
        "_score": 1930,
        "_source": {
          "available": true,
          "title": "All Quiet on the Western Front"
        }
      },
      {
        "_index": "library",
        "_type": "book",
        "_id": "5",
        "_score": 1905,
        "_source": {
          "available": true,
          "title": "The Peasants"
        }
      },
      {
        "_index": "library",
        "_type": "book",
```

```
            "_id": "4",
            "_score": 1775,
            "_source": {
              "available": true,
              "title": "The Sorrows of Young Werther"
            }
          }
        ]
      }
    }
```

可以看到，Elasticsearch 执行的第一个查询返回了所有文档。进一步查看文档得分，此时发现 Elasticsearch 已经使用第 2 个查询对第 1 个查询的前 *N* 份命中文档进行重新打分了。最终，这些被重新打分的文档的得分等于两个查询的得分之和。读者不难理解，如果需要重点关注性能，那么对脚本的使用就要特别谨慎。这就是为什么在二次评分阶段使用了脚本的原因。如果第 1 个 `match_all` 查询命中了成千上万的文档，在此阶段对所有文档使用脚本将会导致极其糟糕的性能。因为二次评分只对返回结果的 top*N* 文档进行打分，因此极大地缓解了性能问题。

为了对查询二次评分以及如何使用参数来调节二次评分函数的行为理解得更深入，下面再看一个例子：

```
curl -XPOST "http://localhost:9200/library/_search" -d'
{
  "query" : {
    "match" : {
      "title" : {
        "operator" : "or",
        "query" : "The Complete",
        "type" : "boolean"
      }
    }
  },
  "rescore" : {
    "window_size" : 50,
    "query" : {
      "score_mode":"max",
      "rescore_query" : {
        "match" : {
          "title" : {
            "query" : "The Sorrows",
            "type" : "boolean",
            "operator" : "and"
          }
        }
      },
      "query_weight" : 0.7,
      "rescore_query_weight" : 1.2
    }
  },
  "_source": ["title", "available"]
}'
```

在上面的查询中，首先对索引执行了主查询，命中了所有在 title 字段中包含 The 或 Complete 的文档，然后对这一步的结果集执行 rescore_query 计算。题目中同时包含 The 和 Sorrows 的文档被 rescore_query 修改了最终得分。在查询中还用到了一些其他的参数，即 window_size、score_mode、query_weight 和 rescore_query_weight。下一节会讲解它们的含义。

二次评分参数

可以对二次评分对象中的查询使用下面这些参数：

- window_size（默认为 from 和 size 参数之和）：该参数指定了每个 shard 中需要进行二次评分的文档个数。请注意 from 和 size 参数的和不能大于 index.max_result_window 索引的值，默认值是 10 000。
- score_mode 参数（默认为 total）是组合每份文档最终得分的方法。支持如下参数。
  - total 参数：将原始得分与 rescore_query 得分相加。这是 score_mode 参数的默认值。
  - multiply 参数：将原始得分与 rescore_query 得分相乘。这对 function_query 二次评分很有用。
  - avg 参数：对原始得分与 rescore_query 得分取平均值。
  - max 参数：对原始得分与 rescore_query 得分取最大值。
  - min 参数：对原始得分与 rescore_query 得分取最小值。
- query_weight（默认为 1）：第 1 个查询的得分将乘以该参数值，之后再与二次评分查询的得分相加。
- rescore_query_weight（默认为 1）：在与第 1 个查询的得分相加之前，二次评分查询得分将乘以该参数值。

换句话说，这份文档最终得分公式如下：

```
original_query_score * query_weight + rescore_query_score *
rescore_query_weight
```

小结

干预返回结果中第 1 页文档的排序，使之按照某种规则排序，并不能通过二次评分功能来实现这个目的。读者可能第一时间想到了 window_size 参数，而事实上该参数与返回的第 1 页结果并无关联，用于指定每个 shard 返回文档的个数。此外 window_size 不能小于 page　size（如果 windows_size 的值小于 page　size，就会被设置为 page size 的值）。另外有件事情非常重要，二次评分并不能与排序（sorting）结合使用，这是因为排序在重新打分之前就结束了，排序并不会考虑新计算出来的文档得分。

3.7 Elasticsearch脚本

脚本是Elasticsearch提供的最强大的功能之一。当API不够用时，Elasticsearch允许把逻辑写在脚本里。可以使用脚本计算分值、文本相关性、数据过滤、数据分析、对文档进行部分更新等。尽管脚本在很多情况下都有性能问题，比如为每份文档计算得分的场景，但是Elasticsearch提供的这项功能是非常重要的。查询、排序、聚合、文档更新等许多API都支持脚本。

3.7.1 语法

脚本的常见模式如下，可用于任意Elasticsearch API：

```
"script": {
  "lang":   "...",
  "inline" | "id" | "file": "...",
  "params": { ... }
}
```

下面讲一下脚本参数：

- lang参数定义了写脚本的语言，默认是Painless。
- inline|id|file参数指脚本自身，也可能写成inline、id或file。通过这种办法可以描述脚本的来源。内联的脚本可以写为inline，用id标记的存储脚本可以从集群中获取，文件脚本可以从config/scripts目录下的文件中获取。
- params参数为任意将被传入脚本的命名参数。

3.7.2 Elasticsearch各版本中脚本的变化

Elasticsearch的脚本功能自1.0版本以来重构过若干次。于是很多用户困惑不已，为什么之前可用的脚本在升级到新版本的Elasticsearch之后就变得不可用了？而实际上这是非常常见的情形。本节将会介绍脚本的主要变化。

- **MVEL的废弃与删除**：Elasticsearch引入的第一个默认脚本语言就是MVEL，在Elasticsearch 1.4版发布后，Groovy取代它成了默认脚本语言。在最新版本中，MVEL被彻底删除了。
- **Groovy的废弃**：从Elasticsearch 5.0开始，Groovy脚本语言被废弃了，并会在将来的某个版本被删除。新的语言Painless取代了Groovy。现在Groovy仍然可用，但要在elasticsearch.yml中开启动态脚本设置。如果使用的是Painless脚本，就不需要任何额外设置。
- **其他语言插件的废弃**：Elasticsearch也曾有语言插件支持JavaScript和Python，但在引入Painless之后，这两种语言和Groovy一起在Elasticsearch 5.0.0中被废弃了。

TIP 如果在Elasticsearch中开启动态脚本设置，请访问如下URL，它详细地讲解了在不同的搜索上下文之中如何开启动态脚本：（https://www.elastic.co/guide/en/elasticsearch/reference/5.x/modules-scripting-security.html）

除了 Painless，以下脚本语言仍被 Elasticsearch 直接支持：

- Lucene 表达式，主要用于快速定制评分与排序。
- Mustache 用于查询模板，已经在第 2 章中讨论过。
- Java，或者说是原生的脚本，用来写定制插件是最好的。

本章详细讲解了 Painless 和 Lucene 表达式。不会讲到 Groovy、JavaScript 或 Python 语言脚本，因为它们已经被废弃，并会在将来被删除。

3.8　新的默认脚本语言 Painless

Elasticsearch 5.0 发布后，Painless 成了新的默认脚本语言，它是 Elasticsearch 默认可用的简单、安全的脚本语言，不需要安装任何插件。Painless 专为 Elasticsearch 设计，可以安全地用于内联和脚本存储，不必担心任何安全问题或配置变化。

3.8.1　用 Painless 写脚本

现在关于 Painless 的文档还不多，但按 Elasticsearch 官方文档所说，Painless 的语法与 Groovy 很相似。我们先了解一下 Painless 的基本语法和语义，在接下来的几节中通过几个例子了解如何使用 Painless。

1. 脚本中的变量定义

Painless 允许在脚本中定义 Elasticsearch 使用的变量。用 `def` 定义新变量，后面跟着变量名和值。下面的代码定义了一个名为 `sum` 的变量，并且赋予初始值 `0`。

```
def sum = 0
```

除了定义简单的变量，还可以定义列表。下面的例子定义了包含 4 个值的列表：

```
def listOfValues = [0, 1, 2, 3]
```

2. 条件语句

在脚本中也可以使用条件语句。比如，下面是标准的 `if...elseif...else` 结构：

```
def total = 0;
for (def i = 0; i < doc['tags'].length; i++)
  {
    if (doc['tags'][i] == 'novel')
      { total += 1;}
    else if (doc['tags'][i] == 'classics')
      {total+=10;}
    else
```

```
      {total+=20}
  }
return total
```

请注意，在查询中使用脚本时，要把脚本格式化成一个字符串，尤其要小心换行符。比如，上面的代码逻辑写在查询中会是这样：

```
{
  "query": {
    "function_score": {
      "query": {
        "match_all": {}
      },
      "min_score": 1,
      "script_score": {
        "script": {
          "inline": "def total = 0; for (int i = 0; i < doc['tags'].length;
i++)  { if (doc['tags'][i] == 'novel'){ total += 1;} else if
(doc['tags'][i] == 'classics') {total+=10;} else {total+=20}} return
total;",
          "lang": "painless"
        }
      }
    }
  }
}
```

上面查询的得分等于每份文档内所有匹配上的标签计算出的得分总和。我们还使用了一个特别的参数min_score，它划定了一个标准。如果返回的结果集中，某份文档的得分小于min_score的值，这份文档就会被丢弃。

3. 循环

Painless脚本也支持循环。下例展示了while循环的用法，它将一直执行，直到括号中的条件不为true：

```
def i = 2;
def sum = 0;
while (i > 0)
  {
    sum = sum + i;
    i--;
  }
```

上面的循环会在执行两轮后终止。在第一轮循环中，i的值为2，因此i>0表达式结果为true。在第二轮循环中，i的值为1，因此i>0仍然为true。第三轮循环时i的值为0，因此while循环不再执行。

for循环也是支持的，与在其他编程语言中的用法很像。下面的例子将会循环10次：

```
def sum = 0;
for (def i = 0; i < 10; i++)
  {
    sum += i;
  }
```

也可以像下面的代码一样，循环遍历给定值的列表：

```
def sum = 0;
for ( i in [0, 1, 2, 3, 4, 5, 6, 7, 8, 9] )
  {
    sum += i;
  }
```

3.8.2　示例

在了解了 Painless 的基础知识之后，接下来运行一个示例脚本，用它修改文档的得分。将实现如下计算分数的算法：

- 如果 year 字段的值小于 1800，给书 1.0 分。
- 如果 year 字段的值在 1800 到 1900 之间，给书 2.0 分。
- 其他书的得分为 year 字段的值减 1000。

上面例子的请求如下：

```
curl -XGET "http://localhost:9200/library/_search?pretty" -d'
{
  "_source": [
    "_id",
    "_score",
    "title",
    "year"
  ],
  "query": {
    "function_score": {
      "query": {
        "match_all": {}
      },
      "script_score": {
        "script": {
          "inline": "def year = doc["year"].value; if (year < 1800) {return
1.0 } else if (year < 1900) { return 2.0 } else { return year - 1000 }",
          "lang": "painless"
        }
      }
    }
  }
}'
```

上面请求的执行结果如下：

```
{
   "took": 10,
   "timed_out": false,
   "_shards": {
      "total": 5,
      "successful": 5,
      "failed": 0
   },
   "hits": {
      "total": 5,
```

```
        "max_score": 961,
        "hits": [
           {
              "_index": "library",
              "_type": "book",
              "_id": "2",
              "_score": 961,
              "_source": {
                 "year": 1961,
                 "title": "Catch-22"
              }
           },
           {
              "_index": "library",
              "_type": "book",
              "_id": "3",
              "_score": 936,
              "_source": {
                 "year": 1936,
                 "title": "The Complete Sherlock Holmes"
              }
           },
           {
              "_index": "library",
              "_type": "books",
              "_id": "1",
              "_score": 929,
              "_source": {
                 "year": 1929,
                 "title": "All Quiet on the Western Front"
              }
           },
           {
              "_index": "library",
              "_type": "book",
              "_id": "5",
              "_score": 904,
              "_source": {
                 "year": 1904,
                 "title": "The Peasants"
              }
           },
           {
              "_index": "library",
              "_type": "book",
              "_id": "4",
              "_score": 1,
              "_source": {
                 "year": 1774,
                 "title": "The Sorrows of Young Werther"
              }
           }
        ]
    }
}
```

脚本的输出结果与期望的一致。

3.8.3 用脚本为结果排序

下面的例子将根据一个字符串字段的值对文档进行排序：

```
curl -XGET "http://localhost:9200/library/_search" -d'
{
  "query": {
    "match_all": {}
  },
  "sort": {
    "_script": {
      "type": "string",
      "order": "desc",
      "script": {
        "lang": "painless",
        "inline": "doc[\"tags\"].value"
      }
    }
  },"_source": "tags"
}'
```

TIP 如果想根据数字字段进行排序，就要把script对象的type参数设置成number。

上面的查询根据tags字段的值将结果降序排列，请求结果如下：

```
{
   "took": 2,
   "timed_out": false,
   "_shards": {
      "total": 5, "successful": 4, "failed": 1,
      "failures": [
         {
            "shard": 4,
            "index": "library",
            "node": "PONCbrNJR6uu_0dghowrVA",
            "reason": {
               "type": "null_pointer_exception",
               "reason": null
            }
         }
      ]
   },
   "hits": {
      "total": 4,
      "max_score": null,
      "hits": [
         {
            "_index": "library", "_type": "book","_id": "2","_score": null,
            "_source": {
               "tags": ["novel"]
            },
            "sort": ["novel"]
         },
         {
            "_index": "library","_type": "books","_id": "1","_score": null,
```

```
            "_source": {
               "tags": ["novel"]
            },
            "sort": ["novel"]
         },
         {
            "_index": "library", "_type": "book", "_id": "5","_score":
null,
            "_source": {
               "tags": ["novel", "polish", "classics"]
            },
            "sort": ["classics"]
         },
         {
            "_index": "library", "_type": "book", "_id": "4", "_score":
null,
            "_source": {
               "tags": ["novel","classics"]
            },
            "sort": ["classics"]
         }
      ]
   }
}
```

结果中报了错，出错原因是 null_pointer_exception。这是因为数据中有一份文档的 tags 字段为空。

3.8.4 按多个字段排序

有时候需要根据两个字段的组合值来排序文档。比如，按照姓和名的顺序排序。可以这样做：

```
{
  "query": {
    "match_all": {}
  },
  "sort": {
    "_script": {
      "type": "string",
      "order": "asc",
      "script": {
        "lang": "painless",
        "inline": "doc[\"first.keyword\"].value + \" \" +
doc[\"last.keyword\"].value"
      }
    }
  }
}
```

访问以下网址可以了解更多有关 Painless 的知识：（https://www.elastic.co/guide/en/elasticsearch/reference/master/m/odules-scripting-painless.html）

3.9 Lucene 表达式

Lucene 表达式是一个非常强大的工具，无需写 Java 代码就可以轻松地调整分数。Lucene 表达式吸引人之处在于执行速度非常快，甚至与原生脚本一样快，因为每个表达式都被编辑成了 Java 字节码来获得与原生代码一样的性能。但也像动态脚本语言一样存在某些局限性。本节内容将展示 Lucene 表达式的一些功能。

3.9.1 基础知识

Lucene 支持将 JavaScript 表达式编译成 Java 字节码。这也是 Lucene 表达式的实际工作原理。正因如此，它们和原生的 Elasticsearch 脚本执行得一样快。Lucene 表达式可以使用在 Elasticsearch 的下面这些功能中：

- 用于排序的脚本。
- 数值字段中的聚合。
- `script_score` 查询中的 `function_score` 查询。
- 使用 `script_fields` 的查询。

除此之外，用户需记住：

- Lucene 表达式仅能在数值字段上使用。
- Lucene 表达式不能访问存储字段（stored field）。
- 没有为字段提供值时，会使用数值 0。
- 可使用 `_score` 访问文档得分，可以使用 `doc['field_name'].value` 访问文档的单值数值字段中的值。
- Lucene 表达式中不允许使用循环，只能使用单条语句。

3.9.2 一个例子

通过前面的介绍，读者已经可以利用 Lucene 表达式来修改文档得分了。再回顾一下之前提到过的 `library` 索引，将每份命中文档的得分赋值为其出版年份数的 10%。为实现该目的，可以执行下面这个查询：

```
curl -XGET "http://localhost:9200/library/_search?pretty" -d'
{
  "_source": [
    "_id",
    "_score",
    "title"
  ],
  "query": {
    "function_score": {
      "query": {
        "match_all": {}
      },
```

```
          "script_score": {
            "script": {
              "inline": "_score + doc[\"year\"].value * percentage",
              "lang": "expression",
              "params": {
                "percentage": 0.1
              }
            }
          }
        }
      }
    }'
```

查询本身很简单，我们感兴趣的是查询的结构。首先，用 function_score 查询封装了 match_all 查询。这是因为希望所有文档都命中，并且对文档得分使用脚本。然后设置脚本的语言为表达式（将 lang 属性的值设置为 expression），这么做的目的是通知 Elasticsearch 脚本类型为 Lucene 表达式脚本。当然，提供了脚本，也需要提供对应的参数，就像使用其他脚本一样。前面的查询将会返回类似下面这样的结果：

```
{
   "took": 3,
   "timed_out": false,
   "_shards": {
      "total": 5,
      "successful": 5,
      "failed": 0
   },
   "hits": {
      "total": 5,
      "max_score": 197.1,
      "hits": [
         {
            "_index": "library",
            "_type": "book",
            "_id": "2",
            "_score": 197.1,
            "_source": {
               "title": "Catch-22"
            }
         },
         {
            "_index": "library",
            "_type": "book",
            "_id": "3",
            "_score": 194.6,
            "_source": {
               "title": "The Complete Sherlock Holmes"
            }
         },
         {
            "_index": "library",
            "_type": "books",
            "_id": "1",
            "_score": 193.9,
            "_source": {
```

```
                "title": "All Quiet on the Western Front"
            }
        },
        {
            "_index": "library",
            "_type": "book",
            "_id": "5",
            "_score": 191.4,
            "_source": {
                "title": "The Peasants"
            }
        },
        {
            "_index": "library",
            "_type": "book",
            "_id": "4",
            "_score": 178.4,
            "_source": {
                "title": "The Sorrows of Young Werther"
            }
        }
    ]
  }
}
```

查询结果与期望的完全一致。

3.10 小结

本章中讲到了许多重要内容。首先，介绍了如何在不同的场景下使用不同类型的多匹配查询，然后学习了在Elasticsearch中如何用函数分数定制得分，了解了查询二次评分是如何对给定数量的查询返回文档重新计算得分的。最后讲到的模块是Elasticsearch最重要的模块之一，即脚本，了解了如何使用新的默认脚本语言Painless。

下一章将介绍各种在Elasticsearch进行数据建模的方法，学习如何使用父子和嵌入数据类型来处理文档之间的关系，并重点讲解在真实场景下的问题处理思路。

Chapter 4 第 4 章

数据建模与分析

在上一章，讨论了如何用各种不同的多匹配查询来进行跨字段搜索，然后了解了 Elasticsearch 的一个非常强大的功能：函数分数查询，用户可以通过定制分数来更好地控制文档相关性。最后，详细讲解了 Elasticsearch 的脚本模块。在本章中，我们将了解在 Elasticsearch 中如何处理结构化数据带来的常见问题，以及各种不同的数据建模方法。也会从数据分析的角度讨论 Elasticsearch 的聚合模块。本章内包含如下内容：

- ❑ Elasticsearch 中的数据建模方法。
- ❑ 用 Elasticsearch 的父子和嵌套类型管理关系型数据。
- ❑ 用聚合做数据分析。
- ❑ 一类新的聚合：矩阵聚合（Matrix aggregation）。

4.1 Elasticsearch 中的数据建模方法

要想让查询速度更快，让更新更容易而且代价更小，定义数据结构是要解决的关键问题之一。如果与 SQL 解决方案相对比，大多数 NoSQL 方案都无法提供关系型映射和查询。尽管 Elasticsearch 是一个 NoSQL 型文档存储，仍然提供了一些管理关系型数据的方法。不过在为索引定义模式之前，请注意一定会有某些权衡和妥协。在 Elasticsearch 中主要有 4 种定义文档结构的方法：

- ❑ 扁平式结构（应用侧关联）。
- ❑ 数据反范式化。
- ❑ 嵌套对象。

❑ 父子关系。

扁平式结构：在扁平式结构中，用简单的键值对索引文档，有时候也用简单对象（plain objects）的形式，这些最简单最快。数据存储成这种格式就可以索引更快，也可以查询更快。但是这样索引文档会导致难以维护不同实体之间的关系，因为 Elasticsearch 并不知道实体之间应该是怎样的关系。使用扁平式结构之后，就经常要在应用代码中做关联，以发现文档之间的关系。不过对大规模数据来说这样做并不合适。

数据反范式化：这是另一种方法，即把其他文档内的相关字段多复制一份，目的只是为了维护实体之间的关系。这种方法可用于维护扁平式结构，也可以通过在每份文档中多保存一到多个字段来维护它们之间的关系。这种方法速度很快，但会多占用大量空间，因为有时候要处理很多份副本。在后面的内容中会举个相关例子。

嵌套与父子关系：这些关系是 Elasticsearch 为管理关系型数据而自带的解决方案。

4.2 管理 Elasticsearch 中的关系型数据

随着 Elasticsearch 受到的关注度越来越高，它已经不再仅仅被用作搜索引擎了，也被用作数据分析解决方案，有时会被用作主数据库。只用数据库就可以提供快速高效的文本搜索，这个想法看起来很酷。我们不但能存储文档，还能搜索它们，分析它们的内容，挖掘数据的意义。这些功能已经超出了对传统 SQL 数据库的期望。但如果用过 SQL 数据库，那在换用 Elasticsearch 时，很快就会意识到文档之间模型关系的必要性。可惜这并不容易，对于使用倒排索引的 Elasticsearch 来说，很多关系型数据库的好习惯好实践并不能直接照搬过来。接下来看看在 Elasticsearch 中管理关系型数据的各种可能性。

4.2.1 对象类型

Elasticsearch 会尽量不介入数据建模和构建倒排索引的过程。不像关系数据库，Elasticsearch 能很自如地索引结构化对象。这意味着即便是对 JSON 文档的索引，也完全不在话下。请看看下面这份文档：

```
{
   "title": "Title",
   "quantity": 100,
   "edition": {
      "isbn": "1234567890",
      "circulation": 50000
   }
}
```

可以看到，上面的文档只包括两个简单的字段、一个嵌套对象（`edition` 对象）及其属性。范例中用到的 mapping 也很简单（保存在随书提供的 `relations.json` 文件中），如下所示：

```
{
  "properties": {
    "title": {
      "type": "text"
    },
    "quantity": {
      "type": "integer"
    },
    "edition": {
      "type": "object",
      "properties": {
        "isbn": {
          "type": "keyword"
        },
        "circulation": {
          "type": "integer"
        }
      }
    }
  }
}
```

不幸的是，如果想要一切工作正常，内部对象与其父对象之间必须是一对一的关系。例如用下面的方法添加第二个对象：

```
{
   "title": "Title",
   "quantity": 100,
   "edition": [
      {
         "isbn": "1234567890",
         "circulation": 50000
      },
      {
         "isbn": "9876543210",
         "circulation": 2000
      }
   ]
}
```

Elasticsearch 会把内部对象打平（flatten）。前面的那个文档会变得与下面这个文档类似（当然，_source 字段会保持不变）：

```
{
   "title": "Title",
   "quantity": 100,
   "edition": {
       "isbn": [ "1234567890", "9876543210" ],
        "circulation": [50000, 2000 ]
     }
}
```

这并不是所预期的，这种文档表示会带来问题。比如说当查找包含指定 ISBN 号码及发行量的图书时，Elasticsearch 会使用跨字段匹配的功能，返回包含指定 ISBN 号码但是任意发行量的图书。

可以使用下面的命令索引文档并测试查询效果，索引命令如下：

```
curl -XPOST 'localhost:9200/rel_natural/book/1' -d '{
"title": "Title",
"quantity": 100,
"edition": [
 {
  "isbn": "1234567890",
  "circulation": 50000
 },
 {
   "isbn": "9876543210",
   "circulation": 2000
  }
 ]
}'
```

现在假如执行一个简单的查询，搜索那些isbn字段值为1234567890且circulation字段值为2000的图书，这个操作将不会返回任何文档。可以执行下面这个查询来测试一下：

```
curl -XGET "http://localhost:9200/rel_natural/_search?pretty" -d'
{
 "_source" : [ "_id", "title" ],
 "query" : {
  "bool" : {
   "must" : [
    {
     "term" : {
      "edition.isbn" : "1234567890"
     }
    },
    {
     "term" : {
      "edition.circulation" : 2000
     }
    }
   ]
  }
 }
}'
```

下面是Elasticsearch返回的结果：

```
{
   "took": 3,
   "timed_out": false,
   "_shards": {
      "total": 5,
      "successful": 5,
      "failed": 0
   },
   "hits": {
      "total": 1,
      "max_score": 1.287682,
      "hits": [
         {
```

```
                "_index": "rel_natural",
                "_type": "book",
                "_id": "1",
                "_score": 1.287682,
                "_source": {
                   "title": "Title"
                }
             }
          ]
       }
    }
```

可以通过重新排列映射和文档来避免交叉查找，所以源文档看起来会像下面这样：

```
{
   "title": "Title",
   "quantity": 100,
   "edition": {
      "isbn": ["1234567890", "9876543210"],
       "circulation_1234567890": 50000,
       "circulation_9876543210": 2000
   }
}
```

现在可以使用前面提到的那个查询了，此时能利用上字段之间的关联关系，但代价是会构建出更复杂的查询。而且会引发更重要的问题：映射中将会包含字段中所有数值的信息。当文档字段中包含有多个可能的值时，结果可能不是想要的。换个角度来说，这里并不允许构建某些复杂的查询，例如查找所有销量大于 10 000 并且 ISBN 号以 23 开头的图书。对这种查询来说，嵌套对象是更好的解决方案。

总结一下，对象类型只在不存在跨字段查找等问题的很简单的场景中好用，即不需要在嵌套对象中搜索，或者只需要在单个字段中搜索而不需要关联多个字段时。

4.2.2 嵌套文档

从映射的角度来看，定义一个嵌套文档很简单，仅仅是把之前的 object 替换为 nested 类型（object 是 Elasticsearch 的默认类型）。举个例子，将前面的范例修改一下，使用嵌套文档：

```
{
  "properties": {
    "title": {
      "type": "text"
    },
    "quantity": {
      "type": "integer"
    },
    "edition": {
      "type": "nested",
      "properties": {
        "isbn": {
          "type": "keyword"
        },
```

```
          "circulation": {
            "type": "integer"
          }
        }
      }
    }
  }
```

在使用嵌套文档时，Elasticsearch实际上是为主对象（这里也可以称之为父对象，但是考虑到避免与后面将要介绍的父-子功能混淆，所以叫作主对象）创建了一份文档，并为内部对象创建了另外的文档。在普通查询中，这些另外的文档会被自动过滤掉，不会被搜索到或展示出来。这在Apache Lucene中被称为**块连接**（block join，块连接的详情可参考Lucene委员会成员Mike McCandless的博客http://blog.mikemccandless.com/2012/01/searching-relational-content-with.html）。出于性能方面的考虑，所有这些文档都会保存在一个段块（segment block）中。

这也是为什么嵌套文档必须要与主文档同时被索引的原因。因为在相互关联的两端，文档的存储与索引是同时进行的。因此也将嵌套对象称为索引期连接（index-time join）。当文档都很小且主文档数据易于获取时，这种文档之间的强关联关系并不会造成什么问题。但如果这些文档很大，而且关联双方之一变化较频繁时，那么重建另外一部分文档就变得不太现实了。另外就是当一份嵌套文档属于多份主文档时，问题会变得非常棘手。而这些问题在父-子功能面前都会迎刃而解。

回到前面的例子中，对索引做些改变，转而使用嵌套映射并重新索引相同的文档，再将查询修改为嵌套查询（nested query）。此时查询不会返回任何文档，这是因为嵌套文档并不会与这样的查询匹配。嵌套查询命令如下：

```
curl -XGET "http://localhost:9200/rel_nested/_search?pretty" -d'
{
  "_source": ["_id", "title"],
  "query": {
    "nested": {
      "path": "edition",
      "query": {
        "bool": {
          "must": [
            {
              "term": {
                "edition.isbn": "1234567890"
              }
            },
            {
              "term": {
                "edition.circulation": 2000
              }
            }
          ]
        }
      }
    }
  }
```

```
  }
}'
```

请注意在上面的查询中，嵌入式查询中用了一个 path 参数作为字段名，因为它是嵌套的。

嵌套查询语法如下：

```
{
  "query": {
    "nested": {
      "path": "path_to_nested_doc",
      "query": {}
    }
  }
}
```

4.2.3 父子关系

谈及父子功能，应该从最大的优势谈起：关系两端的文档是相互独立的，即每端的文档都可以被独立索引。这么做也是有代价的，会导致更复杂的查询及更差的查询性能。Elasticsearch 中提供了特殊的查询和过滤器来处理这种关系，因此父子关系又被称为查询期连接（query-time join）。父子关系的第二个缺点表现在大型应用及多节点 Elasticsearch 环境安装的场景，这一点要显著得多。现在来看看如何在多节点分布式 Elasticsearch 集群中使用父子关系。

请记住这里与嵌套文档的不同之处，此时子文档检索并不强制在主文档上下文中进行，而这是嵌套文档机制所不能做到的。

1. 集群中的父子关系

为了让问题更清晰，先将父子关系的文档索引起来。在索引 rel_pch 中有两种文档类型。一个是包含父文档的 book，另一个是包含子文档的 editon：

```
curl -XPUT "http://localhost:9200/rel_pch?pretty" -d'
{
  "settings": {
    "number_of_replicas": 0,
    "number_of_shards": 5
  },
  "mappings": {
    "book": {
      "properties": {
        "title": {
          "type": "text"
        }
      }
    },
    "edition": {
```

```
        "_parent": {
          "type": "book"
        },
        "properties": {
          "isbn": {
            "type": "keyword"
          },
          "circulation": {
            "type": "integer"
          }
        }
      }
    }
  }'
```

从 Elasticsearch 2.0 版开始，父类型的映射可以与子类型的映射一起添加，但不能在子类型之前添加。

在上面的映射中，edition 文档类型的映射包含了 _parent 参数，它描述了父文档类型的名字。

最后一步是将数据导入索引。本书提供的脚本可以生成 10 000 条子类型记录。一份示例文档的内容如下：

```
{"index": {"_index": "rel_pch", "_type": "edition", "_id": "1",
  "_parent": "1"}}
{"isbn" : "no1", "circulation" : 501}
```

现在假设一个很简单的场景：有 10 000 份子类型（edition）文档，但键是 _parent 字段。在例子中，一般都置为 1，因此所有这 10 000 个版本都是同一本书的。这个例子很极端，但来看一件重要的事情。

首先看看下面的截屏，展示了文档是如何按父子索引保存在不同分区上的：

index	shard	prirep	state	docs	store	ip	node
rel_pch	3	p	STARTED	10000	644.9kb	127.0.0.1	J2h6MUi
rel_pch	4	p	STARTED	0	130b	127.0.0.1	J2h6MUi
rel_pch	2	p	STARTED	0	130b	127.0.0.1	J2h6MUi
rel_pch	1	p	STARTED	0	130b	127.0.0.1	J2h6MUi
rel_pch	0	p	STARTED	0	130b	127.0.0.1	J2h6MUi

上面截屏的输出是由如下命令通过 Elasticsearch 的 _cat API 得到的：

```
curl -XGET localhost:9200/_cat/shards?v
```

索引 rel_pch 目前只包含了子文档（还没索引任何父文档），它分布在 5 个分片上，但有 4 个是空的，另一个包含了 10 000 份文档！所以肯定有些东西不对——索引的所有文档都被放到了相同分片上。这是因为 Elasticsearch 总是把有共同父亲的文档都放在相同分片上（换句话说，子文档的 routing 参数值总是等于 parent 参数值）。例子显示，如果某些父文档的子文档特别多，我们的分片就会不均衡，这可能会导致性能和存储空间问题。

比如，某些分片会非常空闲，而其他的分片则一直超负荷运转。

为证明这一点，把这些文档的 _id 为 1 的父亲索引起来：

```
curl -XPUT "http://localhost:9200/rel_pch/book/1" -d'
{
  "title": "Mastering Elasticsearch"
}'
```

现在再次运行 curl -XGET Localhost:9200/_cat/shards?V 命令就可以看到，之前包含了 10 000 份文档的分片现在有 10 001 份文档，因为父子文档全都保存在相同分片中。

2. 用 parent ID 查找子文档

Elasticsearch 对父子关系文档有两个专用查询：has_parent 和 has_child。从 5.0 版开始，新增了一个 parent_id 查询，用于查找某个父亲的所有子文档。例：

```
curl -XGET "http://localhost:9200/rel_pch/edition/_search" -d'
{
  "query": {
    "parent_id": {
      "type": "edition",
      "id": "1"
    }
  }
}'
```

找出所有 parent_id 为 1 的子文档。这种查询需要两个参数，一是 type，即子文档的 type。二是 id，即父文档的 _id。

4.2.4 其他可选方案

从前面的讲述中可以了解到，使用 Elasticsearch 处理文档之间的关系时会有这样那样的问题。但 Elasticsearch 的最大价值在于全文检索和数据分析，而不是文档关系建模。如果应用对文档关系建模要求非常高，并且全文检索并不是应用的核心功能，那么可以考虑使用带全文检索扩展功能的 SQL 数据库。如果这些全文检索扩展的功能不如 Elasticsearch 那么灵活或者高性能，也不用诧异，毕竟它们的主业不是全文检索。我们得到了全面的关系数据处理支持就要承受这样的代价。不过在大多数场景下，通过反范式 (de-normalization) 设计等手段改变数据架构并消除关系就足以应付应用需求了。

4.2.5 数据反范式的例子

仍然用前面的书与版本的例子，以反范式的方式保存如下（在此仅展示两份文档来举例说明）：

```
{ "isbn": "no1",  "circulation": 501,  "book_id": 1,  "book_title":
"Mastering Elasticsearch"}
{  "isbn": "no2",  "circulation": 502,  "book_id": 1,  "book_title":
"Mastering Elasticsearch"}
```

这样保存数据就可以支持快速索引和快速查询，但有两个缺点：

- 需要占用更多的存储空间：原因是数据冗余（把 book_id 和 book_title 在每份文档中都存了一份）。
- 如果要在 book_title 字段中搜索，得到的文档数量等于这个 title 出现过的文档数量。因此，如果一本书有 10 000 个版本，那在 Elasticsearch 的 title 中搜索这本书的数量时，会得到 10 000，而不是 1。

4.3 用聚合做数据分析

Elasticsearch 的核心是搜索引擎，但更好用的是它可以用非常简易的方式做复杂数据分析的能力。数据量迅速增长，而需求方又希望对数据做实时分析。不管是日志、实时数据流或者静态数据，Elasticsearch 都可以通过聚合方法轻松地得到数据的概要。

在上一版的《深入理解 Elasticsearch》中，提到了许多聚合的内容。在这一章里我们准备重温这个重要功能，然后再介绍 Elasticsearch 5.x 中新引入的聚合类型。

4.3.1 Elasticsearch 5.0 的快速聚合

在早期版本的 Elasticsearch 中，聚合的代价曾经非常大，是消耗内存最多的操作。Elasticsearch 1.4 发布了一个名为"分片查询缓存"的新特性，后来改名为"分片请求缓存"。这个缓存的优点在于，当查询请求可以用到一个或多个索引时，每个参与的分片都会在本地执行查询，并将本地的执行结果返回给协调节点，由它将所有这种分片级的结果汇总起来，成为完整的结果集。分片请求缓存模块会在每个分片上将本地结果缓存起来，这样频繁执行的（也可以说是代价大的）查询请求就可以立刻得到结果了。

但在 5.0 版之前，这个特性都一直处于默认关闭的状态，因为有两个明显的问题：一是 JSON 的内容是非确定性的，即使两个请求在逻辑上是一样的，但生成的 JSON 字符串却可能不同。分区缓存的键是整个 JSON 字符串，因此相同的请求也可能无法从缓存中受益。

再者，许多时候用户请求都是基于时间的，特别是相对于当前时间，因此后续的请求就总会与前面请求的时间范围稍微不同，那启用这个缓存许多时候都会浪费大量的内存，因为缓存很少会被命中。

但在过去的几年里，Elasticsearch 的开发者们投入了大量精力去解决这些问题，并改进了分片级缓存的聚合速度，将这些作为默认的特性提供出来。这要归功于查询执行过程中的主查询重构。

在 5.0 之前，每个节点上收到的查询请求都是 JSON 格式的，并会利用分片上可以得到的信息（比如映射）来解析请求，生成 Lucene 请求，再作为查询阶段的一部分执行。

在 5.0 中就完全没有这个代价了。协调节点会接受请求并完成查询解析，再把查询请求转换成一种序列化的内部格式（每个节点都能理解的内部查询对象），并且与可用的映射无关。这些内部查询对象再在每个节点上进行解析，基于分片上可以得到的映射等信息，转换成真正的Lucene请求。我们将在第7章详细讲解缓存。

在Elasticsearch 5.0中分片请求缓存默认启用了，并且对所有请求都默认设置为"size":0。这个缓存对于分析型用例是最有用的，用户只希望由聚合结果得到对数据的汇总信息，而不必在结果中得到具体文档内容。

4.3.2 重温聚合

在Elasticsearch 1.x版中，只有metric和bucket两类聚合可用，在2.0版增加了第三类即pipeline聚合。接下来看看每一类聚合的具体含义，以及每一类中各支持哪些具体的聚合操作。

1. 指标聚合（Metric聚合）

利用指标聚合可以得到数据的统计信息，包含以下几大类：

- 计算基础统计信息：min、max、sum和value_count聚合等。
- 一次性计算所有基础统计信息：stats聚合。
- 计算扩展统计信息：extended_stats聚合，除了包括基础统计，还会提供针对某个字段的sum_of_squares、方差及std_deviation等信息。
- 计算唯一值计数：cardinality聚合，用于得到一个字段中所有不同值的各自总数。
- 所有metric聚合的语法都是类似的，如下：

```
{
  "aggs": {
    "aggaregation_name": {
      "aggrigation_type": {
        "field": "name_of_the_field"
      }
    }
  },"size": 0
}
```

aggregation_name是要用的聚合的名字，比如total_unique_records。aggregation_type是要用的聚合的类型，比如stats、min、max和cardinality等。最后，field参数包含着字段名，将会在这个字段上进行聚合运算。

> 请注意从Elasticsearch 5.0版开始，search_type计数已经被删除了，因此在执行聚合查询并且不关心结果中要返回的具体文档时，参数size的值要一直设置为0。

2. 桶聚合（Bucket聚合）

- 桶聚合提供了一种简单的方法来将满足某些标准的文档分组。它们用于将文档分类，比如：
  - 书的种类可以分为恐怖和浪漫。
  - 员工按性别分类可以分为男和女。

- Elasticsearch 提供了许多种不同的“桶”来按不同的方式将文档分类，比如按日期、年龄段、流行词汇或位置的经纬度信息等。但它们的工作原理相同：基于某些标准对文档进行分类。
- 关于 Bucket 聚合最有趣的一点是相互之间可以嵌套。这意味着可以桶中有桶。每个桶中定义了一个文档集，因此可以针对它再做一次聚合，并在上一级桶的上下文中执行。例如，国家级别的桶可以包含省级的桶，而省级桶又可以进一步包含市级桶。
- 桶聚合可以进一步分为两类：在结果中只包含单个桶的单桶，以及结果中包含多于一个桶的多桶。比如，`terms` 聚合就属于多桶这一类，因为它会基于某个字段计算，返回出现频率最高的几个词项和它们的频率。而 `filter` 聚合只在一个桶中提供满足过滤器条件的文档总数，因此属于单桶类。
- 桶聚合已经存在了相当长时间，而且非常容易理解，因此不会详细讲解过多细节。如果想对此类聚合做进一步研究，请访问 Elastic 网站上的官方文档：https://www.elastic.co/guide/en/elasticsearch/reference/master/search-aggregations-bucket.html.

3. 管道聚合（Pipeline 聚合）

管道聚合是 Elasticsearch 2.0 版发布的最棒的特性之一。这些聚合用于对上一阶段的聚合操作产生的结果集做计算。从广义上说 Pipeline 聚合可以分为两大类。

- Parent：父管道聚合，这类管道聚合计算自己的输出（桶或聚合），这个输出会加入父聚合的桶或聚合。
- Sibling：兄弟管道聚合，一个已有的聚合是一个管道聚合的输入，在它的同级增加的新聚合，就是兄弟聚合。兄弟聚合不会是输入聚合的现有桶的一部分。

管道聚合可以被进一步细分如下。

- 兄弟管道聚合：
  - avg 桶聚合。
  - max 桶聚合。
  - min 桶聚合。
  - sum 桶聚合。
  - stats 桶聚合。
  - 扩展统计桶聚合。
  - 百分比桶聚合。
  - 移动平均桶聚合。
- 父管道聚合：
  - 派生聚合。
  - 累积和聚合。

- 桶脚本聚合。
- 桶选择器聚合。
- 序列差分聚合。

管道聚合不支持子聚合，但可以用 bucket_path 参数支持聚合链，因此在管道聚合形成的链中，最终输出就包含了链中每个聚合的输出。bucket_path 语法如下：

```
    AGG_SEPARATOR       =  '>'
    METRIC_SEPARATOR    =  '.'
    AGG_NAME            =  <the name of the aggregation>
    METRIC              =  <the name of the metric (in case of multi-value
metrics aggregation)>
    PATH                =  <AGG_NAME> [ <AGG_SEPARATOR>, <AGG_NAME> ]* [
<METRIC_SEPARATOR>, <METRIC> ]
```

比如，·"buckets_path":"AGG_NAME>METRIC"t 的意思是，bucket_path 代表一个聚合和这个聚合的指标。

我们将通过例子来讲解此类聚合。但讲解之前，先要在 books 索引里索引一些数据，然后才能运行聚合查询的例子。数据类似下面的格式，可以从随书提供的 book_transactions.txt 中获得测试数据，进行测试：

```
{ "index": {}}
{ "price" : 1000, "category" : "databases", "sold" : "2016-10-26" }
{ "index": {}}
{ "price" : 2000, "category" : "databases", "sold" : "2016-11-15" }
{ "index": {}}
{ "price" : 3000, "category" : "networking", "sold" : "2016-05-28" }
{ "index": {}}
{ "price" : 1500, "category" : "programming", "sold" : "2016-07-22" }
{ "index": {}}
{ "price" : 1200, "category" : "networking", "sold" : "2016-08-11" }
{ "index": {}}
{ "price" : 2000, "category" : "databases", "sold" : "2016-11-12" }
{ "index": {}}
{ "price" : 800, "category" : "databases", "sold" : "2016-01-23" }
{ "index": {}}
{ "price" : 2500, "category" : "programming", "sold" : "2016-02-11" }
{ "index": {}}
{ "price" : 20000, "category" : "databases", "sold" : "2016-12-15" }
{ "index": {}}
{ "price" : 3000, "category" : "networking", "sold" : "2016-03-28" }
{ "index": {}}
{ "price" : 500, "category" : "programming", "sold" : "2016-07-12" }
{ "index": {}}
{ "price" : 700, "category" : "networking", "sold" : "2016-09-14" }
{ "index": {}}
{ "price" : 2000, "category" : "databases", "sold" : "2016-05-27" }
{ "index": {}}
{ "price" : 800, "category" : "databases", "sold" : "2016-01-04" }
{ "index": {}}
{ "price" : 2500, "category" : "programming", "sold" : "2016-01-18" }
```

可以运行如下命令来索引数据：

```
curl -XPOST localhost:9200/books/transactions/_bulk --data-binary
@book_transactions.txt
```

从上面可以看出，这是在 2016 年的不同月份中售出的几类书的交易数据。

接下来看一些管道聚合的例子。

（1）用 avg_bucket 聚合计算每月平均销售量

下面的例子中就用到了管道聚合，从交易数据中计算每月平均销售量。

```
curl -XGET "http://localhost:9200/books/transactions/_search?pretty" -d'
{
   "aggs":{
      "sales_per_month":{
         "date_histogram":{
            "field":"sold",
            "interval":"month",
            "format":"yyyy-MM-dd"
         },
         "aggs":{
            "monthly_sum":{
               "sum":{
                  "field":"price"
               }
            }
         }
      },
      "avg_monthly_sales":{
         "avg_bucket":{
            "buckets_path":"sales_per_month>monthly_sum"
         }
      }
   },"size": 0
}'
```

前面的请求输出结果如下：

```
{
   "took": 12,
   "timed_out": false,
   "_shards": {"total": 5, "successful": 5, "failed": 0},
   "hits": { "total": 15, "max_score": 0, "hits": [] },
   "aggregations": {
      "sales_per_month": {
         "buckets": [
            {
               "key_as_string": "2016-01-01",
               "key": 1451606400000,
               "doc_count": 3,
               "monthly_sum": {
                  "value": 185000
               }
            },
            {
               "key_as_string": "2016-02-01",
               "key": 1454284800000,
               "doc_count": 1,
               "monthly_sum": {
```

```
          "value": 25000
        }
      },
      {
        "key_as_string": "2016-03-01",
        "key": 1456790400000,
        "doc_count": 1,
        "monthly_sum": {
          "value": 30000
        }
      },
      {
        "key_as_string": "2016-04-01",
        "key": 1459468800000,
        "doc count": 0.
        "monthly_sum": {
          "value": 0
        }
      },
      {
        "key_as_string": "2016-05-01",
        "key": 1462060800000,
        "doc_count": 2,
        "monthly_sum": {
          "value": 50000
        }
      },
      {
        "key_as_string": "2016-06-01",
        "key": 1464739200000,
        "doc_count": 0,
        "monthly_sum": {
          "value": 0
        }
      },
      {
        "key_as_string": "2016-07-01",
        "key": 1467331200000,
        "doc_count": 2,
        "monthly_sum": {
          "value": 20000
        }
      },
      {
        "key_as_string": "2016-08-01",
        "key": 1470009600000,
        "doc_count": 1,
        "monthly_sum": {
          "value": 12000
        }
      },
      {
        "key_as_string": "2016-09-01",
        "key": 147268800000,
        "doc_count": 1,
        "monthly_sum": {
          "value": 7000
```

```
                }
            },
            {
                "key_as_string": "2016-10-01",
                "key": 1475280000000,
                "doc_count": 1,
                "monthly_sum": {
                    "value": 10000
                }
            },
            {
                "key_as_string": "2016-11-01",
                "key": 1477958400000,
                "doc_count": 2,
                "monthly_sum": {
                    "value": 40000
                }
            },
            {
                "key_as_string": "2016-12-01",
                "key": 1480550400000,
                "doc_count": 1,
                "monthly_sum": {
                    "value": 20000
                }
            }
        ]
    },
    "avg_monthly_sales": {
        "value": 39900
    }
  }
}
```

从输出结果中可以看到，包含由date_histogram桶聚合生成的sales_per_month桶，并且每个嵌套桶包含每个月的总销售额，由sum指标聚合算出。

兄弟管道聚合avg_monthly_sale生成平均每个月份总销售额的聚合值。这个计算的关键点在于avg_bucket聚合下面使用的buckets_path语法：

```
"avg_monthly_sales":{
        "avg_bucket":{
            "buckets_path":"sales_per_month>monthly_sum"
        }
    }
```

类似的，也可以用下面的语句计算每月销售额的最小值、最大值、总和等。

```
{
   "min_bucket":{
            "buckets_path":"sales_per_month>monthly_sum"
     }
 }
{
    "max_bucket":{
            "buckets_path":"sales_per_month>monthly_sum"
        }
```

```
}
{
    "sum_bucket":{
            "buckets_path":"sales_per_month>monthly_sum"
        }
}
{
     "extended_stats_bucket":{
            "buckets_path":"sales_per_month>monthly_sum"
       }
}
```

（2）计算每月总销售额的导数

用导数聚合就可以计算每个月总销售额的导数，属于父管道聚合类：

```
curl -XGET "http://localhost:9200/books/transactions/_search?pretty" -d'
   {
      "aggs": {
         "sales_per_month": {
            "date_histogram": {
               "field": "sold",
               "interval": "month",
               "format": "yyyy-MM-dd"
            },
            "aggs": {
               "monthly_sum": {
                  "sum": {
                     "field": "price"
                  }
               },
               "sales_deriv": {
                  "derivative": {
                     "buckets_path": "monthly_sum"
                  }
               }
            }
         }
      },"size": 0
   }'
```

上面的请求输出结果如下：

```
{
   "took": 20,
   "timed_out": false,
   "_shards": {
      "total": 5,
      "successful": 5,
      "failed": 0
   },
   "hits": {
      "total": 15,
      "max_score": 0,
      "hits": []
   },
   "aggregations": {
      "sales_per_month": {
```

```
          "buckets": [
            {
              "key_as_string": "2016-01-01",
              "key": 1451606400000,
              "doc_count": 3,
              "monthly_sum": {
                "value": 185000
              }
            },
            {
              "key_as_string": "2016-02-01",
              "key": 1454284800000,
              "doc_count": 1,
              "monthly_sum": {
                "value": 25000
              },
              "sales_deriv": {
                "value": -160000
              }
            },
            {
              "key_as_string": "2016-03-01",
              "key": 1456790400000,
              "doc_count": 1,
              "monthly_sum": {
                "value": 30000
              },
              "sales_deriv": {
                "value": 5000
              }
            }
            .
            .
            .
            12 more results...
          ]
        }
      }
    }
```

从结果中可以看到，因为没有东西可用于比较，因此对第一个月算不出导数来。但在第二个月，把第一个月和第二个月的值放在一起，就可以算出导数来了。

4.3.3 一类新的聚合：矩阵聚合

矩阵聚合作为 Elasticsearch 5.0 的新聚合功能发布。它允许用户操作多个字段，并利用从这些字段中提取的值来生成结果矩阵。

在写作本书时，这类聚合中暂时只支持了一种具体的聚合类型，即矩阵统计（Matrix stats）。

1. 理解矩阵统计

这种聚合算法由给定的字段集合算出数值统计。为进一步理解这个概念，先创建一个名为 `person` 的索引，里面包含 10 个人的身高，以及由他们的身高得到的不同的 `self_` esteem值（自尊值，范围从1到10）。这个例子只用于概念讲解，不必考究合理性，因为不可能由于某个人长得高就可以推理出他的自尊心比较强。

```
curl -XPUT "http://localhost:9200/persons/person/_mapping" -d'
{"properties": {"self_esteem":{"type": "float"}}}'
```

请注意提前定义self_esteem字段的数据类型，不然索引数据时就会报告从float到long之间的类型转换错误。

下面就是height和self_esteem之间关系的示例数据：

```
{"index": {"_index": "persons", "_type": "person", "_id": "1"}}
{"height":165,"self_esteem":7.2}
{"index": {"_index": "persons", "_type": "person", "_id": "2"}}
{"height":175,"self_esteem":8}
{"index": {"_index": "persons", "_type": "person", "_id": "3"}}
{"height":154,"self_esteem":5.3}
{"index": {"_index": "persons", "_type": "person", "_id": "4"}}
{"height":165,"self_esteem":7.2}
{"index": {"_index": "persons", "_type": "person", "_id": "5"}}
{"height":160,"self_esteem":6}
{"index": {"_index": "persons", "_type": "person", "_id": "6"}}
{"height":145,"self_esteem":4.5}
{"index": {"_index": "persons", "_type": "person", "_id": "7"}}
{"height":150,"self_esteem":5}
{"index": {"_index": "persons", "_type": "person", "_id": "8"}}
{"height":162,"self_esteem":6.1}
{"index": {"_index": "persons", "_type": "person", "_id": "9"}}
{"height":156,"self_esteem":5.8}
{"index": {"_index": "persons", "_type": "person", "_id": "10"}}
{"height":160,"self_esteem":6}
```

接下来用bulk API索引这份数据：

```
curl -XPOST localhost:9200/_bulk --data-binary @persons.txt
```

现在，用matrix_stats聚合来计算描述height和self_esteem这两个变量之间的关系程度的统计值：

```
curl -XGET "http://localhost:9200/persons/_search?pretty" -d'
{
  "aggs": {
    "matrixstats": {
      "matrix_stats": {
        "fields": [
          "height",
          "self_esteem"
        ]
      }
    }
  },"size": 0
}'
```

上面的聚合查询输出结果如下：

```
{
  "took": 3,
  "timed_out": false,
  "_shards": {
    "total": 5,
    "successful": 5,
    "failed": 0
  },
  "hits": {
    "total": 10,
    "max_score": 0,
    "hits": []
  },
  "aggregations": {
    "matrixstats": {
      "fields": [
        {
          "name": "self_esteem",
          "count": 10,
          "mean": 6.1099999904632565,
          "variance": 1.1721109714508229,
          "skewness": 0.2987179705001951,
          "kurtosis": 2.180068994686735,
          "covariance": {
            "self_esteem": 1.1721109714508229,
            "height": 8.953332879808213
          },
          "correlation": {
            "self_esteem": 1,
            "height": 0.9734162963071297
          }
        },
        {
          "name": "height",
          "count": 10,
          "mean": 159.2,
          "variance": 72.17777777777775,
          "skewness": 0.10355198975247665,
          "kurtosis": 2.6850634873449977,
          "covariance": {
            "self_esteem": 8.953332879808213,
            "height": 72.17777777777775
          },
          "correlation": {
            "self_esteem": 0.9734162963071297,
            "height": 1
          }
        }
      ]
    }
  }
}
```


上面用到了如下参数。

- ❑ count：计算中用到的每个字段的示例数据个数。
- ❑ mean：每个字段的平均值。

- variance：对每个字段的度量值，描述示例数据离平均值的偏离有多少。
- skewness：对每个字段的度量值，量化描述平均值周围的非对称分布。
- kurtosis：对每个字段的度量值，描述分布的形状。
- covariance：用矩阵量化地描述一个字段的改变怎样与另一个相关。
- correlation：值为 -1 到 1（包含）的转换矩阵，描述了字段分布之间的关系。

2. 处理缺失值

如果对某些字段计算矩阵统计，而在某些文档中这个字段又没有值，那默认行为就会忽略这些文档。但可以用missing参数为所有缺失的值提供一个默认值，比如像下面这样：

```
{
  "aggs": {
    "matrixstats": {
      "matrix_stats": {
        "fields": [
          "height",
          "self_esteem"
        ],
    "missing": {"self_esteem" : 6}
      }
    }
  },"size": 0
}
```

4.4 小结

在本章中，先谈到了Elasticsearch中结构化数据的一般性问题，以及数据建模的不同方法。展示了如何用嵌套和父子数据类型来管理关系型数据，又讨论了Elasticsearch做数据分析的聚合模块，包括Elasticsearch 5.0中新引入的快速聚合概念，以及指标聚合、桶聚合、管道聚合和Elasticsearch中最新的矩阵聚合这4类聚合。

下一章的内容主要关注用建议器改善用户搜索体验，改正用户查询中的拼写错误，并构建高效的自动补齐机制。除此之外，用户还可以了解如何用不同的查询和Elasticsearch功能来提高查询相关性。最后的内容将涉及在Elasticsearch中如何使用同义词。

第 5 章 Chapter 5

改善用户搜索体验

在上一章，了解了数据建模的不同方法，讨论了如何使用嵌套和父子数据类型来管理关系型数据。也讨论了 Elasticsearch 做数据分析的聚合模块，包括 Elasticsearch 5.0 新引入的快速聚合，还有全部的 4 类聚合，即指标聚合、桶聚合、管道聚合和 Elasticsearch 5.0 新增的矩阵聚合。在本章中，我们关注使用 suggester 改善用户的搜索体验，即改正用户拼写错误和构建高效的自动补全机制。除此之外，也将讨论在应用程序中如何做同义词搜索。本章的主要内容如下：

- 如何使用 Elasticsearch suggester 改正用户的拼写错误。
- 如何使用 `term` suggester 给出单词建议。
- 如何使用 `phrase` suggester 提示完整词组。
- 如何配置建议功能以匹配需求。
- 如何使用 `completion` suggester 提供的自动补全功能。
- 如何实现自动补全功能并完成部分匹配。
- 如何处理同义词。

5.1 改正用户拼写错误

改善用户搜索体验最简单的方式之一是纠正拼写错误。要么自动地，要么仅显示正确的查询短语，并允许用户使用。例如，当输入 `elasticsaerch`（正确的拼写应该是 `Elasticsearch`）时，Google 会这样提示我们：

Google elasticsaerch

Web Images Maps More Search tools

About 706,000 results (0.15 seconds)

Showing results for *elasticsearch*
Search instead for elasticsaerch

自从0.90.0 Beta1版本起，Elasticsearch就允许使用suggest API来改正用户的拼写错误了。随着新版本的Elasticsearch不断发布，这个API也在不断改进，带来了更多新特性，也变得越来越强大。在本小节里，将对如何使用Elasticsearch提供的suggest API做全面的介绍，同时也会提供一些案例，有的比较简单，有的需要较多配置。

5.1.1 测试数据

为了阐述本节内容，需要多准备一些文档。为了获取需要的数据，索引一些从Wikipedia dump上下载的数据。

按如下步骤下载数据，并导入索引。

①下载dump文件：

```
    wget
https://github.com/bharvidixit/mastering-elasticsearch-5.0/raw/master/chapt
er-5/enwikinews-20160926-cirrussearch-content.json.gz
```

②将已下载文件的路径声明为一个变量，并把索引名也声明为一个变量：

```
export dump=enwikinews-20160926-cirrussearch-content.json.gz
export index=wikinews
```

③创建一个名为chunks的目录，在目录中将下载的JSON格式的压缩文件拆分成多块：

```
mkdir chunks
cd chunks
zcat ../$dump | split -a 10 -l 500 - $index
```

④用下面代码将数据索引到本机运行的Elasticsearch中：

```
        exportes=localhost:9200
        for file in *; do
        echo -n "${file}:  "
        took=$(curl -s -XPOST $es/$index/_bulk?pretty --data-binary @$file
| grep took | cut -d':' -f 2 | cut -d',' -f 1)
        printf '%7s\n' $took
        [ "x$took" = "x" ] || rm $file
        done
```

等数据导入名为wikinews的索引之后，索引共包含21 067份文档。读者可以用随书提供的index_wikinews.sh脚本下载数据并导入索引。

5.1.2　深入技术细节

suggest API 从 0.90.3 版开始被引入，但它并不是 Elasticsearch 提供的最简单的 API。为了得到期望的建议信息，要在查询中增加一块 suggest 的内容。此外，还拥有多个不同的 suggest 实现，用来纠正用户的拼写错误、实现自动补全功能等。以上功能给了一套强大而又灵活的机制，用来使搜索体验更佳。

当然，建议功能的效果跟数据有关。如果索引中的文档数较少，可能就给不出合适的建议结果。当数据量较小时，Elasticsearch 索引中含有的词汇量相对较少，因此能给出的候选建议结果也偏少。但另一方面，数据量越大，拥有错误数据的可能性就越大。尽管如此，还是可以精心配置 Elasticsearch，让它能够很好地处理这些情况。

> 请注意，本章的布局结构与其他章节稍有不同。我们以一个简单例子作为本章开始，这个例子着重于告诉我们如何获取建议结果，以及如何解释 suggest 请求的响应，而不必关注全部的配置选项。这是因为我们不想让你沉浸入过多的技术细节之中，而是想告诉你能从中得到什么。更多的配置参数稍后再谈。

5.2　suggester

在查询和分析响应结果之前，先简单交代一下可用的 suggester 类型——在使用 Elasticsearch suggest API 时用于查找建议的功能。Elasticsearch 目前允许我们使用 4 种 suggester：`term` suggester、`phrase` suggester、`completion` suggester 和 `context` suggester。前两种 suggester 可以用来改正拼写错误，后两种 suggester 能够用来开发出迅捷且自动化的补全功能。不过目前，我们暂不聚焦于特定的 suggester 类型，先看看查询的可能性和 Elasticsearch 的响应。试着展示普遍原则，然后再深入探讨各种 suggester 的细节。

5.2.1　在 `_search` 端点下使用 suggester

在 Elasticsearch 5.0 之前，是可以使用专用的 `_suggest` REST 端点为给定的上下文获得建议的。但是在 Elasticsearch 5.0 中，因为有了 suggest API，专用的 `_suggest` 端点已经被废弃了。在这个版本中，只用作建议的 search 请求已经在性能上做了优化，可以运行 `_search` 终端。与 `query` 对象类似，可以使用 suggest 对象，而在 `suggest` 对象内部提供的是要分析的文本和要使用的 suggester 类型（term 或 phrase）。因此，如果想得到对 `chrimes in wordl` 的建议（请注意故意拼写错了单词），就要运行下面的查询：

> 专用端点 `_suggest` 已经在 Elasticsearch 5.0 版中被废弃，并可能在将来的版本中被移除，因此建议读者在 `_search` 端点下使用建议请求。本章中所有的 suggest 请求都使用了相同的 `_search` 端点。

```
curl -XPOST "http://localhost:9200/wikinews/_search?pretty" -d'
{
"suggest": {
"first_suggestion": {
"text": "chrimes in wordl",
"term": {
"field": "title"
}
}
}
}'
```

可以看到，建议请求被封装在 suggest 对象中，用选定的名字（在上面的例子中是 first_suggestion）发给 Elasticsearch。另外，用 text 参数指定了想得到建议的文本。最后，增加了 suggester 对象，即 term 或 phrase。suggester 对象包含着自己的配置，在前面命令的 term suggester 中是用于建议的字段（field 属性）。

通过添加多个建议名，也可以一次性发送多个建议请求。比如，除了前面例子中已有的建议，也可以再包含一个关于单词 arest 的建议，使用的命令如下：

```
curl -XPOST "http://localhost:9200/wikinews/_search?pretty" -d'
{
   "suggest": {
      "first_suggestion": {
         "text": "chrimes in wordl",
         "term": {
            "field": "title"
         }
      },
      "second_suggestion": {
         "text": "arest",
         "term": {
            "field": "text"
         }
      }
   }
}'
```

1. 理解 suggester 的响应

现在看看执行上面的请求之后，会得到怎样的响应。尽管每种 suggester 类型得到的响应都各不相同，先看看上文代码中使用 term suggester 的命令可以从 Elasticsearch 中得到怎样的结果：

```
{
"took" : 5,
"timed_out" : false,
"_shards" : {
"total" : 5,
"successful" : 5,
"failed" : 0
},
"hits" : {
"total" : 0,
"max_score" : 0.0,
```

```
"hits" : [ ]
},
"suggest" : {
"first_suggestion" :
{
"text" : "chrimes",
"offset" : 0,
"length" : 7,
"options" : [
{
"text" : "crimes",
"score" : 0.8333333,
"freq" : 36
},
{
"text" : "choices",
"score" : 0.71428573,
"freq" : 2
},
{
"text" : "chrome",
"score" : 0.6666666,
"freq" : 2
},
{
"text" : "chimps",
"score" : 0.6666666,
"freq" : 1
},
{
"text" : "crimea",
"score" : 0.666666
"freq" : 1
}
]
},
{
"text" : "in",
"offset" : 8,
"length" : 2,
"options" : [ ]
},
{
"text" : "wordl",
"offset" : 11,
"length" : 5,
"options" : [
{
"text" : "world",
"score" : 0.8,
"freq" : 436
},
{
"text" : "words",
"score" : 0.8,
"freq" : 6
},
```

```
{
"text" : "word",
"score" : 0.75,
"freq" : 9
},
{
"text" : "worth",
"score" : 0.6,
"freq" : 21
},
{
"text" : "worst",
"score" : 0.6,
"freq" : 16
}
]
}
]
}
}
```

从上面的结果中可以看到，term suggester 针对 first_suggestion 一节的 text 参数中的每个词项返回了可能的建议列表。对于每个词项，term suggester 都会返回一组可能的建议，并包含附加的信息。从为词项 wordl 返回的响应中，可以看到原来的单词（text 参数），它与原来的 text 参数的偏移量（offset 参数），还有它的长度（length 参数）。

options 数组则包含对给定单词的建议，如果 Elasticsearch 找不到任何的建议就为空。数组中的每一项都是一个建议，包含如下属性：

- text：Elasticsearch 给出的建议词。
- score：建议词的得分，得分越高的建议词，其质量越高。
- freq：建议词在文档中出现的频率。这里的频率指建议词在被查询索引的文档中出现过多少次。文档频率越高，说明包含这个建议词的文档也越多，那么这个词符合查询意图的可能性也越大。

请注意，phrase suggester 的响应与 terms suggester 的响应不同，在本节后面的内容中会讨论 phrase suggester 的响应。

2. 对相同建议文本的多种建议类型

有这样一种可能的场景：希望一次性获得针对同一段文本的多种类型的查询建议。这时候可以用 suggest 对象把建议请求封装起来，让 text 作为 suggest 对象的一个选项。例如，如果想获取文本 arest 在 text 字段和 title 字段中的建议，可以使用如下命令：

```
curl -XGET 'localhost:9200/wikinews/_search?pretty' -d '{
"query" : {
"match_all" : {}
},
```

```
"suggest" : {
"text" : "arest",
"first_suggestion" : {
"term" : {
"field" : "text"
}
},
"second_suggestion" : {
"term" : {
"field" : "title"
}
}
}
}'
```

现在知道了如何为获得建议而执行查询，接下来深入每一种可用的suggester类型的细节。

5.2.2　term suggester

事实上，term suggester基于编辑距离来运作。这意味着，增删改某些字符转化为原词的改动越少，这个建议词就越有可能是最佳选择。拿worl和work举例，为了把worl转化为work，我们需要把字母l改为字母k，改动了一个字符，因此编辑距离为1。当然，提供给suggester的文本需要先经过分词转化为词项，之后再针对各个词项给出查询建议。接下来，介绍一下Elasticsearch中term suggester的各种配置选项。

1. 配置Elasticsearch的term suggester

在Elasticsearch中，term suggester有多种配置属性，允许用户对其行为调优，以适应各种不同的数据和需求。显然，在5.2.1节中已经知道了term suggester是如何工作的，以及它能返回什么样的结果。因此现在聚焦于它的配置细节。

（1）term suggester的通用配置选项

term suggester的通用配置选项对所有基于term suggester的suggester实现都有效。目前来说，这些suggester包括phrase suggester，以及最基础的term suggester自身。可用配置选项如下。

- text：这个选项代表希望从Elasticsearch得到建议的文本内容。这个选项是必需的，因为suggester有了它才能工作。
- field：这是另一个必备选项。这个选项允许指定要产生建议的字段。例如，如果仅希望从title字段的词项中产生建议，给本选项赋值为title。
- analyzer：这个选项指定分析器。分析器会把text参数中提供的文本切分成词项。如果不指定本选项的值，Elasticsearch会使用field参数所对应字段的分析器。
- size：这个选项指定针对text参数提供的词项，每个词项最多返回的建议词数量。默认值是5。

- sort：这个选项指定 Elasticsearch 给出的建议词的排序方式。默认值为 score，表示先按建议词得分排序，再按文档频率排序，最后按词项本身排序。另一个可选值是 frequency，表示先按文档频率排序，再按建议词得分排序，最后按词项本身排序。
- suggest_mode：这个选项用来控制什么样的建议词可以被返回。目前有 3 个可能的取值：missing、popular 和 always。默认值是 missing，要求 Elasticsearch 对 text 参数的词项做一个区分对待，如果该词项不存在于索引中，则返回它的建议词，否则不返回。如果本选项的取值为 popular，则要求 Elasticsearch 在生成建议词时做一个判断，如果建议词比原词更受欢迎（在更多文档中出现），则返回，否则不返回。最后一个可用的取值是 always，意思是为 text 中的每个词都生成建议词。

（2）term suggester 的其他配置选项

除了刚刚提到的通用配置选项，Elasticsearch 还提供一些仅适用于 term suggester 的选项。列举如下。

- lowercase_terms：如果本选项设置为 true，Elasticsearch 会把 text 文本做分词后得到的词项都转为小写。
- max_edits：默认值是 2，用来设定建议词与原始词的最大编辑距离。Elasticsearch 允许设置为 1 或 2。设置为 1 可能会得到较少的建议词，而对于有多个拼写错误的原始词，则可能没有建议词。一般来说，如果看到很多不正确的建议词，那可能是由于拼写错误引起的，此时可以尝试将 max_edits 的值设置为 1。
- prefix_length：一般来说拼写错误不会出现在单词开头。Elasticsearch 允许我们设置在建议词开头必须和原始词开头字符匹配的字符数量。这个选项的默认值为 1。如果正在为 suggester 的性能而苦恼，可以通过增大这个值来获得更好的性能，因为这样做会减少参与计算的建议词数量。
- min_word_length：这个选项用于指定可以返回的建议词的最少字符数。默认值是 4。
- shard_size：这个选项用于指定每个分片返回建议词的最大数量。默认等于 size 参数的值。如果给这个参数设定更大（大于 size 参数值）的值，就会得到更精确的文档频率（因为词项分布在多个索引分片中，除非索引只有一个分片），但是会导致拼写检查器的性能下降。
- max_inspections：这个选项用于控制 Elasticsearch 在一个分片中要检查多少个候选者来产生可用的建议词，默认值是 5。Elasticsearch 针对每个原始词总共最多需要扫描 shard_size * max_inspecitons 个候选者。如果给这个选项设置更大（大于 5）的值，会提高精准度，但会降低性能。
- min_doc_freq：这个选项的默认值是 0f，表示未启用。这个选项可以控制建议词的最低文档频率，只有文档频率高于本选项值的建议词才可以被返回（这个值是针对每个分片的，不是索引的全局取值）。例如，取值为 2 表示只有在给定分片中文档频率大于等于 2 的建议词才能被返回。把取值设置为大于 0 的数，可以提高返回建议词的质量，但是会让一些文档频率低于本值的建议词无法被返回。利用这个选项可以帮助去掉那些文档频率低、可能不正确的建议词。这个选项的取值也可以设置为百分比，如果这样做，这个取值必须小于 1。例如，0.01 表示 1%，即建议词的文档频率最低不能小于当前分片文档数的 1%（当然，该数值也是针对每个分片的）。

- max_term_freq：这个选项用于设置文本中词项的最大文档频率，文档频率高于设定值的词项不会给出拼写纠错建议。默认值是 0.01f。和 min_doc_freq 选项类似，本选项的取值可以是精确数字（如 4 或者 100），也可以是小于 1 的小数，表示百分比（例如，0.01 表示 1%）。请记住，这个值也是针对单个分片设定的。取值越高，拼写检查器的性能越好。一般来说，如果想要在拼写检查时排除掉高频词，这个参数非常有用，因为高频词往往不会存在拼写错误。
- string_distance：这是个高级选项，用于指定计算词项相似度的算法。现在支持以下算法：internal 是默认的比较算法，是基于 Damerau-Levenshtein 相似度算法的优化实现。damerau_levenshtein 是 Damerau-Levenshtein 字符串距离算法（http://en.wikipedia.org/wiki/Damerau-Levenshtein_distance）的实现。levenshtein 是 Levenshtein 距离算法（http://en.wikipedia.org/wiki/Levenshtein_distance）的实现。jarowinkler 是 Jaro-Winkler 距离算法（http://en.wikipedia.org/wiki/Jaro-Winkler_distance）的实现。ngram 是基于 n-gram 距离的算法实现。

因为在之前已经用 term suggester 做过示例，这里就不再讲解如何使用 term suggester 及其响应信息的格式。如果有需要，可以回到本章开头重新阅读这些内容。

5.2.3 phrase suggester

term suggester 提供了一种基于单个词项的拼写纠错方法。然而，当想要得到关于短语的建议时，它就不能胜任了。所以引入了 phrase suggester。phrase suggester 建立在 term suggester 的基础之上，并增加了额外的短语计算逻辑，因此可以返回完整的关于短语的建议，而不是针对单个词项的建议。它基于 n-gram 语言模型计算建议项的质量，在短语纠错方面是比 term suggester 更好的选择。n-gram 方法将索引中的词项切分成 gram，即指由一个或多个字母组成的单词片段。例如，将 mastering 切分成 bi-grams（两个字母的 n-gram），切分结果如下：ma as st te er ri in ng。

阅读下面这篇维基百科的文章来了解更多关于 n-gram 模型的知识：http://en.wikipedia.org/wiki/Language_model#N-gram_models。

1. 使用示例

在展示所有的可能性之前，需要先配置一下 phrase suggester。首先演示一下如何使用。可以执行如下命令，向 _search 端点发送一个仅含有 suggest 片段的简单查询请求：

```
curl -XGET "localhost:9200/wikinews/_search?pretty" -d'
{
"query": {
"match_all": {}
},
"suggest": {
"text": "Unitd States",
"our_suggestion": {
"phrase": {
"field": "text"
}
}
}
}'
```

这段代码几乎和使用 term suggester 查询时的代码一模一样，只是用 phrase 类型替代了 term 类型。这段代码的响应信息如下：

```
{
"took" : 58,
"timed_out" : false,
"_shards" : {
"total" : 5,
"successful" : 5,
"failed" : 0
},
"hits" : {
"total" : 21067,
"max_score" : 1.0,
"hits" : [
...
]
},
"suggest" : {
"our_suggestion" : [
{
"text" : "Unitd States",
"offset" : 0,
"length" : 12,
"options" : [
{
"text" : "united states",
"score" : 0.002762749
},
{
"text" : "unit states",
"score" : 6.516915E-4
},
{
"text" : "units states",
```

```
"score" : 5.88379E-4
},
{
"text" : "unity states",
"score" : 5.200962E-4
},
{
"text" : "unite states",
"score" : 4.2309557E-4
}
]
}
]
}
}
```

可以看到，响应信息也和 term suggester 的响应信息非常相似。不过这里返回的是完整的短语建议，而不是针对单个词项的建议。建议项列表默认按得分排序。同样可以在 phrase 片段中配置附加参数，接下来就看看都有哪些可用的配置选项。返回的建议都是默认按得分排序的。

2. 配置 phrase suggester

phrase suggester 的配置参数可以分为3组：**基本参数**，用来定义一般行为；**平滑模型配置参数**，用来平衡 n-gram 权重；**候选者生成器参数**，负责生成各个词项的建议列表，这些列表被用来生成最终的短语建议。

> 因为 phrase suggester 是建立在 term suggester 之上的，所以也可以使用 term suggester 的一些配置选项，包括：field、text、size、analyzer 和 shard_size。请参考本章之前关于 term suggester 的描述来了解这些参数的含义。

（1）基本配置

除了前面提到的这几个选项之外，phrase suggester 对外还提供如下基本配置项。

- highlight：该选项可以设置对建议项的高亮处理，需要结合 pre_tag 及 post_tag 属性使用，这两个属性是可配置的，被 pre_tag 和 post_tag 括起来的返回项将被高亮显示。例如，这两者可以被分别设置为 <b> 和 </b>，那么被 <b> 和 </b> 括起来的返回项就会被显示为高亮。
- gram_size：这个选项指定 field 参数对应字段中存储的 n-gram 的最大的 *n*。如果指定字段中没存储 n-gram，这个值应该被设置为 1，或者根本不用在请求中携带这个参数。如果这个值没有设置，Elasticsearch 会尝试自己去探测出正确的值。例如，对于使用 shingle 过滤器（https://www.elastic.co/guide/en/elasticsearch/reference/current/analysis-shingle-tokenfilter.html）的字段，这个值会被设置为 max_shingle_size 属性的取值（如果没有被显式设置）。

- confidence：使用这个选项可以基于得分来限制返回的建议项。选项值被作用到输入短语的原始得分上（原始得分乘以这个值），得到新的得分。新的得分作为临界值用于限制生成的建议项。如果建议项的得分高于这个临界值，可以被放入输出结果列表，否则被丢弃。例如，取值1.0（本选项的默认值）意味着只有得分高于输入短语的建议项才会被输出。另一方面，设置为0.0表示输出所有建议项（个数受size参数的限制），而不管得分高低。
- max_errors：这个属性用于指定拼写错误词项的最大个数或百分比。取值可以是一个整数，例如1、5，或者一个0～1的浮点数。浮点数会被解释成百分比，表示最多可以有百分之多少的词项含有拼写错误。例如，0.5代表50%。而如果取值为整数，比如1、5，Elasticsearch会把它当作拼写错误词项的最大个数。默认值是1，意思是最多只能有一个词项有拼写错误。
- separator：这个选项用于指定将返回的bigram字段中的词项分隔开的分隔符。默认分隔符是空格。
- collate：该选项允许用户检查特定查询（在collate对象内部使用query属性）返回建议项的每一项。这里的查询或过滤实际上是一个模板，对外暴露一个{{suggestion}}变量，该变量代表当前正在处理的建议。在collate对象中添加prune属性，将其值设置为true，通过这种办法Elasticsearch就可以将建议项与查询或过滤器匹配的信息包含进来（这些信息被包含在返回结果的collate_match属性中）。除此之外，如果使用了preference属性，查询偏好信息也会被包含进返回结果中（可以使用普通查询中的同名参数的值）。
- real_word_error_likehood：这个选项用于设定词项有多大的可能会拼写出错，尽管存在于索引的词典中。选项取值是百分比，默认值为0.95，用于告知Elasticsearch的词典中约有5%的词项拼写不正确。减小这个值意味着更多的词项会被认为含有拼写错误，尽管它们可能是正确的。

现在，来查看一个范例，该范例中用到了上面所提及的这些参数。修改一下之前的那个phrase suggestion查询，添加粗体显示。命令如下：

```
curl -XGET "http://localhost:9200/wikinews/_search?pretty" -d'
{
"suggest": {
"text": "chrimes in wordl",
"our_suggestion": {
"phrase": {
"field": "text",
"highlight": {
"pre_tag": "<b>",
"post_tag": "</b>"
},
"collate": {
"prune": true,
"query": {
```

```
"inline": {
"match": {
"title": "{{suggestion}}"
}
}
}
}
}
}
}
}'
```

上面这个查询的返回结果如下所示：

```
{
"took" : 81,
"timed_out" : false,
"_shards" : {
"total" : 5,
"successful" : 5,
"failed" : 0
},
"hits" : {
"total" : 0,
"max_score" : 0.0,
"hits" : [ ]
},
"suggest" : {
"our_suggestion" : [
{
"text" : "chrimes in wordl",
"offset" : 0,
"length" : 16,
"options" : [
{
"text" : "crimes in would",
"highlighted" : "<b>crimes</b> in <b>would</b>",
"score" : 1.6482786E-4,
"collate_match" : true
},
{
"text" : "crimes in world",
"highlighted" : "<b>crimes</b> in <b>world</b>",
"score" : 1.5368809E-4,
"collate_match" : true
},
{
"text" : "choices in would",
"highlighted" : "<b>choices</b> in <b>would</b>",
"score" : 6.684227E-5,
"collate_match" : true
},
{
"text" : "choices in world",
```

```
"highlighted" : "<b>choices</b> in <b>world</b>",
"score" : 6.325384E-5,
"collate_match" : true
},
{
"text" : "crimes in words",
"highlighted" : "<b>crimes</b> in <b>words</b>",
"score" : 4.8852085E-5,
"collate_match" : true
}
]
}
]
}
}
```

然后就可以看到，建议内容被加粗显示了。

（2）配置平滑模型

平滑模型（smoothing model）是 phrase suggester 的一个功能。它的职责是平衡索引中不存在的稀有 n-gram 词元和索引中存在的高频 n-gram 词元之间的权重。这是个非常高级的选项。如果修改它，就应该检查一下查询建议的响应信息，看看是不是满足需求。平滑技术被用于语言模型中，用来避免某些词项出现零概率的情况。Elasticsearch 的 phrase suggester 支持多种平滑模型。

通过以下链接可以了解更多语言模型的信息：http://en.wikipedia.org/wiki/Language_model。

为了使用某个平滑模型，需要在请求中添加一个 smoothing 对象，并让它包含一个要使用的平滑模型的名称。当然也可以根据需要设置平滑模型的各种属性。例如，执行如下命令：

```
curl -XGET "http://localhost:9200/wikinews/_search?pretty" -d'
{
"suggest": {
"text": "chrimes in world",
"generators_example_suggestion": {
"phrase": {
"analyzer": "standard",
"field": "text",
"smoothing": {
"linear": {
"trigram_lambda": 0.1,
"bigram_lambda": 0.6,
"unigram_lambda": 0.3
}
}
}
}
}
}'
```

上面命令的响应如下，看起来比之前的建议好多了。


```
{
"took" : 6,
"timed_out" : false,
"_shards" : {
"total" : 5,
"successful" : 5,
"failed" : 0
},
"hits" : {
"total" : 0,
"max_score" : 0.0,
"hits" : [ ]
},
"suggest" : {
"generators_example_suggestion" : [
{
"text" : "chrimes in world",
"offset" : 0,
"length" : 16,
"options" : [
{
"text" : "crimes in world",
"score" : 1.6559726E-4
},
{
"text" : "choices in world",
"score" : 6.815534E-5
},
{
"text" : "chrome in world",
"score" : 4.6913046E-5
},
{
"text" : "crises in world",
"score" : 4.5373123E-5
},
{
"text" : "crimea in world",
"score" : 3.5583496E-5
}
]
}
]
}
}
```


Elasticsearch 共提供 3 种可用的平滑模型。接下来看看 Elasticsearch 中可供 `phrase` suggester 使用的平滑模型。

Stupid backoff 是 Elasticsearch 的 `phrase` suggester 默认的平滑模型。为了能够修改或强制使用它，需要在请求中使用它的名称 `stupid_backoff`。Stupid backoff 平滑模型的实现是这样的：如果高阶的 n-gram 出现频率为 0，它会转而使用低阶的 n-gram 的频率（并且给该频率打个折扣，折扣率由 `discount` 参数指定）。举例来说，假定有一个二元分词 ab 和一个单元分词 c。ab 和 c 普遍存在于索引中，而索引中不存在三元分词 abc。这种情况下 Stupid backoff 模型会直接使用 ab 二元分词模型，并且给一个与 discount 属性值相同的折扣。

Stupid backoff 模型只提供了一个 discount 参数供调整。discount 参数的默认值是 0.4，被用来给低阶的 n-gram 打折。

可以访问以下网址来获取更多关于 N 元平滑模型的信息：http://en.wikipedia.org/wiki/N-gram#Smoothing_techniques，还有 http://en.wikipedia.org/wiki/Katz's_back-off_model（该模型和这里讲的 stupid backoff 模型类似）。

Laplace 平滑又称为加法平滑（additive smoothing）。为使用该模型，需要使用 laplace 作为模型的名字。当使用时，由 alpha 参数指定的常量（默认值 0.5）将被加到词项的频率上，用来平衡频繁和不频繁的 n-gram。之前提到过，Laplace 平滑模型可以通过 alpha 属性进行配置。Alpha 参数默认值为 0.5，取值通常等于或小于 1.0。

可以在 http://en.wikipedia.org/wiki/Additive_smoothing 这个网页中了解更多关于加法平滑的信息。

线性插值（Linear interpolation）是这里介绍的最后一种平滑模型。它使用配置中提供的 lambda 值计算三元分词、二元分词及单元分词的权重。为了使用线性插值平滑模型，需要在查询对象中指定 smoothing 为 linear，并提供 3 个参数：trigram_lambda、bigram_lambda 和 unigram_lambda。以上 3 个参数之和必须为 1。每个参数对应一种 N 元分词类型。比如，bigram_lambda 将被用作二元分词的权重。

（3）配置候选者生成器

为了给 text 参数提供的文本中的每个词项都返回可能的建议项，Elasticsearch 使用的工具被称为候选者生成器。可以把候选者生成器当作 term suggester 来理解，不过实际上不是一回事。它们很相似，因为都被用在每个单独的词项上。返回的候选词项将和查询文本中其他词项的建议词的得分合并，通过这种方式生成最终的短语建议。

直接生成器（direct generator）是目前 Elasticsearch 中唯一可用的候选者生成器，尽管在未来可能会有更多其他的候选者生成器加入进来。Elasticsearch 允许在一个短语建议请求中指定多个直接生成器，可以通过提供名为 direct_generators 的列表来做到这一点。例如，执行如下命令：

```
curl -XGET "http://localhost:9200/wikinews/_search?pretty" -d'
{
   "suggest": {
      "text": "chrimes in wordl",
      "generators_example_suggestion": {
         "phrase": {
            "analyzer": "standard",
            "field": "text",
            "direct_generator": [
               {
```

```
                "field": "text",
                "suggest_mode": "always",
                "min_word_length": 2
            },
            {
                "field": "text",
                "suggest_mode": "always",
                "min_word_length": 3
            }
          ]
        }
      }
    }
}'
```

响应信息和之前的非常相似，在此就不做讲解了。

5.2.4 completion suggester

到目前为止，已经学习了 term suggester 和 phrase suggester，它们都是用来提供建议的。接下来的 completion suggester 就完全不同了，它是一个基于前缀的 suggester，可以用非常高效的方法实现自动完成（当在敲键盘时它就在搜索）的功能。它将复杂的数据结构存储在索引中，不用在查询时实时计算。这个 suggester 与改正用户的拼写错误无关。

在 Elasticsearch 5.0 中，completion suggester 完全被重写了。completion 类型字段的语法和数据结构都变了，响应的结构也变了。completion suggester 引入了许多新的、令人激动的特性，速度上也得到了极大优化。其中有一个特性就让 completion suggester 可以完成近实时响应，当某个建议被删除之后，马上就会被忽略，不会再出现在结果集中。

1. completion suggester 背后的逻辑

基于前缀的 suggester 构建在一种称为 FST（Finite State Transducer）（http://en.wikipedia.org/wiki/Finite_state_transducer）的数据结构之上。它十分高效，但是构建要消耗的资源却非常多，特别是在拥有大量数据的时候。如果在某些节点上构建这些数据结构，那么每当节点重启或集群状态变更时，都会付出性能代价。鉴于这个问题，Elasticsearch 的设计者们决定在索引过程中创建类似 FST 的数据结构，并把它存储在索引中，因此在需要的时候就可以把它加载进内存。

使用 completion suggester

为了使用基于前缀的 suggester，需要使用 completion 类型的字段来索引数据。这种类型的字段可以在索引中存储类似 FST 的数据结构。为了展示这个 suggester 的使用，假设要添加一个针对书籍作者的自动完成功能，数据存储在另一个索引中。除了作者的名字之外，还想返回该作者所写的书的 ID，通过一个额外查询来得到这些数据。首先使用如下命令建立 authors 索引：

```
curl -XPUT "http://localhost:9200/authors" -d'
{
"mappings": {
"author": {
"properties": {
"name": {
"type": "keyword"
},
"suggest": {
"type": "completion"
}
}
}
}
}'
```

该索引包含一个名为 author 的类型。每个文档有两个字段：name 字段是作者的名字，suggest 字段是用于自动完成的字段。用 completion 类型定义，因此就会在索引中保存类似 FST 的数据结构。

2. 索引数据

与之前版本的 Elasticsearch 相比，对 completion 类型字段索引数据已经变得更加简单了。为了索引 completion 类型的数据，除了一般的索引时信息，还需要提供一些额外的信息。看看下面这个命令，该命令将索引两个描述 author 信息的文档：

```
curl -XPOST 'localhost:9200/authors/author/1' -d '{
"name" : "Fyodor Dostoevsky",
"suggest" : {
"input" : [ "fyodor", "dostoevsky" ]
}
}'
curl -XPOST 'localhost:9200/authors/author/2' -d '{
"name" : "Joseph Conrad",
"suggest" : {
"input" : [ "joseph", "conrad" ]
}
}'
```

请注意 suggest 字段数据的结构。completion 字段使用了 input 属性，来提供构建类 FST 的数据结构所要用到的输入信息，并用于匹配用户的输入，来决定 suggester 要不要返回相应的文档。

3. 查询数据

最后看看如何查询刚刚索引的数据。假如要找到作者名以 fyo 开头的文档，可以使用如下命令：

```
curl -XGET "http://localhost:9200/authors/_search?pretty" -d'
{
   "suggest": {
      "authorsAutocomplete": {
         "prefix": "fyo",
         "completion": {
```

```
                "field": "suggest"
            }
        }
    }
}'
```

在查看结果之前，先探讨一下查询本身。可以看出，发送请求的目标是 `_suggest` 端点，因为在这里并不想发送一个标准查询，而仅仅对自动完成的结果感兴趣。查询的其他部分和标准的发往 `_suggest` 端点的 suggest 查询如出一辙。查询类别需要设置为 `completion`。

之前的命令在 Elasticsearch 上执行结果如下：


```
{
"took" : 2,
"timed_out" : false,
"_shards" : {
"total" : 5,
"successful" : 5,
"failed" : 0
},
"hits" : {
"total" : 0,
"max_score" : 0.0,
"hits" : [ ]
},
"suggest" : {
"authorsAutocomplete" : [
{
"text" : "fyo",
"offset" : 0,
"length" : 3,
"options" : [
{
"text" : "fyodor",
"_index" : "authors",
"_type" : "author",
"_id" : "1",
"_score" : 1.0,
"_source" : {
"name" : "Fyodor Dostoevsky"
"suggest" : {
"input" : [
"fyodor",
"dostoevsky"
]
}
}
}
]
}
]
}
}
```


可以看出，从响应中得到了要找的文档，可以在自动建议字段中使用 `name` 字段。

与 fyo 相似，也可以搜索前缀 dos，因为在第一份文档中的第二个输入参数就是 Dostoevsky。

自定义权重

默认情况下，**词项频率**（term frequency）将被基于前缀的 suggester 作为文档权重。然而，当拥有多个索引分片时，或者索引由多个索引段组成时，这可能不是最好的方案。在这些情况下，就可以通过给 completion 类型的字段指定 weight 属性来自定义权重，这样做一般是很有效的。weight 属性取值应该设置为整数，而不是浮点数，与查询 boost、文档 boost 的情况类似。weight 取值越大，建议项的重要性越大。这项功能给了很多调整建议项排序的机会。

例如，假设给前面例子中的第一份文档指定权重，可以使用如下命令：

```
curl -XPOST 'localhost:9200/authors/author/1' -d '{
"name" : "Fyodor Dostoevsky",
"suggest" : {
"input" : [ "fyodor", "dostoevsky" ],
"weight" : 80
}
}'
```

然后执行刚才的查询，结果将是：

```
{
"took" : 7,
"timed_out" : false,
"_shards" : {
"total" : 5,
"successful" : 5,
"failed" : 0
},
"hits" : {
"total" : 0,
"max_score" : 0.0,
"hits" : [ ]
},
"suggest" : {
"authorsAutocomplete" : [
{
"text" : "fyo",
"offset" : 0,
"length" : 3,
"options" : [
{
"text" : "fyodor",
"_index" : "authors",
"_type" : "author",
"_id" : "1",
"_score" : 80.0,
"_source" : {
"name" : "Fyodor Dostoevsky",
"suggest" : {
"input" : [
"fyodor",
```

```
"dostoevsky"
],
"weight" : 80
}
}
}
]
}
]
}
}
```

现在查看一下返回结果得分的变化。在最初的例子中，得分是 1.0，而现在得分是 80.0。因为在索引时设定 weight 参数为 80。

4. 使用 completion suggester 的模糊功能

要处理搜索命令中的输入错误，可以使用 completion suggester 的模糊（fuzziness）功能。

假如想找 fyo，但不小心输入了 fio，用下面的命令仍然可以得到正确的结果：

```
curl -XGET "http://localhost:9200/authors/_search?pretty" -d'
{
"suggest": {
"authorsAutocomplete": {
"text": "fio",
"completion": {
"field": "suggest",
"fuzzy": {
"fuzziness": 2
}
}
}
}
}'
```

与查询条件中的前缀匹配的长度越长，建议的得分就越高。

请注意 completion 请求中的 fuzzy 对象。fuzzy 对象有一个特别的属性 fuzziness，默认值是 AUTO，但根据需要和用例不同，可以改用合适的值。

5.3　实现自己的自动完成功能

Completion suggester 固然强大，但也有不足。

从上面的章节可以看到，要实现自动完成功能，completion suggester 是一个非常强大而又容易实现的解决方案，但只支持前缀查询。很多时候，自动完成功能只用于前缀查询就好了。比如，当输入了 elastic 时，希望提示 elasticsearch，而不是 nonelastic。

有些时候用户会需要实现更通用的残缺词完成功能，completion suggester 就不能胜任这样的需求了。

completion suggester 的另一个限制是不支持高级查询和过滤器。

为解决这些不足，接下来基于 n-grams 实现一个定制的自动完成功能，可以胜任几乎所有的场景。

创建索引

用下面的 settings 和 mappings 来创建索引 location-suggestion：

```
curl -XPUT "http://localhost:9200/location-suggestion" -d
{
"settings": {
"index": {
"analysis": {
"filter": {
"nGram_filter": {
"token_chars": [
"letter",
"digit",
"punctuation",
"symbol",
"whitespace"
],
"min_gram": "2",
"type": "nGram",
"max_gram": "20"
}
},
"analyzer": {
"nGram_analyzer": {
"filter": [
"lowercase",
"asciifolding",
"nGram_filter"
],
"type": "custom",
"tokenizer": "whitespace"
},
"whitespace_analyzer": {
"filter": [
"lowercase",
"asciifolding"
],
"type": "custom",
"tokenizer": "whitespace"
}
}
}
}
},
"mappings": {
"locations": {
```

```
"properties": {
"name": {
"type": "text",
"analyzer": "nGram_analyzer",
"search_analyzer": "whitespace_analyzer"
},
"country": {
"type": "keyword"
}
}
}
}
}'
```

1. 理解参数

仔细看看上面创建索引的 curl 请求，包含了 settings 和 mappings。接下来挨个了解一下它们的细节。

（1）配置 settings

本文的 settings 包含两个定制的 analyzer：nGram_analyzer 和 whitespace_analyzer。使用空格分词器定制一个 whitespace_analyzer，这样所有的 token 都以小写字母和 asci 格式索引起来。

nGram_analyzer 有个定制的过滤器 nGram_filter，用到了下面这些参数：

- type：描述了 token 过滤器的类型，在我们的例子中是 N-gram。
- token_chars：描述在生成的字符中怎样的字符是合法的。标点和特殊字符都会被从字符流中除掉，但在本文例子中故意保留了下来；也保留了空格，因此只要有文本中包含了 United States，那么当用户搜索 u s 时，United States 就会出现在建议中。
- min_gram 和 max_gram：这两个属性设置了生成的子字符串的最小和最大长度，并把它们加入搜索表。比如，按本文索引设置，India 这个词将产生如下的字符：

```
[ "di", "dia", "ia", "in", "ind", "indi", "india", "nd", "ndi", "ndia" ]
```

（2）配置 mappings

本文索引的文档类型是 locations，它有两个字段，name 和 country。为 name 字段定义 analyzer 的方法是用于自动推荐的。把这个字段的索引分析器设置成 nGram_analyzer，而搜索分析器则设置成 whitespace_analyzer。

请注意从 Elasticsearch 5.0 开始就不再支持 index_analyzer 参数了。而且，如果为一个字段配置 search_analyzer 属性，要按下例所示的方法配置分析器的属性。

2. 索引文档

把一些包含 city 和 country 名的文档索引起来：

```
curl -XPUT "http://localhost:9200/location-suggestion/location/1" -d'
{"name":"Bradford","country":"england"}'
curl -XPUT "http://localhost:9200/location-suggestion/location/2" -d'
{"name":"Bridport","country":"england"}'
curl -XPUT "http://localhost:9200/location-suggestion/location/3" -d'
{"name":"San Diego Country Estates","country":"usa"}'
curl -XPUT "http://localhost:9200/location-suggestion/location/4" -d'
{"name":"Ike's Point, NJ","country":"usa"}'
```

3. 用自动完成功能搜索文档

现在索引中已经有了 4 份文档，可以执行搜索请求来测试自动完成功能了。第一个请求内容是 ke's，可以匹配 Ike's Point, NJ 并从索引中返回第四份文档。

```
    curl -XGET "http://localhost:9200/location-suggestion/location/_search"
-d'
    {
    "query": {
    "match": {
    "name": "ke's"
    }
    }
    }'
```

类似地，搜索 br 会返回 Bradford 和 Bridpoint。用 size 参数可以控制响应内容中返回的匹配文档数。

另外，也可以在既定的上下文中使用高级查询和过滤器来提供建议，像普通的搜索请求一样工作。

5.4 处理同义词

全文搜索经常会用到同义词搜索。比如，当用户搜索 equity 时，希望搜索结果中包含 share 和 stock。当用户搜索 the US 时，希望找到包含 United States、USA、U.S.A. 或 America 等内容的文档。但是，不希望看见关于 states of matter 或 state machines 的文档。

> 同义词用于拓宽匹配文档的范围，人们经常试着能为每一个词都提供同义词，以保证即使是最远相关的词，只要文档中包含了它，就可以被搜索到。但应该只在需要时才使用它们，而且和前面章节中的部分匹配一样，同义词字段不应该单独使用，应该与查询结合起来，这样它就有了上下文，而且得到的结果也更好。

同义词的概念很简单，但实施起来很困难。如果考虑的场景不周全，就很容易误报或漏报。而且它也和产品领域非常相关。比如，财务与招聘领域完全不同，那么即使相同的词或短语出现在了两个领域中，上下文也不同。

5.4.1 为同义词搜索准备 settings

要在搜索中使用同义词，相应的字段就要提前配置同义词词条过滤器。这个过滤器允许在 settings 中直接设置同义词，也可以从文件中获得同义词：

```
curl -XPUT "http://localhost:9200/synonyms-index" -d'
{
"settings": {
"analysis": {
"filter": {
"my_synonym_filter": {
"type": "synonym",
"synonyms": [
"shares","equity","stock"
]
}
},
"analyzer": {
"my_synonyms": {
"tokenizer": "standard",
"filter": [
"lowercase",
"my_synonym_filter"
]
}
}
}
}
}'
```

在上面的索引设置中，用定制过滤器 my_synonym_filter 创建了一个定制分析器，是基于同义词词条过滤器的。另外还用 synonyms 参数定义了 shares、equity 和 stock3 个词，都属于同一个同义词组。

除了使用这些内置的词，也可以在 Elasticsearch 的配置目录（通常是 /etc/elasticsearch/）下创建名为 synonyms.txt 的文件，把这些同义词都写在文件里。要用上这个文件，定制过滤器配置如下：

```
"my_synonym_filter": {
  "type": "synonym",
  "synonyms_path": "synonyms.txt",
}
```

请不要忘了将文件 /etc/elasticsearch/synonyms.txt 的属主改为用户 Elasticsearch。

5.4.2 格式化同义词

已经知道了两种配置同义词的方法：内置和文件。接下来看看如何格式化多个同义词组。格式化同义词最简单的格式就是用逗号分隔的单词，上面的配置文件中就是这样。用这样的结构可以搜索任意单词，也可以找到任意其他词。原因在于词条就是用这种方法生成的：

Original term	Replaced by	Original term	Replaced by
Share	shares, equity, stock	Stock	shares, equity, stock
Equity	shares, equity, stock		

这种格式叫作**简单扩展**（simple expansion），而且使用这种格式代价非常昂贵，因为每个词项都将被同义词组中的若干个词替代，因此会导致索引尺寸变得异常大。

还有一种使用符号 => 的语法，它左边的词项将被右边的词项替代。当在右边只放一个词时，就叫**简单收缩**（simple contraction）。但如果左边只有一个词而右边有多个时，就叫**类型扩展**（genre expansion）。比如：

```
"u s a,united states =>usa"
"gb =>britain,england"
```

这种格式会导致词项被按这样的规则替换：

Original term	Replaced by	Original term	Replaced by
u s a	usa	gb	britain,england
united states	usa		

请注意，按 Lucene 文档所说，现在 Lucene 实现 nested/overlapping 同义词的方法有很大问题。同义词词条过滤器无法很好地处理位置增加运算 !=1，比如，要把这个过滤器放在过滤掉停止词之前。而且，在现在的实现方案中解析是贪婪式的，因此当多种解析方法都合适时，启动最早并可以解析最多词条的规则将胜出。

例如，规则如下：

```
a => x
a b => y
b c d => z
```

输入 a b c d e 就会解析成 y b c d，第二个规则胜出了，因为启动得最早，而且与同时启动的其他规则相比，可以匹配上最多的输入词条。

5.4.3 同义词扩展与收缩

在上一节中了解了所有的扩展与收缩类型，接下来看看它们的优点和缺点。

如前所述，在索引时使用简单扩展有两个主要缺点。一是会让索引变得异常大。另外对于现有的文档，要改变同义词规则就必须重新索引它们。不过搜索速度会非常快，因为 Elasticsearch 只需要查找一个词项。

但如果在查询时使用这个技巧，就可能会对搜索速度造成极大的性能影响，因为对单一词项的查询也会被改写成寻找它的同义词组中的所有词项。在查询时使用简单查询最大的优点是，不需要重新索引文档就可以更新同义词规则。

像 u s a,united states =>usa 这样的简单收缩会将左侧的一组同义词映射成右边的一个词。这种方法有许多优点：

- 首先，索引大小很正常，因为一个词项替换了整个同义词组。
- 其次，查询性能非常好，因为只需要匹配一个词项。
- 第三，同义词规则更新时不需要重新索引文档，有下面的方法可以做到。

假如我们已有的规则如下：

```
"u s a,united states =>usa"
```

现在在同义词组中增加 america，像下面这样把 america 同时加在 => 的左右两边就可以了：

```
"u s a,united states, america =>usa, america"
```

> 请注意无论什么时候，当更新了任意的同义词规则时，都要关闭索引再重新打开，通过这种方法来把新规则导入索引设置。

简单收缩也有缺点，它会极大地影响相关性。属于同一个同义词组的所有词项都有相同的反向文档频率，因此将无法区分最常见和最不常见的单词。

类型扩展把一个词项的含义扩展得更普遍。而且也与刚才谈到的两个非常不同，非常令人困惑，要用好它也需要非常专业的知识。举个例子，看看下面的类型扩展规则：

```
"gb =>gb,greatbritain"
"britain =>britain,gb,greatbritain"
```

在应用到索引时：

- 对 britain 的查询只能找到关于 britain 的文档。
- 对 gb 的查询会找到关于 gb 和 britain 的文档。
- 对 greate britain 的查询会找到关于 gb、britain 或 great britain 的文档。

> 在全文搜索中处理人类语言的复杂性，这是个非常大的话题，肯定无法用一种解决方案处理好所有的用例和领域。再加上 Lucene 分析过程增加的几个限制，这样的场景就更难处理了。比如，处理嵌套同义词就是个大问题，虽然可能会在将来的版本中处理好。处理多词同义词也有这个问题。例如使用如下规则：
>
> online sale,online revenues=>revenue
>
> 如果一份文档中只包含了 online 这个词，就不会被匹配到。要避免这种情况出现，就要分别为每个可能的词项单独创建同义词规则。

5.5　小结

本章的主要内容是提升用户搜索体验。先讨论了用 term suggester 和 phrase suggester 实现的“你的意思是”功能，然后看了用 completion suggester 实现的自动完成功能，即“边输入边搜索”。也了解了 completion suggester 处理高级查询和部分匹配时的局限性，但通过用 n-grams 实现的定制 completion suggester 就可以解决这些问题。最后，讨论了与同义词有关的实现，以及在某些场景下使用同义词的限制。

在下一章，将给出设计索引架构时最专业的建议，比如如何选择正确数量的分片和副本，并详细讨论路由是怎样工作的、分片是怎么分配的、如何改变这些行为，等等。除此之外，还会讲到查询执行偏好是什么，以及它是怎样选择查询应该在哪里执行的。下一章还有如何将数据切分到磁盘上多个路径里的内容。

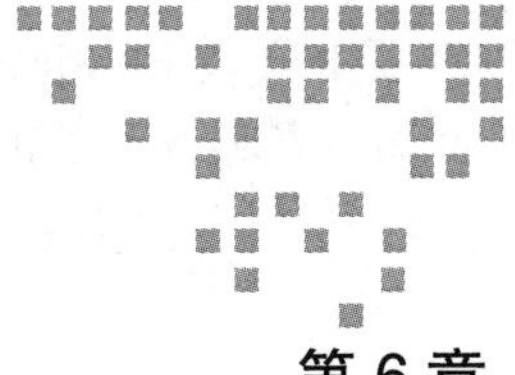

第6章 Chapter 6

分布式索引架构

上一章的主要内容是提升用户搜索体验。先讨论了用term suggester和phrase suggester实现的“你的意思是”功能，然后看了用completion suggester实现的自动完成功能，即“边输入边搜索”。也知道了用completion suggester处理高级查询和部分匹配时的局限性，但通过用n-grams实现的定制completion suggester就可以解决这些问题。最后，讨论了同义词的实现，以及在某些场景下使用同义词的限制。

在本章中，先学习如何创建多节点集群，然后是Elasticsearch的分布式索引架构，包括如何选择正确的分片数和副本数、路由是怎样工作的、分片分配的工作原理，以及如何改变默认的分片分配行为。除此之外，还会讲到查询执行偏好。本章将包含如下内容：

- 配置一个示例的多节点集群。
- 选择合适数量的分片和副本。
- 路由及其优点。
- 分片分配控制。
- 使用查询执行偏好。
- 将数据切分到多个路径中。
- 索引与类型：创建索引的改进方法。

6.1 配置示例的多节点集群

到目前为止，用的一直都是单节点集群，但接下来会涉及索引架构的更多细节，因此有必要了解多节点集群是怎样工作的。在第8章中会详细地学习集群配置，在本章中会先创建两个节点的集群来将概念讲述清楚。

从在两台服务器上安装 Elasticsearch 开始。请注意这两台服务器处于相同的网络中，并且 9200 和 9300 端口是相互开放的。在服务器上要安装 Java 1.8 或更高版本，每台服务器要至少有 3GB 内存可用，因为 Elasticsearch 使用的默认的堆大小（最小和最大都是）是 2GB。

如果服务器上内存实在不够，可以通过将默认的最小堆和最大堆的大小改成最小值来解决。具体方法是在 Elasticsearch 的 `config` 目录下修改 `jvm.options` 文件，设置 `-Xms` 和 `-Xmx` 两个参数值。比如，要把最小堆和最大堆的大小设成 1GB，改成 `-Xms1g` 和 `-Xmx1g` 就可以了。

在 Ubuntu 服务器上，可以按下面的步骤去下载、安装和配置集群。

从下面的网址可以获得在 CentOS 或 Windows 服务器上通过 RPM 包安装 Elasticsearch 的方法：

https://www.elastic.co/guide/en/elasticsearch/reference/5.0/inst/all-elasticsearch.html

①下载 Elasticsearch：

```
wget
https://artifacts.elastic.co/downloads/elasticsearch/elasticsearch-
5.0.0.deb
```

②安装 Elasticsearch：

```
dpkg -i elasticsearch-5.0.0.deb
```

③打开 /etc/elasticsearch/ 目录下的 elasticsearch.yml 文件：

```
sudo vi /etc/elasticsearch/elasticsearch.yml
```

④打开文件后，修改这 3 个参数，然后保存退出：

```
cluster.name: test-cluster
network.host: 0.0.0.0
discovery.zen.ping.unicast.hosts: ["11.0.2.15:9300",
"11.0.2.16:9300"]
```

请为 `discovery.zen.ping.unicast.hosts` 参数配置服务器的真实 IP 地址。而且在修改了这些参数之后，请不要忘了把注释符号删掉，并确保参数名的前面没有空格。还有一点要注意的是，Elasticsearch 会默认将自己绑定在本机，如果修改了 `network.host` 参数，将它绑定到了非本机的 IP 地址上，它就会认为这台服务器已经满足了生产标准，并且必须满足 Elasticsearch 5.0 内置的所有必要引导检查项。如果系统中有某些检查项不满足要求，那么这台服务器上的节点就会无法启动。请在下面的网址中了解更多有关引导检查的内容：https://

www.elastic.co/guide/en/elasticsearch/reference/master/bootstrap-checks.html。
还有另一篇文章也讲了很多：https://www.elastic.co/blog/bootstrap_checks_annoying_instead_of_devastating。

⑤改好了这3个参数之后，就可以启动这两个节点了。它们会找到彼此，组成集群。

```
sudo service elasticsearch start
```

⑥可以用下面的命令确认：

```
curl -XGET localhost:9200/_cat/nodes?v
```

⑦命令将输出类似下面的内容：

```
ip         heap.percent ram.percent cpu load_1m load_5m load_15m node.role master name
11.0.2.16             5          67   0    0.00    0.01     0.05 mdi       *      y7lLdir
11.0.2.15             7          67   0    0.05    0.05     0.05 mdi       -      Tg5Q7AX
```

6.2 选择合适数量的分片和副本

当开始使用Elasticsearch时，一般会先创建索引，往索引中导入数据，然后开始执行查询。保证刚开始的时候一切都会很顺利，至少在数据量不大和查询压力不是很高的时候。在后台，Elasticsearch会创建一些分片和适当数量的副本（如果使用默认配置的话），而且一般情况下不会在部署时过多关注这部分的配置。

随着应用程序规模的成长，不得不索引越来越多的数据，每秒钟处理越来越多的请求。这个时候一切都变了，问题开始出现了（可以阅读第10章的内容来了解如何应对应用程序的扩张）。现在应该考虑如何规划索引及其配置，使它们能够适应应用的变化了。在本章里，将给出如何处理这个问题的一些指导方针，不幸的是不会有具体的处理方法。每个应用程序都有各自的特性和需求，不仅索引结构依赖于此，配置也依赖于此。例如，文档或者索引的大小、查询类型以及期望的吞吐量都是其影响因素。

6.2.1 分片和预分配

读者已经在1.1.2节了解了索引分片的相关概念，不过在这里还是来回忆一下。分片是将一个Elasticsearch索引分割成一些更小的索引的过程，这样才能在同一集群的不同节点上将它们分散开。在查询的时候，总结果集汇总了索引中每个分片的返回结果（有时可能不是真的汇总，因为可能某个分片上就包含了所有感兴趣的数据）。Elasticsearch默认为每个索引创建5个分片，即使在单节点环境下也是如此。这种冗余被称作预分配（over allocation）。目前看起来这么做是完全没有必要的，反而在索引文档（文档散布到各个分片）和处理查询（查询多个分片后还要合并结果）时增加了复杂性。幸运的是，这种复杂性被

Elasticsearch自动处理了。既然有这么多麻烦，Elasticsearch为什么还要这么做呢？

例如有一个索引，这个索引只有一个分片。这意味着当应用程序的增长超过了单台服务器的容量时，就会遇到问题。当前版本的Elasticsearch还无法将已有的索引重新分割成多份，必须在创建索引时就指定好需要的分片数量。只有创建一个拥有更多分片的新索引，并重新索引数据。然而，这样的操作需要额外的时间和服务器资源，如CPU、内存和大量的存储。而在生产环境中，可能根本就没有前面提到的时间和资源。另一方面，在使用预分配时，需要增加一台安装了Elasticsearch的服务器，Elasticsearch会重新平衡（rebalance）集群，将部分索引迁移到新的机器上，不需要额外的重新索引数据的开销。Elasticsearch设计者选择的默认配置（5个分片和1个副本）是在数据量增长和合并多分片搜索结果之间做了平衡。

默认的5个分片已经足够满足大多数用例的需求。那么问题就来了：什么时候需要用更多的分片？或者与之相反，什么时候应该让分片数量尽可能少？

第一个答案很明显。如果有一个有限的和确定的数据集，可以只使用一个分片。如果没有，那么按照直观感觉，最理想的分片数量应该依赖于节点的数量。因此，如果计划将来使用10个节点，就给索引配置10个分片。需要记住的一点是：为了保证高可用和查询的吞吐量，需要配置副本，而且跟普通的分片一样需要占用节点上的空间。如果每个分片有一份额外的拷贝（number_of_replicas等于1），最终会有20个分片。10个是主分片，另10个是副本。

总的来说，节点数和分片数、副本数的简单计算公式如下：

所需最大节点数 = 分片数 *（副本数 + 1）

换句话说，如果计划使用10个分片和2个副本，那么所需的最大的节点数是30。

6.2.2 预分配的正面例子

如果仔细阅读了本章的前面部分，就会有一个强烈的信念：使用的分片数量应该尽可能少。但是有时拥有更多的分片有其便利之处，因为一个分片实际上是一个Lucene索引。更多的分片意味着每个在较小的Lucene索引上执行的操作会更快（尤其是索引过程）。有时这是一个很好的理由去使用更多的分片。当然，将查询拆散成对每个分片的请求然后再合并结果，这也是有代价的。这个对于使用具体的参数来过滤查询的应用程序是可以避免的。这种真实的案例是存在的，例如那种每个查询都在指定用户的上下文中执行的多租户系统。原理很简单，可以将单个用户的数据都索引到一个独立的分片中，在查询时就只查询那个用户的分片。这时需要使用路由（将在6.3节中详细讨论）。

6.2.3 多分片与多索引

如果一个分片实际上是一个小的Lucene索引，那么什么才是真正的Elasticsearch索引？拥有多个分片和拥有多个索引有什么不同？从技术上讲，它们的区别并不大，而且对于某些应用场景来说，使用多个索引是更好的选择。比如类似日志的基于时间的数据，就可以索引到以时间区间切分的不同索引中。如果使用拥有多个分片的单个索引，某些时候可以通过路由把查询限制到一个分片上。而如果使用多个索引，可以有机会选择只在那些感兴趣的索引上执行查询，比如，通过名称为 logs_2014-10-10、logs_2014-10-11……这样的方式来选择基于时间区间构建的索引。更多的不同可以在分片和索引的平衡逻辑上看出来，尽管两者之间的平衡逻辑也可以人为配置。

副本

使用分片够存储超过单节点容量限制的数据，而使用副本则解决了日渐增长的吞吐量、高可用和容错的问题。当一个存放主分片的节点失效后，Elasticsearch 会把一个可用的副本升级为新的主分片。默认情况下，Elasticsearch 只为每个索引分片创建一个副本。然而，不同于分片的数量，副本的数量可以通过相关的 API 随时更改。该功能让构建应用程序变得非常方便，因为在需要更大的查询吞吐量时，使用副本就可以应对不断增长的并发查询。增加副本数量可以让查询负载分散到更多机器上，理论上可以让 Elasticsearch 处理更多的并发请求。

使用过多副本的缺点也很明显：额外的副本占用了额外的存储空间，还有构建索引副本的开销。当然，主分片及其副本之间的数据同步也存在开销。在选择分片数量的时候也应当同时考虑所需要的副本数量。如果选择了太多的副本，可能会耗光磁盘空间和 Elasticsearch 的资源，而事实上这些副本很多时候根本不会用到。另一方面，如果不创建副本，当主分片发生问题时，可能会造成数据的丢失。

可以用如下命令增加或减少副本数量：

```
  curl -XPUT 'localhost:9200/books/_settings' -d '
{
    "index" : {
        "number_of_replicas" : 2
    }
}'
```

在上面的命令中，使用 Elasticsearch 的 _settings API 把 books 索引的副本数增加到了 2。如果把 number_of_replicas 设置成 0，这个索引就不会有任何副本。

6.3　路由

在 6.2 节中，提到过路由是将查询限定在单个分片上执行的一种解决方案。现在是时候进一步介绍该功能了。

6.3.1　分片和数据

通常情况下，Elasticsearch 将数据分发到哪个分片，以及哪个分片上存放哪份特定的文档，这些细节是不重要的。查询时，请求会被发送至所有的分片，所以最关键的事情就是使用一个能均匀分发数据的算法，让每个分片都包含差不多数量的文档。并不希望某个分片持有 99% 的数据，而另一个分片持有剩下的 1%，这样做极其低效。

而当删除文档或者为一份文档增加新版本时，情况就有些复杂了。Elasticsearch 必须确定哪个分片需要更新。尽管看起来挺麻烦，事实上这并不是一个大问题。只要分片算法能对同一个文档标识符永远生成相同的值就足够了。如果有了这样一个算法，Elasticsearch 在处理一份文档时就知道该去找哪个分片了。

另外，某些时候把一部分数据都索引到相同的分片上。举例来说，将特定类别的书籍都存储在某个特定的分片上，在查询这类书时就可以避免查询多个分片及合并查询结果。这时候，因为确切地知道路由时使用的取值，就可以把 Elasticsearch 引导到与索引时相同的分片上。这就是路由要做的事情。它允许把信息提供给 Elasticsearch，然后 Elasticsearch 用这个信息来决定哪个分片用来存储文档和执行查询。相同的路由值总是指向同一个分片。换个说法就是："之前使用某个路由值将文档存放在特定的分片上，那么搜索时，也去相应的分片查找该文档。"

6.3.2 测试路由功能

现在向读者展示一个例子，用来演示 Elasticsearch 是如何分配分片，以及如何将文档存放到特定的分片上的。使用 Elasticsearch 的 _cat API，可以查看 Elasticsearch 到底对数据做了什么。

用如下的命令启动两个 Elasticsearch 节点并创建索引：

```
 curl -XPUT 'localhost:9200/documents' -d '{
"settings": {
"number_of_replicas": 0,
"number_of_shards": 2
}
}'
```

这个索引有两个分片，但没有副本。想增加副本的数量可以参考 6.2 节。接下来就要索引一些文档，具体命令如下：

```
     curl -XPUT localhost:9200/documents/doc/1 -d '{ "title" : "Document
No. 1" }'


 curl -XPUT localhost:9200/documents/doc/2 -d '{ "title" : "Document No. 2"
}'


 curl -XPUT localhost:9200/documents/doc/3 -d '{ "title" : "Document No. 3"
}'


 curl -XPUT localhost:9200/documents/doc/4 -d '{ "title" : "Document No. 4"
}'
```

然后，从下面命令的输出中可以看到两个主分片已经创建成功了：

```
curl -XGET localhost:9200/_cat/shards?v
```

```
index     shard prirep state   docs store ip        node
documents 1     p      STARTED    3 6.5kb 11.0.2.15 Tg5Q7AX
documents 0     p      STARTED    1 3.3kb 11.0.2.16 y7lLdir
```

从上面可以看到与分片有关的信息。集群的每个节点恰好包含两份文档，由此可以推断分片算法工作得非常好，基于分片的索引做到了平均分布文档。

接下来关掉第二个节点。现在cat命令输出如下结果：

```
index     shard prirep state      docs store ip        node
documents 1     p      STARTED       3 6.5kb 11.0.2.15 Tg5Q7AX
documents 0     p      UNASSIGNED
```

第一个信息是集群的状态是红色的了。这意味着至少有一个主分片不见了，因此一些数据不再可用，索引的某些部分也不再可用。尽管如此，Elasticsearch还是允许执行查询。至于是通知用户查询结果可能不完整还是拒绝查询请求，则由应用的构建者来决定。现在执行如下的简单查询：

```
curl -XGET 'localhost:9200/documents/_search?pretty'
```

Elasticsearch给出的响应如下：

```
{
  "took" : 24,
  "timed_out" : false,
  "_shards" : {
    "total" : 2,
    "successful" : 1,
    "failed" : 0
  },
  "hits" : {
    "total" : 3,
    "max_score" : 1.0,
    "hits" : [
      {
        "_index" : "documents",
        "_type" : "doc",
        "_id" : "1",
        "_score" : 1.0,
        "_source" : {
          "title" : "Document No. 1"
        }
      },
      {
        "_index" : "documents",
        "_type" : "doc",
        "_id" : "2",
        "_score" : 1.0,
        "_source" : {
          "title" : "Document No. 2"
        }
      },
```

```
        {
          "_index" : "documents",
          "_type" : "doc",
          "_id" : "4",
          "_score" : 1.0,
          "_source" : {
            "title" : "Document No. 4"
          }
        }
      ]
    }
  }
```

正如所看到的，Elasticsearch 返回了关于故障的信息：有一个分片是不可用的。在返回的结果集中，只能看到标识符为 1、2 和 4 的文档。而其他文档不见了，至少在主分片恢复正常之前是这样的。如果启动第 2 个节点，经过一段时间（取决于网络和网关模块的设置）之后，集群就会恢复到绿色状态，此时所有的文档都可用。现在请通过路由重复前面的案例，同时观察 Elasticsearch 的行为与上次有何不同。

6.3.3 在索引过程中使用路由

通过路由控制 Elasticsearch，选择将文档发送到哪个分片。此时需要指定路由参数 routing。路由参数值无关紧要，可以选择任何值。重要的是在将不同文档放到同一个分片上时，需要使用相同的值。简单地说，给不同的文档使用相同的路由参数值可以确保这些文档被索引到相同分片中。

向 Elasticsearch 提供路由信息有多种途径。最简单的办法是在索引文档时加一个 routing URI 参数。例如：

```
    curl -XPUT localhost:9200/books/doc/1?routing=A -d '{ "title" :
"Document" }'
```

当然，也可以在批量索引时使用这个参数。在批量索引时，路由参数由每份文档元数据中的 _routing 属性指定。例如：

```
 curl -XPOST localhost:9200/_bulk --data-binary '
{ "index" : { "_index" : "books", "_type" : "doc", "_routing" : "A" } }
{ "title" : "Document" }'
```

6.3.4 路由实战

现在重复前面的例子，只是这次会使用路由。首先要删除旧文档。如果不这么做，那么使用相同的标识符添加文档时，路由会把相同的文档都存放到另一个分片上去。因此，执行下面的命令从索引中删除所有的文档：

```
  curl -XPOST "http://localhost:9200/documents/_delete_by_query" -d'
{"query": {"match_all": {}}}'
```

然后重新索引数据，但是这次会增加路由信息。索引文档的命令如下：

```
curl -XPUT localhost:9200/documents/doc/1?routing=A -d '{ "title" :
"Document No. 1" }'

curl -XPUT localhost:9200/documents/doc/2?routing=B -d '{ "title" :

"Document No. 2" }'

curl -XPUT localhost:9200/documents/doc/3?routing=A -d '{ "title" :

"Document No. 3" }'

curl -XPUT localhost:9200/documents/doc/4?routing=A -d '{ "title" :

"Document No. 4" }'
```

路由参数指示Elasticsearch应该将文档放到哪个分片上。当然，同一个分片可能会存放多份文档。这是因为分片数往往少于路由参数值的个数。现在停掉一个节点，集群会再次显示红色状态。执行匹配所有文档的查询，Elasticsearch将返回相应的结果（当然，返回的结果取决于停掉了哪个节点）：

```
curl -XGET 'localhost:9200/documents/_search?q=*&pretty'
```

Elasticsearch的响应结果如下：

```
{
  "took" : 6,
  "timed_out" : false,
  "_shards" : {
    "total" : 2,
    "successful" : 1,
    "failed" : 0
  },
  "hits" : {
    "total" : 3,
    "max_score" : 1.0,
    "hits" : [
      {
        "_index" : "documents",
        "_type" : "doc",
        "_id" : "1",
        "_score" : 1.0,
        "_routing" : "A",
        "_source" : {
          "title" : "Document No. 1"
        }
      },
      {
        "_index" : "documents",
        "_type" : "doc",
        "_id" : "3",
        "_score" : 1.0,
        "_routing" : "A",
        "_source" : {
          "title" : "Document No. 3"
        }
      },
```

```
        {
          "_index" : "documents",
          "_type" : "doc",
          "_id" : "4",
          "_score" : 1.0,
          "_routing" : "A",
          "_source" : {
            "title" : "Document No. 4"
          }
        }
      ]
    }
  }
```

在这个例子里，标识符为 `2` 的文档不见了。失去了拥有路由值 `B` 的文档所在的节点。如果更倒霉一点，将会丢失 3 份文档！

6.3.5 查询

路由允许用户指定 Elasticsearch 应该在哪个分片上执行查询。既然只需要从索引的一个特定子集中获取数据，还有什么必要把查询发送到所有的分片上呢？举例来说，假如要从由路由值 `A` 确定的分片上查询数据，可以执行如下查询命令：

```
curl -XGET 'localhost:9200/documents/_search?pretty&q=*&routing=A'
```

仅仅是在路由参数里加入了一个感兴趣的 `routing` 参数值。Elasticsearch 给出了下面的响应：

```
{
  "took" : 2,
  "timed_out" : false,
  "_shards" : {
    "total" : 1,
    "successful" : 1,
    "failed" : 0
  },
  "hits" : {
    "total" : 3,
    "max_score" : 1.0,
    "hits" : [
      {
        "_index" : "documents",
        "_type" : "doc",
        "_id" : "1",
        "_score" : 1.0,
        "_routing" : "A",
        "_source" : {
          "title" : "Document No. 1"
        }
      },
      {
        "_index" : "documents",
        "_type" : "doc",
        "_id" : "3",
```

```
          "_score" : 1.0,
          "_routing" : "A",
          "_source" : {
            "title" : "Document No. 3"
          }
        },
        {
          "_index" : "documents",
          "_type" : "doc",
          "_id" : "4",
          "_score" : 1.0,
          "_routing" : "A",
          "_source" : {
            "title" : "Document No. 4"
          }
        }
      ]
    }
  }
```

上面的请求也可以改写如下：

```
     curl -XPOST
"http://localhost:9200/documents/doc/_search?routing=A&pretty" -d'
    {
       "query": {
          "match_all": {}
       }
    }'
```

一切都似乎工作得很好，但是请仔细看看！并没有启动包含着索引时使用路由值 B 的文档分片。尽管没有一个完整的索引视图，Elasticsearch 的响应中并未包含分片失败的信息。这证明了使用路由的查询只会命中选定的分片，并忽略其他分片。如果用 routing=B 再执行一次查询，会得到类似下面的异常：

```
{
  "error" : {
    "root_cause" : [ ],
    "type" : "search_phase_execution_exception",
    "reason" : "all shards failed",
    "phase" : "query_fetch",
    "grouped" : true,
    "failed_shards" : [ ],
    "caused_by" : {
      "type" : "no_shard_available_action_exception",
      "reason" : null,
      "index_uuid" : "ZE_gLDCzRAqyF1om7kf6sw",
      "shard" : "1",
      "index" : "documents"
    }
  },
  "status" : 503
}
```

可以通过分片搜索 API 来验证刚才的行为。例如，执行如下命令：

```
    curl -XGET 'localhost:9200/documents/_search_shards?pretty&routing=A' -
d '{"query":"match_all":{}}'
```

Elasticsearch 的响应如下：

```
{
  "nodes" : {
    "y7lLdircSQSQLSsidfN4sg" : {
      "name" : "y7lLdir",
      "ephemeral_id" : "bsKrLgPjRLmcnck-qqRNtQ",
      "transport_address" : "11.0.2.16:9300",
      "attributes" : { }
    }
  },
  "shards" : [
    [
      {
        "state" : "STARTED",
        "primary" : true,
        "node" : "y7lLdircSQSQLSsidfN4sg",
        "relocating_node" : null,
        "shard" : 0,
        "index" : "documents",
        "allocation_id" : {
          "id" : "_KkddmPhTVuHwEaCpPnRIg"
        }
      }
    ]
  ]
}
```

从响应中可以看出，只有一个节点被查询了。

有件重要的事情需要再强调一下。路由确保在索引时拥有相同路由值的文档被索引到相同的分片上。但是需要记住，一个特定的分片上可以有很多路由值不同的文档。路由可以限制查询时使用的节点数，但是不能替代过滤功能。这意味着无论一个查询有没有使用路由，都应该使用相同的过滤器。举个例子，如果拿用户标识来作为路由值，在搜索该用户的数据时，还应当在查询中包含一个按用户标识进行过滤的过滤器。

6.3.6 别名

如果一个搜索引擎专家，可能会希望对程序员隐藏一些配置信息，好让程序员们可以快速高效地工作，而且不必关心搜索细节。在一个理想的状态下，不需要考虑路由、分片和副本。别名让用户可以像使用普通索引那样来使用路由。例如，用下面的命令来创建一个别名：

```
curl -XPOST 'http://localhost:9200/_aliases' -d '{
"actions" : [
{
"add" : {
"index" : "documents",
"alias" : "documentsA",
"routing" : "A"
```

```
}
}
]
}'
```

在前面的例子里创建了一个 doucmentsA 的虚拟索引（一个别名），用来代表来自 doucments 索引的信息。同时，在使用路由值 A 时，查询会被限定在相关的分片上。多亏有了这个功能，就可以将别名 documentsA 的信息提供给开发者，直接用它进行查询和索引，就像其他索引一样。

6.3.7　多值路由

Elasticsearch 允许在一次查询中使用多个路由值。文档被放置在哪个分片上取决于文档的路由值，多值路由查询意味着查询会发生在一个或多个分片上。看看下面的查询：

```
curl -XGET 'localhost:9200/documents/_search?routing=A,B'
```

查询执行后，Elasticsearch 会将查询请求发送到两个分片上（在使用的示例中，刚好是索引的所有分片），这是因为路由值 A 涵盖了索引两个分片中的一个，而路由值 B 涵盖了另一个。

当然，多值路由也支持别名。下面的例子展示了如何使用这些特性：

```
curl -XPOST 'http://localhost:9200/_aliases' -d '{
"actions" : [
{
  "add" : {
  "index" : "documents",
  "alias" : "documentsA",
  "search_routing" : "A,B",
  "index_routing" : "A"
  }
}
]
}'
```

上面的例子里有两个新的配置参数是之前没有提到过的，可以为查询和索引配置不同的路由值。在前面的例子里，定义在查询时（用 search_routing 参数）使用 2 个路由值（A 和 B）。而索引时（index_routing 参数）仅有一个路由值（A）被用到。

请记住，索引时不支持多个路由值，同时要做适当的过滤（也可以把它加到别名中）。

6.4　分片分配控制

Elasticsearch 集群主节点的主要任务之一就是在节点之间分配分片，并为了让集群处于均衡状态而将分片从一个节点迁移到另一个节点。在本节中，将了解控制这个分配过程的可用参数。

6.4.1 部署意识

部署意识允许使用通用参数来配置分片和它们的副本的部署。当集群运行在一台物理服务器的多个虚拟机上、多个机架上，甚至分布在多个可用区之间时，这个信息就非常重要了。在这样的场景下，如果同一台物理服务器、机架或可用区里面的多个节点宕机时，问题就严重了。部署意识通过为实例打标签而让主分片和副本分布在不同的区或机架上，从而保证高可用。

为演示部署意识是如何工作的，假设集群包含 4 个节点：

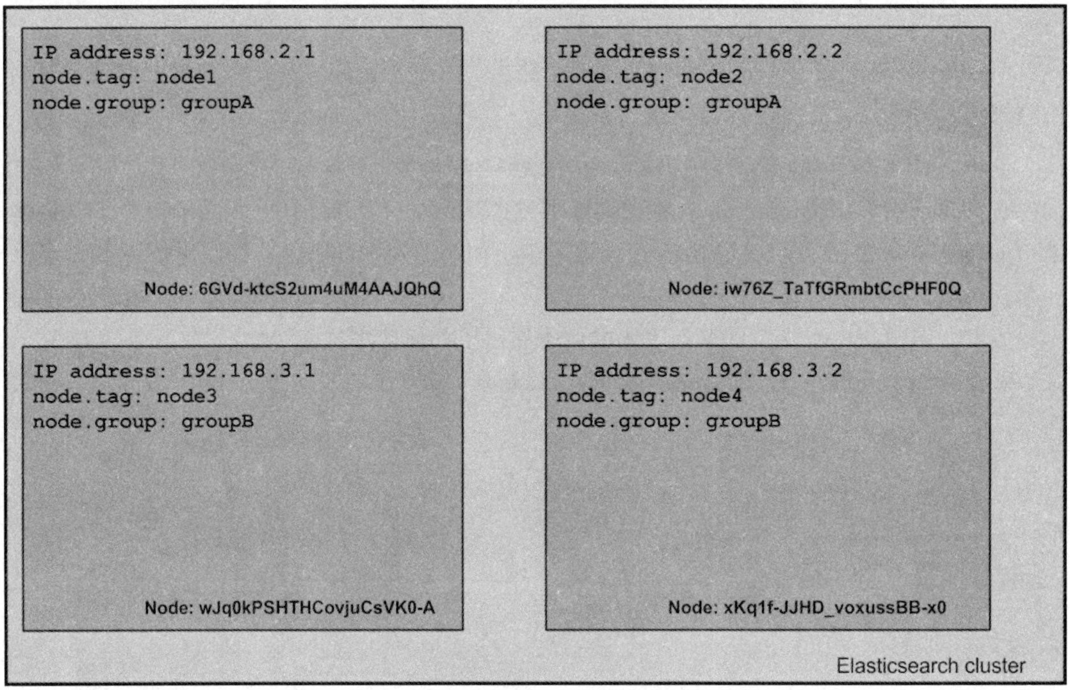

IP address: 192.168.2.1
node.tag: node1
node.group: groupA
Node: 6GVd-ktcS2um4uM4AAJQhQ

IP address: 192.168.2.2
node.tag: node2
node.group: groupA
Node: iw76Z_TaTfGRmbtCcPHF0Q

IP address: 192.168.3.1
node.tag: node3
node.group: groupB
Node: wJq0kPSHTHCovjuCsVK0-A

IP address: 192.168.3.2
node.tag: node4
node.group: groupB
Node: xKq1f-JJHD_voxussBB-x0

Elasticsearch cluster

集群由 4 个节点构成。每个节点都绑定了一个指定的 IP 地址，每个节点都被赋予了一个 tag 属性和一个 group 属性（在 elasticsearch.yml 文件里对应的是 node.attr.tag 和 node.attr.group 属性）。这个集群用来展示分片分配的过滤处理是如何工作的。

The node.attr 可以使用任何想配置的属性名。与使用的 node.attr.group 类似，也可以使用 node.attr.rack_id、node.attr.tag 甚至 node.attr.party。而且，也可以和上面的例子一样，在同一份配置文件中声明多个属性。

现在把下面的属性加入到所有节点的 elasticsearch.yml 文件中：

```
cluster.routing.allocation.awareness.attributes: group
```

这样 Elasticsearch 就可以把 node.group 属性用作部署意识参数了。

设置 cluster.routing.allocation.awareness.attributes 属性时可以指定多个属性名，比如：cluster.routing.allocation.awareness.attributes:group,node。

然后，先启动前两个节点，即 node.group 属性值是 groupA 的那两个。接下来用下面的命令创建一个索引：

```
curl -XPOST 'localhost:9200/mastering' -d '{
"settings" : {
  "index" : {
    "number_of_shards" : 2,
    "number_of_replicas" : 1
  }
 }
}'
```

执行了前面的命令后，拥有两个节点的集群看起来会类似下面的截图：

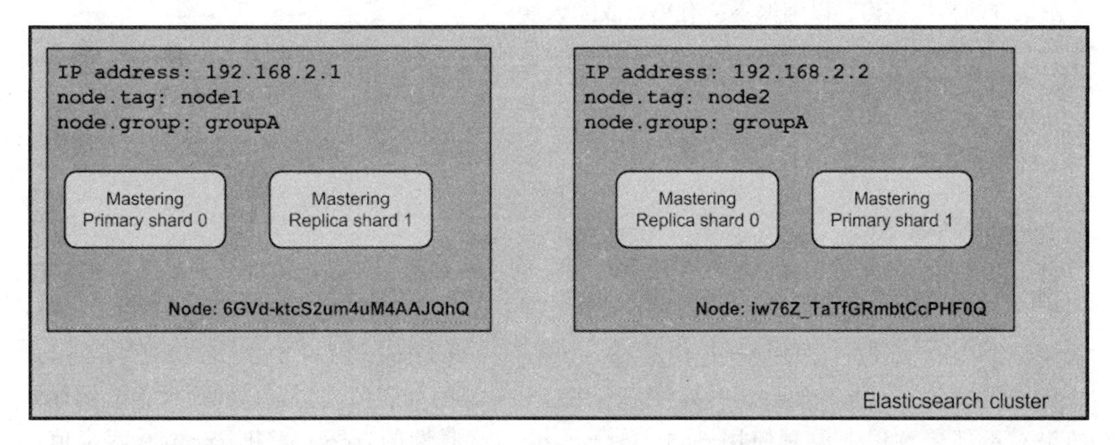

索引被平均部署到了两个节点上。现在看看当启动剩下的两个节点时会发生什么（node.attr.group 设置成 groupB 的那两个）：

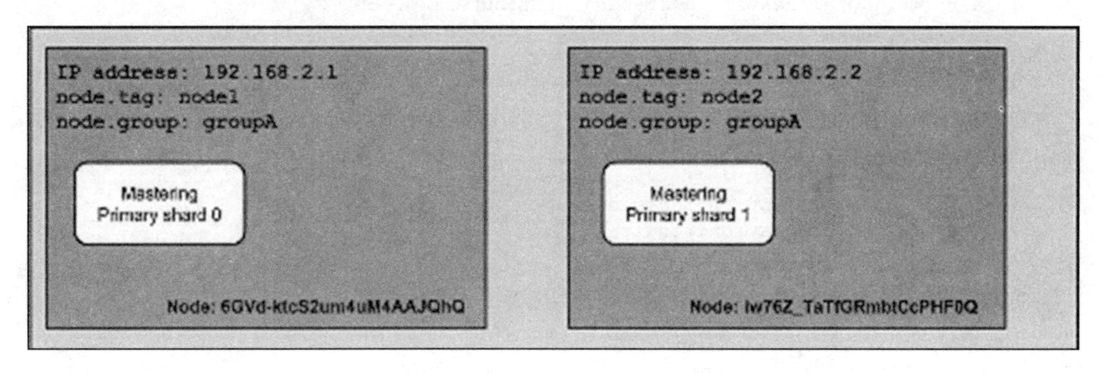

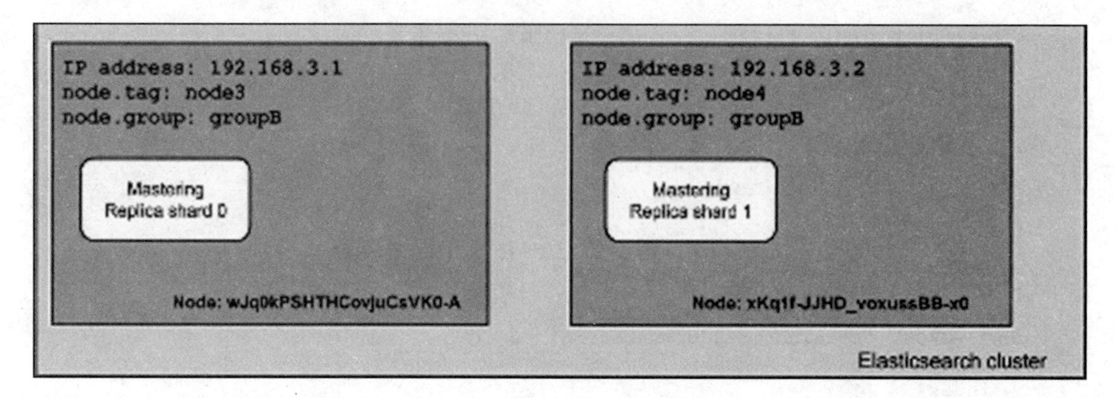

注意以下区别：主分片没有从原来部署的节点上移动，但是副本分片移动到了有不同 node.attr.group 值的节点上。这恰恰是对的。当使用分片部署意识的时候，Elasticsearch 不会将主分片和副本放到拥有相同属性值（用来决定部署意识的属性值，在本文的例子里是 node.attr.gorup）的节点上。使用这个功能的一个例子是从虚拟机或者物理位置的角度分割集群的拓扑结构，以确保不会有单点故障。

请注意，在使用部署意识的时候，分片不会被部署到没有设置指定属性的节点上。所以对本文的例子来说，一个没有设置 node.attr.group 属性的节点是不会被部署机制考虑的。

1. 强制部署意识

在预先知道部署意识参数需要接受几个值，而且不希望超过副本被部署到集群里时（如不想因过多的副本而使集群过载），有了强制部署意识就很方便了。为了实现这个，可以强制部署意识由特定属性激活。通过使用 cluster.routing.allocation.awareness.force.zone.values 属性，并提供一个用逗号分隔的列表值来指定这些属性值。例如，如果对于部署意识来说只使用 node.attr.gorup 属性的 groupA 和 groupB 两个值，就应该把下面的代码加到 elasticsearch.yml 文件中：

```
cluster.routing.allocation.awareness.attributes: group
cluster.routing.allocation.awareness.force.zone.values: groupA, groupB
```

2. 分片分配过滤

Elasticsearch 允许在整个集群或者索引的级别来配置分片的分配。在集群的级别上可以使用带下面前缀的属性：

```
cluster.routing.allocation.include
cluster.routing.allocation.require
cluster.routing.allocation.exclude
```

而处理索引级的分配时，使用带下面前缀的属性：

```
index.routing.allocation.include
index.routing.allocation.require
index.routing.allocation.exclude
```

前面提到的前缀可以与 elasticsearch.yml 文件里定义的属性一起使用（tag 和 group 属性），另外还有 3 个特殊属性：_ip，_name 和 _host。

- _ip 可以用来匹配或排除节点的 IP 地址，例：

```
cluster.routing.allocation.include._ip: 192.168.2.1
```

- _name 可以用来通过名字匹配节点，例：

```
cluster.routing.allocation.include._name: node-1
```

- _host 可以用来通过主机名匹配节点，例：

```
cluster.routing.allocation.include._host: es-host-1
```

include，exclude 和 require 的意义

如果仔细观察一下前面提到的参数，就会注意到有 3 种类型。

- include：这种类型包含所有定义了这个参数的节点。如果定义了多个 include 条件，那么只要节点能够匹配上其中一个条件，就会在分配分片时被考虑进去。举例来说，如果在配置中增加两个 cluster.routing.allocaiton.include.tag 参数，一个赋值 node1，另一个赋值 node2，结果就是索引（确切地说是它们的分片）被分配到了第 1 个和第 2 个节点上（从左向右）。总结一下，Elasticsearch 在选择放置分片的节点时会考虑拥有 include 参数类型的节点，但是这并不意味着 Elasticsearch 一定会把分片放到这些节点上。
- require：这种类型是在 Elasticsearch 0.90 版本的分配过滤器中被引入的。它要求所有的节点都必须拥有和这个属性值相匹配的值。例如，如果向配置中添加 cluster.routing.allocation.require.tag 参数并赋值 node1，添加 cluster.routing.allocaiton.require.group 参数并赋值 grouPA。结果就是所有的分片都分配在第一个节点上（IP 地址为 192.168.2.1 的节点）。
- exclude：这个属性允许在分片分配的过程中排除具有特定属性的节点。例如，给 cluster.routing.allocation.include.tag 赋值 groupA，最终，索引只被分配在了 IP 地址是 192.168.2.1 和 192.168.2.2 的节点上，即例子中的第 3 个和第 4 个节点。

> 属性值可以使用简单的通配符。例如，如果希望包含所有 group 属性值以 group 开头的节点，就应当设置 cluster.routing.allocation.include.group 属性的值为 group*。就示例集群来说，这样会匹配 group 参数值是 groupA 和 groupB 的节点。

3. 运行时更新分配策略

除了在 elasticsearch.yml 文件里设置讨论过的那些属性外，在集群已经启动运行后，仍可以通过更新 API 来实时更新这些设置。

（1）索引级更新

为了更新一个特定索引（如 mastering 索引）的设置，执行下面的命令：

```
curl -XPUT 'localhost:9200/mastering/_settings' -d '{
 "index.routing.allocation.require.group": "groupA"
}'
```

命令发送给指定索引的 _settings 端点，可以在一次调用中包含多个属性。

（2）集群级更新

为了更新整个集群的设置，执行下面的命令：

```
curl -XPUT 'localhost:9200/_cluster/settings' -d '{
 "transient" : {
  "cluster.routing.allocation.require.group": "groupA"
 }
}'
```

命令被发送至 _cluster/_settings 端点。可以在一次调用中包含多个属性。注意前面命令中的 transient，意味着在集群重启后属性将失效。如果想避免这种情况发生，让属性持久化，可以用 persistent 属性替换 transient 属性。一个在重启后保留设置的例子如下：

```
curl -XPUT 'localhost:9200/_cluster/settings' -d '{
 "persistent" : {
  "cluster.routing.allocation.require.group": "groupA"
 }
}'
```

依赖于命令的内容和索引的分配情况，执行前面的命令可能造成分片在节点间的移动。

6.4.2 确定每个节点允许的总分片数

除了前面提到的属性，还可以定义每个节点上允许分配给一个索引的分片总数（包括主分片和副本）。为了实现这个目的，需要给 index.routing.allocation.total_shards_per_node 属性设置一个期望值：

```
curl -XPUT 'localhost:9200/mastering/_settings' -d '{
 "index.routing.allocation.total_shards_per_node": "4"
}'
```

这会造成单个节点上最多为同一个索引分配 4 个分片。

从 Elasticsearch 5.0 开始，index.routing.allocation.total_shards_per_node 属性不再配置在 elasticsearch.yml 文件中了。如果这样做的话，在 Elasticsearch 节点的日志文件中就会出现如下错误：

```
Found index level settings on node level configuration.
```

从 Elasticsearch 5.x 开始，在像 elasticsearch.yml 之类的节点配置文件中就不能再配置索引级设置了，也不能配置成系统属性或命令行参数。要更新全部索引的话，必须通过

/${index}/_settings API 更新设置。如果要改变的设置不是动态的，那就必须先关闭索引。为了让更新生效，新创建的索引必须用索引模板设置默认值。

请一定执行如下命令，保证所有需要的值在所有索引上都更新成功了：

```
      curl -XPUT
'http://localhost:9200/_all/_settings?preserve_existing=true' -d '{
      "index.routing.allocation.total_shards_per_node" : "1"
    }'
```

6.4.3　确定每台物理服务器允许的总分片数

当在单台物理机器上运行多个 Elasticsearch 节点时，有一个属性值得注意：cluster.routing.allocation.same_shard.host，它的默认值是 false。把这个属性设置为 true 会阻止 Elasticsearch 将主分片和副本部署在同一台物理主机上，具体是通过检查主机名和主机地址实现的。如果服务器性能很强大，并且打算在一台物理主机上运行多个节点，强烈建议设置这个属性的值为 true。

1. 包含

现在使用示例集群看看包含是如何工作的。首先，用下面的命令删除并重新创建 mastering 索引：

```
 curl -XDELETE 'localhost:9200/mastering'
 curl -XPUT 'localhost:9200/mastering' -d '{
"settings" : {
 "index" : {
  "number_of_shards" : 2,
  "number_of_replicas" : 0
  }
 }
}'
```

然后执行下面的命令：

```
 curl -XPUT 'localhost:9200/mastering/_settings' -d '{
 "index.routing.allocation.include.tag": "node1",
 "index.routing.allocation.include.group": "groupA",
 "index.routing.allocation.total_shards_per_node": 1
}'
```

如果把查询索引状态的命令响应可视化，就会看到与下面的图片很相似集群：

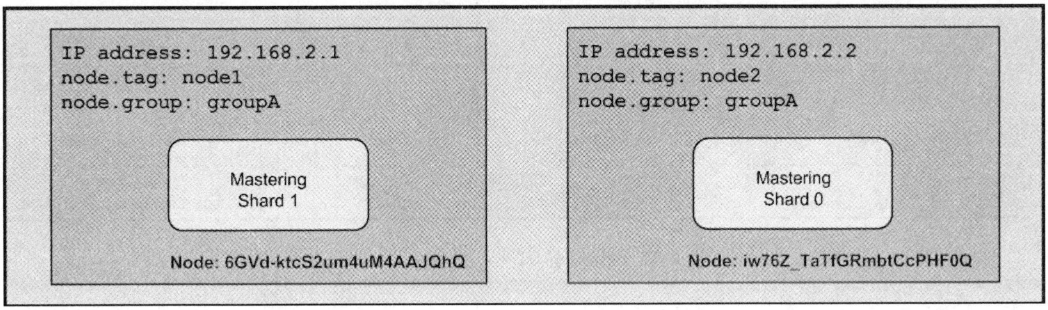

IP address: 192.168.2.1
node.tag: node1
node.group: groupA
Mastering
Shard 1
Node: 6GVd-ktcS2um4uM4AAJQhQ

IP address: 192.168.2.2
node.tag: node2
node.group: groupA
Mastering
Shard 0
Node: iw76Z_TaTfGRmbtCcPHF0Q

IP address: 192.168.3.1
node.tag: node3
node.group: groupB
Node: wJq0kPSHTHCovjuCsVK0-A

IP address: 192.168.3.2
node.tag: node4
node.group: groupB
Node: xKq1f-JJHD_voxussBB-x0

Elasticsearch cluster

就像看到的那样，mastering 索引的分片被部署到了 tag 属性为 node1 或者 group 属性为 groupA 的节点上了。

2. 必须

还是使用前面的示例集群，执行下面的命令：

```
curl -XPUT 'localhost:9200/mastering/_settings' -d '{
 "index.routing.allocation.require.tag": "node1",
 "index.routing.allocation.require.group": "groupA"
}'
```

如果把查询索引状态的命令响应可视化，就会看到与下面的图片很相似的集群：

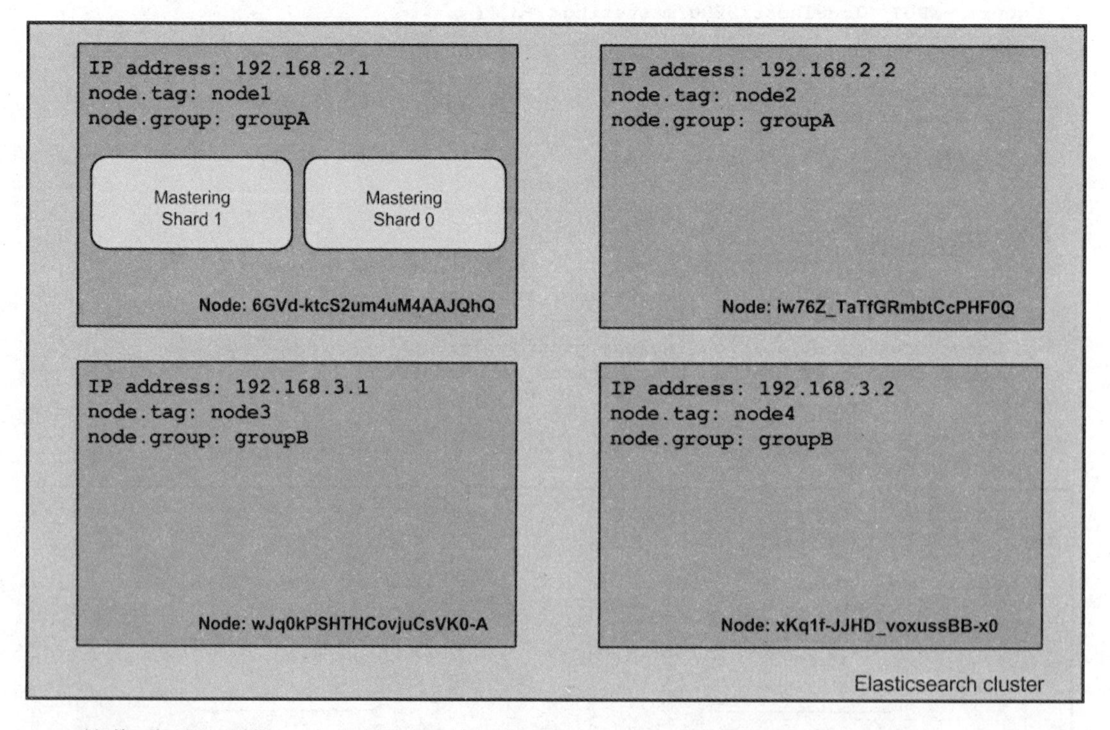

就像看到的那样，这个视图跟前面使用 include 选项的那个不一样了。这是由于

Elasticsearch 将 mastering 索引的分片仅分配到与两个 require 参数都匹配的节点上，在本文的例子里两个参数都匹配的只有第一个节点。

3. 排除

接着看看排除方式。执行下面的命令：

```
curl -XPUT 'localhost:9200/mastering/_settings' -d '{
"index.routing.allocation.exclude.tag": "node1",
"index.routing.allocation.require.group": "groupA"
}'
```

再看看集群：

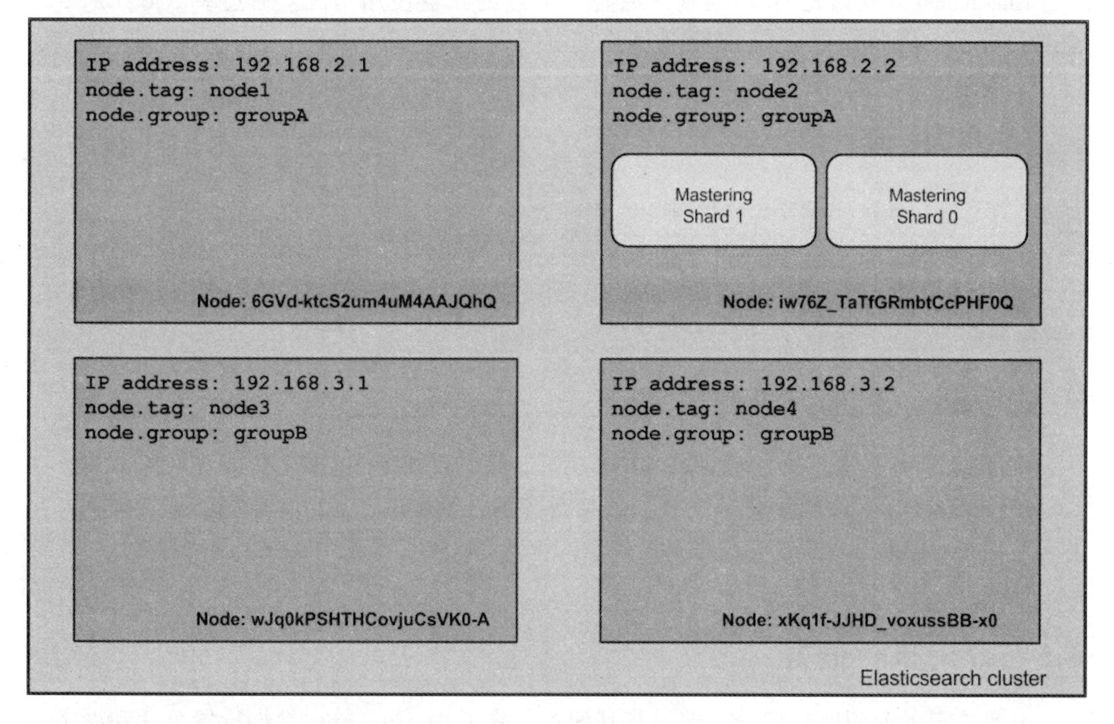

就像看到的那样，要求 group 属性必须等于 groupA，同时希望排除 tag 等于 node1 的节点。这导致了 mastering 索引的分片被分配到了 IP 地址是 192.168.2.2 的节点上，这正是所期望的。

4. 基于磁盘的分配

当然，除了刚刚提到的这些属性，还可以使用其他一些属性。从 Elasticsearch 1.3.0 版开始，可以基于磁盘使用情况来配置分配意识。基于磁盘的分配属性默认是开启的。如果想要关闭，可以将 cluster.routing.allocation.disk.threshold_enabled 属性的值设置为 false。

另外还有 3 个属性可以帮助配置基于磁盘的分片分配行为。第一个属性是 cluster.

routing.allocation.disk.watermark.low，可以让 Elasticsearch 在触发条件时不再在节点上分配新的分片。该属性的默认值是 85%，意味着当磁盘使用率大于等于 85% 之后，节点上将不再分配新的分片。第二个属性是 cluster.routing.allocation.disk.watermark.high，这个属性可以让 Elasticsearch 在触发条件时尝试将分片从本节点上迁移出去。这个属性的默认值是 90%，意味着当磁盘使用率达到 90% 后，Elasticsearch 会尝试将部分分片从本节点上迁出。cluster.routing.allocation.disk.watermark.low 和 cluster.routing.allocation.disk.watermark.high 两个属性都可以设置为绝对值，比如，1024MB 或 10GB。

Elasticsearch 默认每 30 秒巡查一遍各个节点的磁盘使用情况，通过参数 cluster.info.update.interval 可以修改这个间隔值。

下面是一个在运行状态的集群中动态更新这些参数的例子：

```
curl -XPUT "http://localhost:9200/_cluster/settings" -d'
{
  "transient": {
    "cluster.routing.allocation.disk.watermark.low": "90%",
    "cluster.routing.allocation.disk.watermark.high": "10gb",
    "cluster.info.update.interval": "1m"
  }
}'
```

请注意 2.0.0 版之前，在使用多重数据路径时，Elasticsearch 将所有数据路径的使用情况汇总起来表示。假设有两个数据路径，第一个有 100GB 空间，已经用掉了 50GB（50% 占用），另一个共有 50GB 空间，已经用掉了 40GB（80% 占用），这时 Elasticsearch 会认为共有 150GB 空间而用掉的是 90GB。从 2.0.0 开始，磁盘使用量的最小值和最大值就开始分别记录了，所以将水位线设置成百分比是个好实践。

6.5 查询执行偏好

从现在开始，暂时忘记分片部署及其配置。除了 Elasticsearch 允许设置分片和副本的那些技巧以外，还能够指定查询（以及其他操作，如实时 GET）在哪里执行。

6.5.1 preference 参数

为了控制发送的查询（和其他操作）执行的地点，可以使用 preference 参数，它可以被赋予下面这些值中的一个。

- _primary：使用这个属性，发送的操作就只会在主分片上执行。所以如果向 mastering 索引发送一个查询请求，并将 preference 参数设置为 _primary，那么这个请求就会在 node1 和 node2 上执行。例如，如果主分片在某个机柜，副本在其他机柜，可能希望通过在主分片上执行操作来避免网络开销。

- _primary_first：这个选项的行为很像_primary，但它有一个自动故障恢复机制。如果向mastering索引发送了一个查询请求，并设置preference参数为_primary_fist，那么查询会在node1和node2上执行。而一旦一个（或多个）主分片失效了，查询就会在相应的副本上执行，在本文的例子里这个分片位于node3上。该选项的行为非常像_primary，只是当主分片由于某些原因不可用时会转而使用其副本。
- _replica：使用这个属性时，查询请求将会只被发往副本，不会发往主分片。
- _replica_first：这个属性与_primary_first的行为非常相似。当使用_replica_first时，查询会先发往副本分片。如果副本分片不可用，就会发生切换，把查询发到主分片上执行。
- _local：Elasticsearch在可能的情况下会优先在本地节点上执行操作。例如，如果发送一个查询请求给node3并同时将preference参数设为_local，那么查询就会在该节点上执行。然而，如果将查询发送给node2，那么就会有一个查询在主分片1上执行（部署在节点node2上），另一部分查询会在包含分片0的node1或node3上执行。这在想将网络延迟最小化时尤其有用。当使用_local时，可以确保只要有可能（例如，从本地节点发起的客户端连接时，或向某个节点发送查询时）查询就在本地执行。
- _prefer_node：Tg5Q7AX：这个选项设置preference参数为_prefer_node，后面跟着一个节点的标识符（例子里用了Tg5Q7AX）。这会使Elasticsearch优先在指定的节点上执行查询，但是如果该指定节点上的一些分片不可用时，Elasticsearch就会将恰当的查询内容发送给包含可用分片的节点。使用了_prefer_node选项会优先选用某个特殊节点，不可用时再切换到其他节点。
- _shards:0,1：这个参数值指定操作在哪个分片上执行（在本文的例子里是指所有分片，因为在mastering索引里只有分片0和1）。这是唯一可以和其他选项组合的偏好参数。例如，为了在本地的0和1分片上执行查询，应该用分号连接0，1和_local，最终的preference参数看起来就像这样：0,1;_local。允许在单个分片上执行查询对于调试非常有用。
- custom,string value：把_preference参数值设置为一个自定义字符串，可以确保使用相同参数值的查询在相同的分片上执行。例如，如果发送一个_preference参数值为mastering_elasticsearch的查询，查询会在位于node1和node2节点的主分片上执行。之后如果发送另一个有同样_preference参数值的查询，那么第2个查询还是会在node1和node2节点上执行。这个功能有不同的刷新频率，并且不希望用户重复执行查询会看到不同结果。Elasticsearch默认会在分片和副本之间随机执行操作。如果发送大量的请求，那么最终每个分片和副本上将会执行相同（或者几乎相同）数量的查询。

6.5.2 使用查询执行偏好的例子

下面例子展示了在搜索请求中如何使用 preference 参数：

```
        curl -XGET
"http://localhost:9200/documents/_search?preference=_primary&pretty" -d'
    {
        "query": {
            "match_all": {}
        }
    }'
```

请注意，如果传入了错误的 preference 值，Elasticsearch 会忽略它，并直接按默认的 preference 值执行，不会抛出任何错误。

6.6 将数据切分到多个路径中

将数据切分到多个路径的功能已经可用很久了，但从 2.0.0 版开始不再支持。现在 Elasticsearch 不支持将数据切分到多个路径中，却允许将不同的分片分配到不同路径中。不支持数据切分的原因在于，一个分片的某个段的一个文件可能会分布到多块硬盘上，那么只要有一块硬盘出了故障，许多分片或索引都会崩溃。

数据路径在 elasticsearch.yml 文件中通过 path.data 参数配置。与 1.x 版相似，可以用逗号分隔多个数据路径：

```
path.data: /data_path1/,/data_path2/
```

通过这种办法，属于同一个分片的多个文件就都会存储在相同的路径下。在 6.4.2 节中讨论了与磁盘分配相关的另一个重要变化，即 Elasticsearch 如何检查各个数据路径的剩余磁盘空间。

6.7 索引与类型——创建索引的改进方法

在本章开始时 6.2 节中谈到了如何选择合适数量的分片和副本。现在再谈另一个因素，即文档类型，它会影响所创建的索引分片数量的多少。

过多地创建索引或分片都会消耗过多的资源，因为在最底层每个索引或分片都其实是一个 Lucene 索引，它占用的内存、文件描述符和其他资源都特别多。分片和索引数量过多也会带来搜索时的负担。分片越多，意味着查询要在更多的分片上执行，Elasticsearch 要把从所有分片返回的响应汇总在一起，然后再返回给客户端。无论从聚合还是从正常的搜索请求的角度来说，这个过程的代价都过于昂贵。

在这样的场景下，文档类型就派上用场了，可以通过特殊的 _type 字段来在索引内部将文档分类。在不同的类型之间搜索，即使要涉及多个索引，代价也可以忽略。

从一开始，Elasticsearch的工程师们就一直在努力要让事情变得更简单。让Elasticsearch可以与关系型数据库做类比，把索引类比成数据库，把类型类比成表。但从Lucene段在内部索引文档的方式来说，这并不完全正确，在同一个索引内部使用多个类型时是有局限性的。如果想了解这限制，以及在哪些场景下可以使用多种文档类型，可以读读Adrien Grand写的博客 `https://www.elastic.co/blog/index-vs-type`。

在创建多个文档类型时必须知道两件事，一是同一个字段名不能有多种不同的数据类型；二是不能从索引中删除数据类型。这种情况下唯一的解决方案就是再创建一个新索引，然后重新索引数据。

6.8 小结

在本章中，先学习了如何创建多节点集群，然后着重研究了Elasticsearch的分布式索引架构，包括如何选择正确数量的分片和副本，并详细讨论了路由是怎样工作的，分片是怎么分配的，如何改变默认的分片分配行为，等等。除此之外，还讨论了查询执行偏好是什么，怎样通过它选择在哪里执行查询。最后提醒大家要时刻牢记两点高级功能：在多个路径上切分数据和在Elasticsearch索引内部创建多种文档类型。

在下一章，将详细讨论Apache Lucene的评分细节，如何改变它们以及如何选择正确的评分算法。还会谈到Elasticsearch 5.0的NRT搜索和索引、事务日志、段合并及去除掉了的合并策略。在下一章的最后，还有关于I/O限流及Elasticsearch缓存的信息。

Chapter 7 第7章

底层索引控制

上一章先介绍了如何创建多节点集群，然后详解Elasticsearch的分布式索引架构，包括选择正确数量的分片和副本，并详细讨论了路由是怎样工作的、分片是怎么分配的、如何改变这些行为，等等。除此之外，还讨论了查询执行偏好是什么，怎样配置它。最后还了解了数据是如何切分到多个路径上的，以及在Elasticsearch索引内部创建多种文档类型的原因。

在本章，将详细讨论Apache Lucene的评分细节，如何改变它们及如何选择正确的评分算法。还会谈到Elasticsearch 5.0的NRT（Near Real Time）搜索和索引、事务日志、段合并及去除掉了的合并策略。在本章的最后，还有关于I/O限流及Elasticsearch缓存的信息。本章内容主要包括：

- 通过不同的相似度模型来改变Apache Lucene评分机制。
- 选择合适的目录实现——存储模块。
- 近实时索引和查询。
- 数据提交、索引更新及事务日志处理。
- 段合并控制和合并策略的变化。
- Elasticsearch缓存。

7.1 改变Apache Lucene的评分方式

在第2章中，讨论了Elasticsearch及Apache Lucene内部的默认评分机制和变化，还详细介绍了新的默认文本评分算法BM25。从2012年Apache Lucene 4.0发布之后，除了

BM25和TF-IDF，Lucene中还有其他的相似度模型，因此可以换掉默认的算法，为文档选择不同的评分公式。在本节中，将深入了解Lucene提供的这些相似度评分算法，以及这些特性是如何结合到Elasticsearch中的。

7.2　可用的相似度模型

如前所述，直到Apache Lucene 6.0为止，TF-IDF一直是原本的和默认的相似度模型，但在Lucene 6.0时改成了BM25。关于BM25在2.1节中已经进行了详细讨论。

除了BM25，还有以下的相似度模型可用。

- **TF-IDF模型**（classic）：基于TF-IDF的相似度模型，在Elasticsearch 5.0之前一直是默认的相似度模型。为了在Elasticsearch中使用，要用`classic`这个名字。
- **随机偏离模型**（Divergence From Randomness，DFR）：这是一种基于同名概率模型的相似度模型。为了在Elasticsearch中使用，需要使用该模型的名字`DFR`。一般来说，随机偏离模型在类似自然语言的文本上使用效果较好。
- **独立偏离模型**（Divergence From Independence，DFI）：这是一种基于同名概率模型的相似度模型。要在Elasticsearch中使用该模型的名字`DFI`。更多细节请参考：`http://trec.nist.gov/pubs/trec21/papers/irra.web.nb.pdf`。
- **基于信息的模型**（information-based）：该模型与随机偏离模型类似。为了在Elasticsearch中使用，需要使用该模型的名字`IB`。与DFR模型类似，`IB`模型在类似自然语言的文本上使用也有较好的效果。
- **LM Dirichlet模型**：该相似度模型结合了狄利克雷先验与贝叶斯平滑。为了在Elasticsearch中使用，需要使用该模型的名字LM Dirichlet。更多细节请参考：`https://lucene.apache.org/core/6_2_0/core/org/apache/lucene/search/similarities/LMDiric hletSimilarity.html`。
- **LM Jelinek Mercer模型**：该相似度模型使用了Jelinek Mercer平滑方法。为了在Elasticsearch中使用，需要使用该模型的名字`LMJelinekMercer`。更多细节请参考：`https://lucene.apache.org/core/6_2_0/core/org/apache/lucene/search/similarities/LMJelinekMercerSimilarity.html`。

7.3　为每个字段配置相似度模型

Elasticsearch从0.90以后允许用户在映射中为每个字段设置不同的相似度模型。例如，假设有下面这个映射，用于索引博客的贴子（该映射保存在`posts_no_similarity.json`文件中）：

```
{
  "mappings" : {
    "post" : {
      "properties" : {
        "id" : { "type" : "long", "store" : "yes" },
        "name" : { "type" : "text", "store" : "yes", "index" :
          "analyzed" },
        "contents" : { "type" : "text", "store" : "no", "index" :
        "analyzed" }
      }
    }
  }
}
```

在name字段和contents字段中使用classic相似度模型。为了实现这个目的，需要扩展字段定义，并添加similarity属性，并将该字段的值设置为相应的相似度模型的名字。修改后的映射（该映射保存在posts_similarity.json文件中）如下所示：

```
{
  "mappings" : {
    "post" : {
      "properties" : {
        "id" : { "type" : "long", "store" : "yes" },
        "name" : { "type" : "text", "store" : "yes", "index" :
          "analyzed", "similarity" : "classic" },
        "contents" : { "type" : "text", "store" : "no", "index" :
          "analyzed", "similarity" : "classic" }
      }
    }
  }
}
```

有以上改动就足够了，并不需要额外的信息。经过前面的处理，Apache Lucene将在搜索时在name字段和contents字段上使用classic相似度模型计算文档得分。

> TIP 对于随机偏离模型、独立偏离模型及基于信息的模型，还需要配置一些其他的属性，用于控制这些相似度模型的行为。后续小节将会覆盖相关知识。

7.4 相似度模型配置

知道如何为索引中的每个字段配置不同的相似度模型，现在来了解如何按需要配置它们。事实上，这是相当容易的。所要做的就是在索引配置相关部分提供相应的相似度模型配置信息，例如，就像下面的代码这样（本范例存储在posts_custom_similarity.json文件中）：

```
{
 "settings" : {
  "index" : {
   "similarity" : {
    "mastering_similarity" : {
```

```
      "type" : "classic",
      "discount_overlaps" : false
     }
    }
   }
  },
  "mappings" : {
   "post" : {
    "properties" : {
     "id" : { "type" : "long", "store" : "yes" },
     "name" : { "type" : "text", "store" : "yes", "index" :
"analyzed", "similarity" : "mastering_similarity" },
     "contents" : { "type" : "text", "store" : "no", "index" :
"analyzed" }
    }
   }
  }
 }
```

尽管用户可以配置多个相似度模型，但此时还是要把目光投向前面的范例。定义了一个名为mastering_similarity的新的相似度模型，它基于默认的TF/IDF相似度模型，并且将它的discount_overlaps属性值设置为false，指定该相似度模型用于name字段。后面将讨论不同相似度模型该使用哪些属性，现在关注一下如何改变Elasticsearch的默认相似度模型。

7.5 选择默认的相似度模型

为了设置默认的相似度模型，需要提供一份相似度模型的配置文件，由默认的相似度模型调用。例如，如果使用mastering_similarity模型作为默认的相似度模型，需要将前面的配置文件修改为如下形式（该范例被保存在posts_default_similarity.json文件中）：

```
{
  "settings" : {
  "index" : {
    "similarity" : {
      "default" : {
        "type" : "classic",
        "discount_overlaps" : false
      }
    }
  }
  },
  ...
}
```

由于所有的相似度模型都在全局范围内使用了query norm和coordination这两个评分因子（详情请见2.1节），但是它们在默认的相似度模型配置中被移除了。Elasticsearch允许用户根据需要改变这种状况。为了实现该目的，用户需要定义另外一个名为 base 的相似度模型。它的定义方式与前面的范例如出一辙，将相似度模型的名字由 default 改为 base 即可。可以参考下面的代码（该范例代码被保存在 posts_base_similarity.json 文件中）：

```
{
  "settings" : {
    "index" : {
      "similarity" : {
        "base" : {
          "type" : "classic",
          "discount_overlaps" : false
        }
      }
    }
  },
  ...
}
```

如果 base 相似度模型出现在索引配置中，当 Elasticsearch 使用其他相似度模型计算文档得分时，则使用 base 相似度模型来计算 query norm 和 coordination 评分因子。

配置被选用的相似度模型

每个新增的相似度模型都可以根据用户需求进行配置。Elasticsearch 允许用户不加配置而直接使用 default 和 classic 相似度模型，这是因为它们是预先配置好的。而 DFR、DFI 和 IB 模型则需要进一步配置才能使用。现在，看看每个相似度模型都提供了哪些可配置的属性。

1. 配置 TF-IDF 相似度模型

在 TF-IDF 相似度模型中，只可以设置一个参数：discount_overlaps 属性，其默认值为 true。默认情况下，**位置增量**（position increment）为 0（即该词条的 position 计数与前一个词条相同）的词条在计算评分时并不会被考虑进去。如果在计算文档时需要考虑这类词条，则需要将相似度模型的 discount_overlaps 属性值设置为 false。

2. 配置 BM25 相似度模型

在 Okapi BM25 相似度模型中，有如下参数可以配置。

- k1：该参数为浮点数，控制饱和度（saturation），即词频归一化中的非线性项。
- b：该参数为浮点数，用于控制文档长度对词频的影响。
- discount_overlaps：与 TF-IDF 相似度模型中的 discount_overlaps 参数作用相同。

3. 配置 DFR 相似度模型

在 DFR 相似度模型中，有如下参数可以配置。

- basic_model：该参数值可设置为 be、d、g、if、in、ine 或 p。

- after_effect：该参数值可设置为 no、b 或 l。
- normalization：该参数值可设置为 no、h1、h2、h3 或 z。

如果 normalization 参数值不是 no，则需要设置归一化因子。归一化因子的设置依赖于选择的 normalization 参数值。参数值为 h1 时，使用 normalization.h1.c 属性；参数值为 h2 时，使用 normalization.h2.c 属性；参数值为 h3 时，使用 normalization.h3.c 属性；参数值为 z 时，使用 normalization.z.z 属性。这些属性值的类型均为浮点数。下面的代码片段展示了如何配置相似度模型：

```
"similarity" : {
  "esserverbook_dfr_similarity" : {
    "type" : "DFR",
    "basic_model" : "g",
    "after_effect" : "l",
    "normalization" : "h2",
    "normalization.h2.c" : "2.0"
  }
}
```

4. 配置 IB 相似度模型

在 IB 相似度模型中，有如下参数可以配置。

- distribution：该参数值可设置为 ll 或 spl。
- lambda：该参数值可设置为 df 或 tff。

此外，IB 模型也需要配置归一化因子，配置方式与 DFR 模型相同，故不赘述。下面的代码片段展示了如何配置 IB 相似度模型：

```
"similarity" : {
  "esserverbook_ib_similarity" : {
    "type" : "IB",
    "distribution" : "ll",
    "lambda" : "df",
    "normalization" : "z",
    "normalization.z.z" : "0.25"
  }
}
```

5. 配置 LM Dirichlet 相似度模型

在 LM Dirichlet 相似度模型中，可以配置 mu 参数，该参数默认值为 2000。

下面是该模型参数配置的例子：

```
"similarity" : {
  "esserverbook_lm_dirichlet_similarity" : {
    "type" : "LMDirichlet",
    "mu" : "1000"
  }
}
```

6. 配置 LM Jelinek Mercer 相似度模型

在 LM Jelinek Mercer 相似度模型中，可以配置 lambda 参数，该参数默认值为 0.1。

下面是该模型参数配置的例子：

```
"similarity" : {
  "esserverbook_lm_jelinek_mercer_similarity" : {
    "type" : "LMJelinekMercer",
    "lambda" : "0.7"
  }
}
```

一般来说，对于较短字段（如文档的 title 字段），lambda 的值可设置在 0.1 左右；而对于较长字段，lambda 值应该设置为 0.7。

7.6 选择合适的目录实现——store 模块

在配置 Elasticsearch 集群时，有些模块往往容易被用户所忽略，store 模块正是其中之一。然而该模块非常重要，是 Apache Lucene 与其 I/O 子系统之间的一个抽象。Lucene 所有在磁盘上的操作都通过 store 模块进行处理。而 Elasticsearch 中绝大多数 store 类型都是与 Lucene 的 directory 类一一对应的（参考：http://lucene.apache.org/core/6_2_0/core/org/apache/lucene/store/Directory.html）。目录（directory）用来读写所有 Lucene 索引相关的文件，因此配置非常重要。

7.7 存储类型

Elasticsearch 提供了几种可用的存储类型。默认 Elasticsearch 会根据操作系统的环境来自动选择最佳方案。也可以通过以下方法改变默认行为。

- 第一种方法通过在 elasticsearch.yml 文件中增加 index.store.type 属性来设置所有索引。比如，如果将所有索引设置成 store 类型中的 niofs，可以在 elasticsearch.yml 文件中增加代码行：index.store.type: niofs。
- 第二种方法是在创建索引时设置单个索引，如下所示：

```
curl -XPUT "http://localhost:9200/index_name" -d' {
 "settings": {
 "index.store.type": "niofs"
 }
}'
```

现在来看看都有哪些存储类型，以及如何利用它们的特性。

简单文件系统 simplefs

Directory 类的最简单实现就是随机存取文件（Java 中的 RandomAccessFile——http://docs.oracle.com/javase/8/docs/api/java/io/RandomAccessFile.html）。对应的 Apache Lucene 中的类为 SimpleFSDirectory（http://lucene.apache.

org/core/6_2_0/core/org/apache/lucene/store/SimpleFSDirectory.html)。对于简单的应用，该store类型足够了。其瓶颈在于多线程读写，有可能会导致很糟糕的性能。对Elasticsearch来说，通常使用基于NIO的store类型来替换简单文件系统store类型。如果想使用简单文件系统，可以设置index.store.type属性值为simplefs。

1. NIO文件系统niofs

该存储类型使用了Directory类基于java.nio包中FileChannel类的实现（可参考http://docs.oracle.com/javase/8/docs/api/java/nio/channels/FileChannel.html），该类型对应的是Apache Lucene中的NIOFSDirectory类（https://lucene.apache.org/core/6_2_0/core/org/apache/lucene/store/NIOFSDirectory.html）。该类型允许多线程并发操作同一个文件，同时不用担心性能下降。为了使用该存储类型，需要将index.store.type属性值设置为niofs。

2. MMap文件系统mmapfs

该存储类型使用了Apache Lucene中的MMapDirectory类（详情可参考：http://lucene.apache.org/core/6_2_0/core/org/apache/lucene/store/MMapDirectory.html）。它使用了mmap系统调用（详情可参考：http://en.wikipedia.org/wiki/Mmap）处理读操作，使用随机读写文件处理写操作。读文件时，会将文件映射到同样大小的虚拟地址空间中去（如果有足够的空间的话）。因为mmap没有加锁操作，因此在多线程读写的时候是可扩展的。当使用mmap读取索引文件时，感觉像是事先缓存了该文件一样（因为它被映射到虚拟地址空间中去了）。由于这个原因，此时读取Apache Lucene的索引文件，并不需要把文件加载到操作系统缓存中去，因此访问会更快。该store类型等价于允许Lucene或Elasticsearch直接访问I/O缓存，因此读写索引文件速度更快。

请注意MMap文件系统在64位操作系统中工作得最好。当索引非常小并且确定有足够的虚拟地址空间时，也可以用在32位操作系统中。如果想使用MMap文件系统，应将index.store.type属性值设置为mmap。

3. 默认的混合文件系统fs

这是默认的文件系统实现。当设置成fs时，Elasticsearch就非常智能，可以根据操作系统环境的不同而自动选用最佳实现：在32位Windows上是simplefs，在其他32位系统上是niofs，而在64位系统上是mmapfs。

在Elasticsearch 1.x版中，还曾提供过两种存储类型：Hybrid（在2.x版中叫default_fs）和Memory。Memory存储类型已经在Elasticsearch 2.x版时被移除了，而在Elasticsearch 5.0版时default_fs存储类型也已经被废弃。为了向后兼容，现在default_fs在内部被指向了fs类型，而且很快会被删除。

如果想借鉴一下专家们的经验，看看他们是如何选用目录实现的，可以读读Uwe Schindler发表的http://blog.thetaphi.de/2012/07/use-lucenes-mmapdirectory-on-64bit.html和Jorg Prante发表的http://jprante.github.io/lessons/2012/07/26/Mmap-with-Lucene.html。

通常，默认的存储类型就足够用了。但有时候也可以考虑一下使用MMap文件系统，尤其是内存充裕，而索引又比较大时。这是因为当使用mmap访问索引文件时，只会让索引文件被缓存一次，然后就可以被Apache Lucene和操作系统一起重用了。

7.8 准实时、提交、更新及事务日志

在一个理想的搜索解决方案中，新索引的数据应该能立刻被搜索到。Elasticsearch给人的第一印象仿佛就是如此工作的，即使是在分布式环境下。而事实上并非如此（至少不是每种场景都能保证新索引的数据能被实时检索到），后面将讲解原因。

接下来的案例中，将使用下面的命令，将一篇文档索引到新创建的索引中：

```
curl -XPOST localhost:9200/test/test/1 -d '{ "title": "test" }'
```

现在更新该文档，并尝试立即搜索。为实现该目的，将串行执行下面的两个命令：

```
curl -XPOST localhost:9200/test/test/1 -d '{ "title": "test2" }' ;
curl -XGET 'localhost:9200/test/test/_search?pretty'
```

前面的命令将返回类似下面的结果：

```
{"_index":"test","_type":"test","_id":"1","_version":2,"result":"updated","
_shards":{"total":2,"successful":1,"failed":0},"created":false}
{
  "took" : 6,
  "timed_out" : false,
  "_shards" : {
    "total" : 5,
    "successful" : 5,
    "failed" : 0
  },
  "hits" : {
    "total" : 1,
    "max_score" : 1.0,
    "hits" : [
      {
        "_index" : "test",
        "_type" : "test",
        "_id" : "1",
        "_score" : 1.0,
        "_source" : {
          "title" : "test"
        }
      }
    ]
  }
}
```

把两个结果放在一起来考察。第 1 行开始的返回结果对应索引命令的操作，如你所见，一切正常，成功更新了文档（可查看返回结果的 _version 字段）；第 2 个返回结果是查询对应的结果，这份文档 title 字段的值本应该是 test2，而实际上返回的是修改前的那份文档，这是怎么回事？关于这个问题，在给出答案之前，回顾一下 Apache Lucene 库的内部机制，探究一下 Lucene 是如何让新索引的文档在搜索时可用的。

7.8.1　索引更新及更新提交

在阅读 1.1 节时我们已经知道，索引期新文档会被写入索引段。索引段都是独立的 Lucene 索引，这意味着查询是可以与索引并行进行的，只是不时有新增的索引段被添加至可被搜索的索引段集合之中。Apache Lucene 通过创建后续的（基于索引只写一次的特性）segments_N 文件来实现此功能，该文件列举了索引中的索引段。这个过程被称为**提交**（committing），Lucene 以一种安全的方式来执行该操作，能确保索引更改以原子操作方式写入索引。即便有错误发生，也能保证索引数据的一致性。

回到之前的例子，尽管第一个操作把文档添加到索引中了，但是并没有执行提交操作。这就是返回结果令人惊讶的原因。然而，一次提交并不足以保证新索引的数据能被搜索到。这是因为 Lucene 使用一个叫作 Searcher 的抽象类来执行索引的读取。该类需要被刷新。

如果索引更新提交了，但是 Searcher 实例并没有重新打开，那么它觉察不到新索引段的加入。Searcher 重新打开的过程叫作**刷新**（refresh）。出于性能考虑，Lucene 总在试图推迟耗时的刷新操作，因此它不会在每次新增一份文档（或每次批量增加文档）的时候刷新，但是 Searcher 会每秒钟刷新一次。这种刷新已经非常频繁了。然而有很多应用需要更快的刷新频率，如果碰到这种状况，要么使用其他技术，要么仔细考虑需求是否合理。如果需要，Elasticsearch 提供了强制刷新的 API。例如，在本例中，可以使用下面的命令：

```
curl -XGET localhost:9200/test/_refresh
```

如果在搜索之前执行了该命令，那么将会得到预期的结果。

7.8.2　更改默认的刷新时间

Searcher 自动刷新的时间间隔可以通过以下手段改变：更改 Elasticsearch 配置文件中的 index.refresh_interval 参数值或者使用配置更新相关的 API。例如：

```
curl -XPUT localhost:9200/test/_settings -d '{
"index" : {
"refresh_interval" : "5m"
}
}'
```

上面的命令将 Searcher 的自动刷新时间间隔更改为 5 分钟。请注意，上次刷新之后新增的数据在下一次刷新操作之前并不会被搜索到。

已经提醒过，刷新操作是很耗资源的，因此刷新间隔时间越长，索引速度越快。如果需要长时间地高速创建索引，并且在创建索引的操作结束之前并不执行查询。那么可以考虑将 `index.refresh_interval` 参数设置为 -1，然后在创建索引结束以后将该参数恢复为初始值。

7.8.3 事务日志

Apache Lucene 能保证索引的一致性和原子性，这非常棒。但是这并不能保证当往索引中写数据失败时不丢失数据（如磁盘空间不足、设备损坏，或没有足够的文件句柄供创建新索引文件使用）。另外一个问题是频繁提交会导致严重的性能问题（因为每次提交会触发一个索引段的创建操作，同时也可能触发索引段的合并）。Elasticsearch 通过使用事务日志（transaction log）的方法来解决这些问题。事务日志用来保存所有的未提交的事务，Elasticsearch 会不时创建一个新的日志文件用于记录每个事务的后续操作。当有错误发生时，事务日志将会被检查，必要时会再次执行某些操作，以确保没有丢失任何更改。事务日志的相关操作都是自动完成的，用户并不会意识到某个特定时刻更新提交操作被触发了。将事务日志中的信息到步进存储介质（即 Apache Lucene 索引），同时清空事务日志，这个时刻被称为**事务日志刷新**（flushing）。

请注意事务日志刷新（flush）与 Searcher 刷新（refresh）的区别。大多数情况下，Searcher 刷新是所期望的，即让最新的文档可以被搜索到。而事务日志刷新则用来保障数据已经正确地写入了索引，并可以清空事务日志。

除了自动的事务日志刷新以外，也可以使用对应的 API 来手动强制执行。例如，可以使用下面的命令，强制将事务日志中涉及的所有数据更改操作同步到索引中，并清空事务日志文件：

```
curl -XGET localhost:9200/_flush
```

也可以使用 `flush` 命令对特定的索引进行事务日志刷新，比如说当索引名为 `library` 时：

```
curl -XGET localhost:9200/library/_flush
curl -XGET localhost:9200/library/_refresh
```

上面第 2 个例子中，紧接着在事务日志刷新之后，调用了 Searcher 刷新操作，打开了一个新的 Searcher 实例。

1. 事务日志相关配置

如果事务日志的默认配置不能满足用户需要，Elasticsearch 也允许用户修改默认配置以满足特定需求。以下参数可以通过索引设置更新 API 进行配置，以控制事务日志的行为。

- `index.translog.sync_interval`：这个默认值是 5 秒。它控制事务日志多久同步到磁盘上一次，不管写操作是怎样的。这个参数不能设置小于 100 毫秒的值。

- index.translog.durability：这个属性控制在每次索引、删除、更新或批量请求操作之后，是否要同步并提交事务日志。这个属性可以设置成 request 或 async。当设置成 request（这也是默认值）时，每次请求之后都会同步并提交。在出现硬件故障时，所有有响应的请求操作肯定都已经同步到了磁盘上。当设置成 async 时，每经过 sync_interval 时长间隔，才会在后台做一次同步和提交操作。当出现硬件故障时，从最后一次提交之后的所有写入操作都会被丢弃。
- index.translog.flush_threshold_size：该参数确定了事务日志的最大容量，当容量超过该参数值时，就强制进行事务日志刷新操作，默认值为 512MB。

下面是一个通过设置更新 API 来进行配置的例子：

```
curl -XPUT localhost:9200/test/_settings -d '{
 "index" : {
 "translog.flush_threshold_size" : "256mb"
 }
}'
```

上面的命令将触发刷新操作的标准设置成 256MB。

2. 处理崩溃的事务日志

有些时候（比如磁盘故障或人为失误）事务日志可能会崩溃。当 Elasticsearch 发现事务文件中的校验和不匹配时，它就认为检测到了崩溃事件，然后会将那个分区标志为失效，不再把任何数据分配到那个节点。在这种情况下如果有副本的话，请尝试从副本中恢复数据。

如果 Elasticsearch 无法进行数据恢复（比如那个分片没有副本），用户也可以恢复这个分片的部分数据，代价是事务日志中的数据就全丢了。用脚本 elasticsearch-translog.sh 可以很轻松地完成这项功能，它在 Elasticsearch 的 bin 目录下，是随 Elasticsearch 的安装自带提供的。

当 Elasticsearch 处于运行状态时不能运行 elasticsearch-translog 脚本，不然的话事务日志中的数据就会全被丢弃了。

要运行 elasticsearch-translog 脚本，要输入 truncate 子命令，以及 -d 选项指定的崩溃事务日志的目录，如下所示：

```
sudo /usr/share/elasticsearch/bin/elasticsearch-translog truncate -d
/var/lib/elasticsearchdata/nodes/0/indices/my_index/0/translog/
```

在上面的命令中，/var/lib/elasticsearchdata 指向某个节点上的数据路径。

7.8.4 实时读取

事务日志还带来了一个免费的特性：**实时读取操作**（real-time GET），该功能提供了返回文档各种版本（包括未提交版本）的可能。实时读取操作从索引中读取数据时，先检查事务日志中是否有可用的新版本。如果近期索引没有与事务日志同步，那么索引中的数据将会被忽略，事务日志中的较新版本的文档将会被返回。

为了演示实时读取的工作原理，用下面的命令替换示例中的搜索操作：

```
curl -XGET localhost:9200/test/test/1?pretty
```

Elasticsearch 将会返回类似下面的结果：

```
{
 "_index" : "test",
 "_type" : "test",
 "_id" : "1",
 "_version" : 2,
 "exists" : true, "_source" : { "title": "test2" }
}
```

在查看了该结果之后了解到，这正是想要的结果。在这里并没有使用刷新操作就得到了最新版本的文档。

7.9 控制段合并

Lucene 段和数据结构只会被写入一次，但会被读取多次，其中只有用于保存文档删除信息的文件会被多次更改。在某些时刻，当某种条件满足时，多个索引段的内容会被拷贝合并到一个更大的索引段里，而那些旧的索引段会被抛弃并从磁盘删除。这个操作被称为**段合并**（segment merging）。

为什么非要进行段合并呢？有以下这些理由：首先，索引段的个数越多，搜索性能越低并且要耗费更多的内存。另外，索引段是不可变的，并不能在物理上从中删除信息。也许已经从索引中删除了大量的文档，但这些文档实际上只是被做了删除标记而已，物理上并没有被删除。当段合并发生时，这些被标记为删除的文档不会再被拷贝到新的索引段中。这样的话，最终的索引段就变小了。

> 频繁的文档更改会导致大量的小索引段，这会导致文件句柄打开过多的问题。必须要对这种情况有所防备，具体方法有修改系统配置、设置合适的最大文件打开数等。

从用户的角度来看，可以快速地在两个方面对段合并做如下概括：

- 当若干个索引段合并为一个索引段的时候，会减少索引段的数量并提高搜索速度。
- 同时也会减少索引的容量（文档数），因为在段合并时会真正删除被标记为已删除的那些文档。

尽管段合并有这些好处，但是用户也应该了解到段合并也有代价：主要是 I/O 操作的代价。在速度较慢的系统，段合并会显著影响性能。考虑到这个原因，Elasticsearch 允许用户选择段合并策略（merge policy）及存储级节流（store level throttling）。

7.9.1　Elasticsearch 合并策略的变化

段合并是个代价非常昂贵的过程，有时候段合并的速度远远赶不上数据写入的速度。在 Elasticsearch 的早期版本，合并用于节流，索引请求常被限制在单个线程里。这有助于避免索引爆炸问题，即在合并发生之前，几百个段都已经产生了。默认设置的问题在于它对合并节流的限制太低了（20MB/s），尤其是对于 SSD 硬盘来说。尽管 Elasticsearch 已经提供了选项来提高这个限制，但让用户去选择一个合适的值太难了。为了解决这个问题，Elasticsearch 现在有了 auto-regulating 反馈回路的概念来控制合并节流的速度，并协调合并操作和搜索之类的其他用户操作对硬件资源的竞争。结果，许多旧的配置选项都被删除了。

下面这些用于控制合并节流的选项都被删除了：

- `indices.store.throttle.type`
- `indices.store.throttle.max_bytes_per_sec`
- `index.store.throttle.type`
- `index.store.throttle.max_bytes_per_sec`

另外，有两个合并策略（`log_byte_size` 和 `log_doc`）也被删除了，现在 Elasticsearch 只剩了一个默认的策略，即 tiered 合并策略。因此，下面这些合并策略配置都被删除了：

- `index.merge.policy.type`
- `index.merge.policy.min_merge_size`
- `index.merge.policy.max_merge_size`
- `index.merge.policy.merge_factor`
- `index.merge.policy.max_merge_docs`
- `index.merge.policy.calibrate_size_by_deletes`
- `index.merge.policy.min_merge_docs`
- `index.merge.policy.max_merge_docs`

7.9.2　配置 tiered 合并策略

`tiered` 合并策略是 Elasticsearch 5.0 的默认选项，也是 Elasticsearch 5.0 使用的唯一合并策略。它合并大小相近的索引段，并考虑了每层允许的索引段的最大个数。读者需要区分单次可合并的索引段的个数与每层允许的索引段数量的区别。在索引期间，该合并策略将会计算索引中允许出现多少个索引段，该数值被称为**阈值**（budget）。如果正在构建的索引中的段数超过了阈值，该策略将先对索引段按容量降序排序（这里考虑了被标记为已删除的文档），然后选择一个成本最低的合并。合并成本的计算方法倾向于回收更多已删除的文档，及产生更小的索引段。

如果某次合并产生的索引段的大小大于 `index.merge.policy.max_merged_segment` 参数值，该合并策略就会少选择一些索引段参与合并，使得生成的索引段的大小小于阈值。这意味着，对于有较大分片的索引，默认的 index.merge.policy.max_merged_segment 就会显得过小，会导致产生大量的索引段被创建出来，从而降低了查询速度。用户应该根据自己的具体数据量，观察索引段的状况，不断调整合并策略以满足业务需求。

当使用 tiered 合并策略时，有以下这些选项可配置。

- index.merge.policy.expunge_deletes_allowed：默认值为 10，该值用于衡量段中已经被删除的文档所占的百分比，当执行 expungeDeletes 时，该参数值用于确定索引段是否被合并。
- index.merge.policy.floor_segment：该参数用于阻止频繁刷新微小索引段。小于该参数值的索引段由索引合并机制处理，因为索引合并机制用的值和这个参数值大小相同。默认值为 2MB。
- index.merge.policy.max_merge_at_once：该参数确定了索引期单次合并涉及的索引段数量的上限，默认值为 10。该参数值较大时，会一次合并更多数量的索引段，但是会消耗更多的 I/O 资源。
- index.merge.policy.max_merge_at_once_explicit：该参数确定了索引优化（optimize）操作或 expungeDeletes 操作能参与的索引段数量的上限，默认值为 30。该值对索引期参与合并的索引段数量的上限没有影响。
- index.merge.policy.max_merged_segment：该参数默认值为 5GB，它确定了索引期段合并中产生的单个索引段大小的上限。这是一个近似值，因为合并后产生的索引段的大小是通过累加参与合并的索引段的大小减去被删除文档的大小而来。
- index.merge.policy.segments_per_tier：该参数确定了每层允许出现的索引段数量的上限。该参数值越小，就会导致越少的索引段数量，这也意味着更多的合并操作以及更差的索引性能。默认值为 10，可以将它设置为大于等于 index.merge.policy.max_merge_at_once，否则会遇到很多与索引合并以及性能相关的问题。
- index.reclaim_deletes_weight：该参数值默认为 2.0，它确定了索引合并操作中清除被删除文档这个因素的权重。如果该参数被设置为 0.0，则清除被删除文档对索引合并没有影响。该值越高，则清除越多被删除文档的合并越受合并策略青睐。
- index.compund_format：该参数值类型为布尔，它确定了索引是否存储为复合文件格式（compound format），默认值为 false。如果设置为 true，则 Lucene 将所有文件存储在一个文件中。有时候这样设置能解决操作系统打开文件句柄过多的问题，但是也会降低索引和搜索的性能。

7.9.3 合并调度

除了可以影响索引合并策略的行为之外，Elasticsearch 还允许定制合并策略的执行方式。

Elasticsearch 使用并发合并调度器 ConcurrentMergeScheduler 实现这个功能。

并发合并调度器

该合并调度器使用多线程执行段合并操作，每次开启一个新线程，直到线程数达到上限。如果达到线程数上限，而又必须开启新线程（因为需要进行新的索引合并），那么所有的索引操作都将被挂起，直到至少有一个索引合并操作完成。

可以通过修改 index.merge.scheduler.max_thread_count 属性来控制最大线程数。一般来说，可以按如下公式来计算允许的最大线程数：

```
Math.max(1, Math.min(4, Runtime.getRuntime().availableProcessors() / 2))
```

请读者记住，当使用机械硬盘时，该合并调度策略并不是很合适。要保证合并操作不能把磁盘吞吐量全部消耗掉。一旦用户观察到合并速度很慢，就应该调小合并线程的数量。一般来说，如果用户使用的是机械硬盘，并发合并调度器的线程数应设置为 1。

7.9.4 强制合并

Elasticsearch 提供了一个强制合并 API，用于对一到多个索引进行强制合并。有时候强制合并的操作是非常有用的，因为将段合并之后，可以减少段的数量。尤其是在经常做索引操作的时候，就可以用这个 API 来限制每个分片中的段的总数，甚至减少到 1，这样搜索起来就速度飞快了。

这个操作是阻塞式的，直到合并结束。如果 HTTP 连接断了，请求仍然会在后台继续执行，所有的新请求都将被堵塞，直到上一次强制合并完成。

强制合并 API 支持以下参数。

- max_num_segments：合并结束后的段的数量。要把索引完全合并起来，就把它设置成 1。默认行为是检查是否需要执行合并操作，如果需要，就执行。
- only_expunge_deletes：这个参数控制合并操作是否只涉及那些里面有删除操作的段。当一个文档被从 Lucene 中删除时，它并没有真正地被从段中删除，而只是被标记为“已删除”。在段合并操作中，会创建一个新的不包含这些已删除数据的段。这个参数允许只合并包含已删除数据的段，默认为 false。

注意这个参数并不会覆盖 index.merge.policy.expunge_deletes_allowed 阈值。

- flush：这个参数控制在强制合并操作结束之后，Elasticsearch 是否要执行刷新操作，默认为 true。

例如，如果要将一个索引完全合并，可以使用以下请求：

```
curl -XPOST
"http://localhost:9200/library/_forcemerge?max_num_segments=1"
```

7.10 理解 Elasticsearch 缓存

缓存在 Elasticsearch 里扮演着重要角色，尽管很多用户意识不到它的存在。它允许我们在内存中保存之前使用过的数据，并根据需要适时重用它们。当然，我们不可能缓存所有的数据，因为数据量总是大于内存容量，另外缓存的构建代价也非常高昂。在 4.3.1 节讨论了查询解析和缓存的主要改进。在本章中，将了解 Elasticsearch 提供的各种缓存功能，讨论如何使用这些功能，以及如何控制它们的用途。了解缓存是如何工作的对于理解 Elasticsearch 的内部工作机制是非常有帮助的。

7.10.1 节点查询缓存

查询缓存用于缓存查询的结果。每个节点上都有一个查询缓存，供节点上的所有分片共用。查询缓存使用的淘汰策略是 LRU（最近最少使用）：当缓存满时，最近最少被使用的数据将被淘汰，为新数据腾出空间。

查询缓存只缓存过滤器上下文中使用的查询。

配置节点查询缓存

查询缓存有如下两个参数可以设置。

indices.queries.cache.size：这个参数控制过滤器缓存所使用的内存大小，默认是 10%。它可以接受一个百分比的值，如 5%，或者一个具体值，如 512MB。这是一个节点级的参数，必须配置在集群中每个数据节点的 elasticsearch.yml 文件中。

- index.queries.cache.enabled：这个参数控制是否启用查询缓存。它的值为 true（默认）或 false。这是一个索引级的参数，可以针对每个索引进行配置。可以在创建索引的时候配置，也可以用更新设置 API 动态地在线修改。

7.10.2 分片查询缓存

当 Elasticsearch 针对一个或多个索引执行查询时，协调节点在接收到查询请求后，会将请求转发给所有相关的数据结点，然后每个结点上的相关分片都会在本地执行查询，并将本地结果返回给协调节点，再由协调节点将这些分片级的结果合并成一个完整的结果集。

分片请求缓存模块负责将每个分片上的结果缓存起来，由此可以快速地响应查询次数最多（通常也是代价最大）的请求。

通过这个缓存，经常使用的汇聚结果（比如网站主页上的内容）就可以被缓存起来，让响应更快。无论是否缓存，得到的汇聚结果都是相同的，不会得到过期数据。

如果只有最新的索引上的数据会经常被更新，那就非常适合使用这个缓存了。旧索引上的结果在缓存中就可以直接得到。

在默认情况下，查询缓存只会缓存 size=0 的查询结果，即不缓存命中结果，只缓存 hits.total、aggregations 和 suggestions 的响应。如果请求的大小大于 0，就不会被缓存，即使在索引设置中启用了请求缓存。对于缓存起来的请求，它的键就是完整的 JSON 请求。使用者要保证 JSON 请求的键的内容总是按相同顺序发送的。

1. 启用和禁用分片查询缓存

index.requests.cache.enable 参数用于启用或禁用查询缓存。默认是启用的，但在创建索引时可以用如下方式禁用：

```
curl -XPUT "http://localhost:9200/library" -d'
{
  "settings": {
    "index.requests.cache.enable": false
  }
}'
```

也可以用更新设置 API 启用或禁用：

```
curl -XPUT "http://localhost:9200/library/_settings" -d'
{ "index.requests.cache.enable": true }'
```

Elasticsearch 还允许根据每个请求来启用或禁用查询缓存，如下所示：

```
    curl -XGET
"http://localhost:9200/library/_search?request_cache=true" -d'
  {
    "size": 0,
    "aggs": {
      "popular_tags": {
        "terms": {
          "field": "tags"
        }
      }
    }
  }'
```

2. 查询缓存设置

缓存是在节点级管理的，默认最大会占用堆的 1%，可以在 elasticsearch.yml 文件中用如下方式修改：

```
indices.requests.cache.size: 2%
```

3. 缓存失效

当分片刷新时，或者分片中的数据被更新时，缓存结果就会自动失效。换句话说，从缓存中得到的结果与不使用缓存得到的结果是相同的。刷新间隔越长，缓存内容的有效期就越长。如果缓存满了，最近最少使用的缓存键将被淘汰。

另外，可以用 _cache API 清除缓存：

```
    curl -XPOST
"http://localhost:9200/library/_cache/clear?request_cache=true"
```

7.10.3 字段数据缓存

字段数据缓存的使用时机是当查询涉及非倒排 (uninverted) 数据操作时。Elasticsearch 所做的是将相关字段的全部数据加载到内存中，这就是字段数据缓存。这种缓存可以被 Elasticsearch 用于聚合和脚本计算，以及基于字段值的排序等场景。当第一次执行非倒排数据相关操作时，Elasticsearch 会把所有相关字段的数据加载入内存，默认情况下这些给定字段的数据不会被移除。因此，可以快速用基于文档的方法访问索引文档中给定字段的值。需要注意的是，从硬件资源的角度来看，构建字段数据缓存代价通常很高，因为相关字段的所有数据都要加载到内存中，这需要消耗 I/O 操作和 CPU 资源。

可以在集群的每个节点上通过 `indices.fielddata.cache.size` 参数控制字段数据缓存。这个参数值是字段数据缓存的最大值，比如节点堆空间的 30%，或者如 12GB 之类的绝对值。默认是不设限制的。

> 对于每个用来排序或做切面计算的字段，其数据的每个词项都需要被加载到内存中。这样做的代价非常高，尤其是应用于那些高基数的字段（拥有大量不同词项的字段）时。

字段数据还是 doc values

在 Elasticsearch 中，doc values 是字段数据的另一个选择，现在对于每个 `not_analyzed`（关键字类型字段）都是默认启用的。在索引期会进行计算，并按列格式存储在磁盘上。Doc values 的速度与字段数据缓存不相上下，而且需要的内存还更少。因此从 Elasticsearch 5.0 开始，就不要再使用字段数据了，可以放手去使用 doc values。

7.10.4 使用 circuit breaker

因为查询会给 Elasticsearch 资源带来很大的压力，因此提供了一个叫作 circuit breaker（断路器）的功能，用于限制某些特定功能使用过多的内存。Elasticsearch 会估算内存使用量，必要的时候（内存使用量到达某个阈值）会拒绝执行查询。现在来看看有哪些可用的 circuit breaker。

1. 父亲 circuit breaker

父亲 circuit breaker 可以用参数 `indices.breaker.total.limit` 来设置。一般来说父亲 breaker 默认是 JVM 堆的 `70%`。

2. 字段数据 circuit breaker

如果某个查询的内存使用估算值高于预定值，字段数据 circuit breaker 将拒绝该查询执行。默认情况下，Elasticsearch 将 `indices.breaker.fielddata.limit` 属性值设置为 `60%`，这意味着 JVM 堆内存最多有 60% 能用于字段数据缓存。

可以设置一个倍增系数，Elasticsearch 可以结合 `indices.breaker.fielddata.`

overhead 属性来估算内存使用量（内存估计量将会乘以该系数作为阈值）。默认情况下，该系数为 1.03。

3. request circuit breaker

Elasticsearch 1.4.0 中引入了 request circuit breaker，允许用户配置当总体内存使用的估计量高于 indices.breaker.request.limit 属性值时拒绝执行查询（阈值设置为 JVM 默认配置的总堆内存的 60%）。

与字段数据 circuit breaker 类似，可以设置 indices.breaker.request.overhead 属性值，默认为 1。

4. In-flight request circuit breaker

In-flight request circuit breaker 允许 Elasticsearch 限制所有正在到来的或 HTTP 级请求的内存使用，以避免超过节点上某内存标准。内存的使用与请求本身的内容长度有关。

可以通过参数 network.breaker.inflight_requests.limit 配置，默认是 JVM 堆的 100%。network.breaker.inflight_requests.overhead 是一个默认值为 1 的常量，所有的 in-flight 估计值都会与它相乘，得到一个最终的估计值。

5. 脚本编译 circuit breaker

当脚本第一次输入 Elasticsearch 时，Elasticsearch 会编译它，并在缓存中保存编译后的版本。编译过程代价很大。这个 circuit breaker 限制内部脚本编译的时长，可以用 script.max_compilations_per_minute 参数设置一分钟内允许编译多少份不同的脚本，默认值是 15。

请注意，所有 circuit breaker 都可以在生产集群上通过集群更新设置 API 动态修改。

7.11　小结

在本章中，先讨论了 Apache Lucene 的不同评分算法，学习了如何改变它们及如何选择正确的评分算法。然后了解了 Elasticsearch 的存储模块，学习了索引的不同目录实现。还谈到了 Elasticsearch 5.0 的 NRT 搜索和索引、事务日志配置。之后介绍了段合并是怎样工作的，有什么方法控制合并过程。最后讨论了 Elasticsearch 的缓存，以及各种不同 circuit breaker 的角色。

下一章的内容非常重要，也非常有趣，因为是关于 Elasticsearch 管理的。我们会讨论 Elasticsearch 的发现机制（包括亚马逊 EC2 发现模块），还有 Elasticsearch 的恢复模块，让大家可以根据自己的需要进行配置。另外，还将提到与 Elasticsearch 监控相关的重要变化，然后又详细讨论了 CAT API。最后是备份和恢复模块，将帮助读者理解为集群做备份的各种不同方法，以及如何恢复集群。

Chapter 8 第8章

管理 Elasticsearch

在上一章中，先讨论了 Apache Lucene 的不同评分算法，学习了如何改变它们及如何根据具体的用例选择正确的评分算法。然后了解了 Elasticsearch 的存储模块。还谈到了 Elasticsearch 5.0 的 NRT 搜索和索引、事务日志的角色。再讲到了段合并是怎样工作的，有什么方法控制合并过程并提升性能。在最后，讨论了 Elasticsearch 的缓存，以及各种不同 circuit breaker 的角色。

在本章中，我们关注与 Elasticsearch 管理有关的内容。讨论 Elasticsearch 的发现和恢复模块，配置一个有确定节点角色的完整的 Elasticsearch 集群，还有 Cat API。还将提到与 Elasticsearch 监控相关的重要变化。最后是如何对 Elasticsearch 的索引做备份和恢复。本章内将包含如下内容：

- Elasticsearch 的节点类型。
- 配置发现和恢复模块。
- 使用 Cat API，用人类可读的方式查看集群状态。
- 备份和恢复功能。

8.1 Elasticsearch 的节点类型

在 Elasticsearch 中可以配置如下 5 种类型的节点：

- 数据节点。
- 主节点。
- Ingest 节点。

- ❑ 部落节点。
- ❑ 协调节点。

接下来看看这些节点之间有什么不同，以及如何配置。

8.1.1 数据节点

Elasticsearch 中的数据节点负责保存数据、段合并和执行查询。数据节点是集群中真正承担工作任务的地方，因此服务器的配置应该比集群中的其他节点高。

默认情况下，每个节点都可以成为数据节点。可以在 /etc/elasticsearch/elasticsearch.yml 文件中增加如下配置来专门指定数据节点：

```
node.data: true
node.master: false
node.ingest: false
```

指定数据节点的好处是可以做到主节点与数据节点之间的分离。

8.1.2 主节点

主节点负责管理整个集群。它管理所有节点的状态，并周期性地将集群状态同步到集群中的所有其他节点，通知大家有什么新节点加入了集群，有什么节点脱离了集群。主节点会定期向所有其他节点发送 ping 消息，以此判断它们是否正常存活（别的节点也会向主节点发送 ping 消息）。主节点的重要任务之一是配置管理。它管理着全部元数据，以及集群中所有索引的映射。如果主节点下线了，就会从所有候选主节点中再选出一个新的主节点来。

默认情况下，每个节点都可以成为主节点。可以在 /etc/elasticsearch/elasticsearch.yml 文件中增加如下行来专门指定主节点：

```
node.data: false
node.master: true
node.ingest: false
```

8.1.3 Ingest 节点

数据处理管道由一到多个 ingest 节点组成，由 ingest 节点负责每个环节的处理。依 ingest 节点要处理的任务不同，它们可能会需要很多资源，因此有时候需要在集群中指定专用的 ingest 节点。

默认情况下，每个节点都可以成为 ingest 节点。可以在 /etc/elasticsearch/elasticsearch.yml 文件中增加如下行来专门指定 ingest 节点：

```
node.data: false
node.data: false
node.master: false
node.ingest: true
```

在第 9 章会详细讨论 ingest 节点的各种功能。

8.1.4 部落节点

部落节点是一种特殊类型的协调节点，它可以连接多个集群，并在连上的所有集群中执行查询或其他操作。

在 9.2 节会详细讨论部落节点的各种功能。

8.1.5 协调节点 / 客户端节点

在 Elasticsearch 中，查询的执行过程可以分为两个阶段：分散阶段和集中阶段。两个阶段都由接收查询请求的协调节点来管理。它们也是集群中的负载均衡器。

在分散阶段，协调节点将查询请求转发给保存数据的数据节点。每个数据节点都在本地执行查询，再将结果返回给协调节点。

在集中阶段，协调节点将所有数据节点返回的结果合并成一个总结果集。

每个节点默认都是协调节点。应集中阶段的需要，这类节点需要有足够的内存和 CPU 处理能力。在大型集群中，指定协调节点是个好习惯，这样可以将负载从数据节点和主节点分离出来。

可以通过在文件 `/etc/elasticsearch/elasticsearch.yml` 中增加如下行来指定协调节点：

```
node.data: false
node.master: false
node.ingest: false
```

请注意，增加过多的协调节点会加重集群的负担，因为主节点必须关注集群中所有节点的状态更新，并把相应信息推送给集群中的每个节点。

8.2 发现和恢复模块

当一个 Elasticsearch 节点启动时，它会先找到可能成为主节点的服务器列表，完成发现集群中其他节点的过程。可能成为主节点的服务器都配置为 `["127.0.0.1", "[::1]"]`，这意味着每个 Elasticsearch 节点都只能发现自己，不会发现别的节点。这种行为是 Elasticsearch 2.0 版引入的。在那之前，Elasticsearch 的默认行为是由拥有相同集群名称并可以用多播相互通信的节点自动形成集群。

形成集群和发现节点的过程称为发现。负责发现的模块有两个作用：选主节点和发现集群的新节点。

集群建立后，一个称为**恢复**（recovery）的过程就开始了。在恢复过程中，Elasticsearch 从网关读取元数据和索引，并且准备好保存在那里的需要使用的分片。主分片恢复完成之后，Elasticsearch 就应该可以响应外部请求了。同时，如果存在副本的话，Elasticsearch 将继续恢复其他的副本。

在这一节里，会深入了解这两个模块，并讨论 Elasticsearch 提供了哪些配置，以及修改这些配置后会有怎样的影响。

8.2.1　发现模块的配置

就如多次提到的，Elasticsearch 被设计成在分布式环境中工作。这是 Elasticsearch 与其他开源搜索和分析解决方案相比最主要的区别。有了这个前提，在分布式环境中搭建 Elasticsearch 集群非常容易，并不需要强制安装额外的软件。

发现模块有多种实现，下面来看看具体是哪些。

1. Zen 发现

Zen 发现是 Elasticsearch 里承担发现职责的默认实现，默认可用。Zen 发现的默认配置使用单播来发现集群中的其他节点。在单播发现中，集群之外的节点会向配置文件中的 `discovery.zen.ping.unicast.hosts` 参数指定的所有服务器发送 ping 请求。通过这种方式，告诉所有指定的节点已经做好了组成集群的准备，可以加入现有的集群，也可以形成新的集群。当然，加入集群之后就会收到整个集群的拓扑信息，但最早期只会与指定列表中的服务器建立连接。请记住，单播 Zen 发现机制要求相同集群中的所有节点有相同的集群名。

（1）单播 Zen 发现配置

Zen 发现模块的单播部分对外提供如下配置选项：

- `discovery.zen.ping.unicast.hosts`：集群初始节点列表，可以是一个节点列表或者数组。每个节点可以配置一个名字或者 IP 地址，还可以加上一个端口号或者端口范围。例如，这个属性的值可以配成这种格式：`["master1", "master2:9300", "master3[9300-9305]"]`。通常单播发现的节点列表不必包括集群中全部的节点，因为一旦节点连上了列表中的任意节点，就会得到集群中所有节点的信息。但这个列表中的所有节点都必须是候选主节点。

> 如果在初始主机列表中使用 `host-port` 组合，那 `port` 必须是一个传输端口，默认是 `9300`。

- `discovery.zen.minimum_master_nodes`（默认为 `1`）：这是单播发现机制要使用的最大并发连接数。如果初始连接会连向很多节点，那建议调大这个默认值。这个属性也可用于防止集群的脑裂。

（2）主节点选举的相关配置

假设拥有一个由 10 个节点组成的集群，而且都是候选主节点。它一直工作得很好，直到有一天网络出现了故障，有 3 个节点从集群中断开连接了，但这 3 个节点仍然可以相互访问。由于 Zen 发现和主节点选举进程的存在，这些脱离集群的节点会选举出一个新的主节点，于是就产生了两个同名的集群和两个主节点。这种情形被称为脑裂（split-brain），必须尽可能地避免出现这种情形。当发生脑裂时，会存在两个或者更多的集群，直到网络或者其他问题被修复。如果在这个期间索引数据，那么当集群从脑裂中恢复时，会出现数据丢失和不可恢复的情况。

为了避免脑裂的出现，或者至少降低其出现的概率，Elasticsearch 提供了 `discovery.zen.minium_master_nodes` 属性。这个属性定义了要组建集群至少需要有多少个候选主节点相互处于已连接状态。现在回到前面讨论的集群，当设置 `discovery.zen.minium_master_nodes` 属性的值为集群中一半的节点数加 1 时，对于集群来说就是 6，那么就只会有 1 个集群。为什么会这样呢？因为在网络出现故障前，有 10 个节点，多于 6 个，这些节点会组建一个集群。当有 3 个节点断开时，这个集群还会正常运行。然而，由于只有 3 个节点断开，而且 3 小于 6，这 3 个节点无法重新选举出一个新的主节点，会等待重新连接上最初的那个集群。

（3）Zen 发现故障检测和配置

Elasticsearch 在工作时会运行两个检测进程。第 1 个进程是由主节点发送 ping 请求到集群中的其他全部节点，检测它们是否可用。第 2 个进程是相反的过程，每个节点都发送 ping 请求到主节点，检测主节点是否在运行并履行其职责。然而，如果有一个缓慢的网络或者节点处在不同的区域，默认的配置就可能不够充分了。于是 Elasticsearch 的发现模块提供了 3 个可以修改的属性。

- `discovery.zen.fd.ping_interval`：定义节点多久向目标节点发送一次 ping 请求，默认 1 秒。
- `discovery.zen.fd.ping_timeout`：定义节点在接到 ping 请求的响应之前会等待多久，默认为 30 秒。如果节点负载经常达到 100%，或者网络速度较慢，可以考虑增加等待时间。
- `discovery.zen.fd.ping_retires`：定义在目标节点被认为不可用前最大的 ping 请求重试次数，默认为 3 次。如果网络丢包严重，可以调高重试次数，或者也可以解决网络的问题。

还有一点想说一下。主节点是唯一可以改变集群状态的节点。为了保证集群的状态更新按正确的次序进行，Elasticsearch 的主节点每次只处理一个集群状态更新请求，先在本地更新，然后再把请求发送给其他节点，以使这些节点能够同步状态。主节点会在指定的时间内等待其他节点的响应，如果超时或者全部的节点都返回了当前的确认信息，它才会继续执行下一个更新集群状态的请求。要修改主节点等待回应的时间，可以修改 `discovery.zen.publish_timeout` 属性，这个属性的默认值是 30 秒。在一个繁忙的网络中工作的大型集群可能会需要调高这个属性值。在运行的集群中也可以通过集群更新设置 API 来动态更新这个属性。

（4）无主节点块

一个集群必须有状态正常的主节点才能正常工作，如果设置了 discovery.zen.minimum_master_nodes 属性的话，运行中的候选主节点的数量也必须满足要求。如果不能满足上述条件，那么发往集群的所有请求都将被拒绝。如果在主节点不存在的情况下仍然希望能执行某些操作，那可以设置参数 discovery.zen.no_master_block。这个参数可以有如下两种取值。

- all：不管是读还是写，节点上的所有操作都将被拒绝。通过 API 发起的集群状态读写操作也是这样，包括获得索引设置、设置映射和集群状态 API 等。
- write：这是默认值，这时只有写操作会被拒绝。读操作会基于最后更新的集群配置来回复。这样可能会导致对遗留数据的部分读问题，因为这个节点可能已经与集群中的其他节点隔离开了。

2. 亚马逊 EC2 发现

如果在亚马逊弹性计算云（EC2）上运行的 Elasticsearch 集群，就必须了解这个环境的特征，有些特性可能与其他的环境有少许不同。这不同的特性之一就是发现，因为亚马逊 EC2 不支持多播发现。当然，也可以改用单播发现，但有时候希望能自动发现节点，而用单播的话，必须提供服务器的初始列表。不过还有个选择，就是使用亚马逊 EC2 的发现插件。

请保证在安装 EC2 实例时，一定要配置好它们之间的通信（默认用 9200 和 9300 端口）。要让 Elasticsearch 节点之间可以彼此通信，要让集群正常工作，这样做非常重要。通信设置主要是调整 network.bind_host 和 network.publish_host（或 network.host）参数。

（1）EC2 插件的安装

安装 EC2 插件和安装其他大多数插件一样简单。为了安装它，要在每个节点上执行下面的命令，并在安装完插件后重启所有节点：

```
sudo bin/elasticsearch-plugin install discovery-ec2
```

（2）EC2 插件的通用配置

为了让 EC2 发现机制能够工作，EC2 插件提供了一些需要配置的属性。

- cluster.aws.access_key：亚马逊的 access key，身份凭据之一，你可以在亚马逊配置面板中找到它们。
- cluster.aws.secrete_key：亚马逊 secret key，同前面提到的 access key 类似，你可在 EC2 的配置面板中找到它。

最后要做的就是通知 Elasticsearch 我们想要使用一个新的发现类型，可以通过设置属性 discovery.type 为 ec2 来通知 Elasticsearch。

（3）EC2 发现的可选配置

前面提到的配置已经足够运行 EC2 发现了，但是为了管理 EC2 发现插件的行为，Elasticsearch 提供了如下的附加配置。

- cloud.aws.region：如果没有使用默认的 AWS 区，那就必须配置这个属性。这个区域用于连接亚马逊 EC2 网页服务。可以选择一个能覆盖所有实例的区域，比如为冰岛选用 eu-west-1。
- cloud.aws.ec2.endpoint：如果使用 EC2 的 API 服务，除了定义区域，还可以提供一个 AWS 端点的地址，例如：ec2.eu-west-1.amazonaws.com。
- cloud.aws.protocol：这是插件用来连接亚马逊 AWS 端点的协议。Elasticsearch 默认使用 HTTPS 协议（这意味着配置属性值为 https）。也可以通过设置属性值为 http 来改变这个行为，这样插件就会使用不加密的 HTTP 协议了。我们也可以通过配置 cloud.aws.ec2.protocol 和 cloud.aws.s3.protocol 属性来覆盖每个服务的 cloud.aws.protocol 配置，可选的值也是 https 和 http。
- cloud.aws.proxy.host：Elasticsearch 允许使用一个代理来连接 AWS 端点。cloud.aws.proxy.host 属性应当被设置为使用的代理的地址。
- cloud.aws.proxy.port：这个属性与 AWS 端点的代理有关，允许指定代理监听的端口号。cloud.aws.proxy.port 属性应当被设置为代理监听的端口。
- cloud.aws.proxy.username：这个属性设置了代理使用的用户名。
- cloud.aws.proxy.password：这个属性设置了代理使用的密码。

（4）EC2 节点扫描配置

当组建工作在 EC2 环境下的集群时，接下来要提到的最后一组属性非常重要。能够过滤运行在亚马逊 EC2 网络上的可用 Elasticsearch 节点。EC2 插件提供以下属性来帮助控制它的行为。

- discovery.ec2.host_type：这个配置允许选择用来与集群中其他节点通信时使用的主机类型。可以使用的值有 private_ip（默认值，使用私有 IP 进行通信）、public_ip（使用公开 IP 进行通信）、private_dns（使用私有主机名进行通信）和 public_dns（使用公开的主机名进行通信）。
- discovery.ec2.groups：这项是一个用逗号分隔的安全组列表。只有组内的节点才能够被发现并包含进集群中。（注意：可以提供安全组的名字或组 ID。）
- discovery.ec2.availability_zones：这项是一个数组，或者用逗号分隔的可用区域列表。只有指定的可用区域内的节点才能够被发现并包含进集群中。
- discovery.ec2.node_cache_time：定义主机列表将被缓存多久，以避免不断地向 AWS API 发送请求，默认 10s。
- discovery.ec2.any_group：默认值为 true。设置为 false 时，会强制 EC2

插件仅发现那些匹配全部安全组的节点。默认行为仅要求匹配一个安全组。

3. 其他节点发现方式

Zen 发现和 EC2 发现并不是仅有的发现类型。还有几种发现类型，也由 Elasticsearch 团队开发和维护着。本书受篇幅所限不能逐个详细地讲述，读者如有需要，请分别访问以下网站：

- Azure 发现：https://www.elastic.co/guide/en/elasticsearch/plugins/5.0/discovery-azure-classic.html
- 谷歌计算引擎发现：https://www.elastic.co/guide/en/elasticsearch/plugins/5.0/discovery-gce.html
- 基于文件的发现：https://www.elastic.co/guide/en/elasticsearch/plugins/5.0/discovery-file.html

8.2.2　网关和恢复模块的配置

网关模块允许存储 Elasticsearch 正常运行所需要的全部数据。这意味着不仅存储 Apache Lucene 的索引数据，还存储所有的元数据（如关于索引分配的相关配置），以及每个索引的映射信息。每当集群的状态改变时，如分配属性被修改了，集群的状态都会通过网关模块持久化。当集群启动时，集群的状态就会从网关模块加载并应用在集群上。

1. 通过网关来恢复的过程

说得更清楚些，恢复过程加载通过网关模块存储的数据以使 Elasticsearch 正常工作。每当集群整体重启发生时，恢复过程就会启动，加载所有提到的相关信息：元数据、映射和全部索引。当恢复过程启动时，主分片（primary shard）会首先初始化，然后根据副本（replica）的状态不同，副本可能使用网关数据，也可能在它们与主分片不同步时使用拷贝自主分片的数据。

Elasticsearch 允许配置何时需要使用网关模块恢复集群数据。可以告诉 Elasticsearch 在开始恢复过程前等待一定数量的候选主节点或者数据节点加入集群。然而需要注意的是，在集群完成恢复前，其上的所有操作都是不被允许的。这样做的目的是防止修改冲突。

2. 相关配置属性

在开始讨论配置之前，还想说一件事情。Elasticsearch 节点可以有不同的角色，可以是数据节点（只持有数据），也可以是主节点，或者仅作为请求处理节点（既不持有数据，也不是主节点）。记住这些之后来看看可以修改的网关配置。

- `gateway.recovery_after_nodes`：这个参数是数字类型，控制集群中存在多少个节点之后才启动恢复过程。例如，将它设为 5 时，那么至少需要 5 个节点加入集群之后才会开始恢复过程，无论是数据节点还是主节点。
- `gateway.recovery_after_data_nodes`：这个参数是数字类型，控制集群中

存在多少个数据节点之后才启动恢复过程。

- gateway.recovery_after_master_nodes：这个参数是数字类型，控制集群中存在多少个主节点之后才启动恢复过程。
- gateway.recovery_after_time：当前面的条件满足后，再等待多少时间才开始恢复过程。如设置为 5m，当定义好的前提条件满足后，再过 5 分钟才会开始恢复过程。从 Elasticsearch 1.3.0 开始，默认值是 5 分钟。

假设集群有 6 个节点，其中 4 个是数据节点。还有一个由 3 个分片构成的索引分布在集群中。最后两个节点是主节点，不持有数据。希望配置恢复过程在 4 个数据节点加入后延迟 3 分钟开始。那么网关配置就会是下面的样子：

```
gateway.recover_after_data_nodes: 4
gateway.recover_after_time: 3m
```

3. 本地网关

本地网关使用节点上的本地可用存储来保存元数据、映射和索引。发往网关的写操作是同步完成的，以保证写入过程中不会发生数据丢失。

本地网关模块要求在所有主节点上配置下面的静态参数。这些参数控制一个新选举出来的主节点在试图恢复集群状态和集群数据之前，要等待多久。

- gateway.expected_nodes：在集群中应该存在的节点数量（包括数据节点和主节点）。当所需数量的节点加入集群之后，本地分片的恢复就会立刻开始。这个值默认是 0。
- gateway.expected_master_nodes：在集群中应该存在的主节点数量。当所需数量的主节点加入集群之后，本地分片的恢复就会立刻开始。这个值默认是 0。
- gateway.expected_data_nodes：在集群中应该存在的数据节点数量。当所需数量的数据节点加入集群之后，本地分片的恢复就会立刻开始。这个值默认是 0。
- gateway.recover_after_time：如果要求的节点数量得不到满足，那么最多等待这么久的时间，然后恢复过程就会开始了。如果有 expected_nodes 的值被设置了，这个值就默认是 5m。如果超过了这个时间段，恢复过程就基于上一节中讨论过的通用配置进行，即 gateway.recover_after.*。

> 这些配置全部都是静态的，必须配置在每个主节点的 elasticsearch.yml 文件里，只有在整个集群重启之后才会生效。

4. 恢复过程的底层配置

可以通过网关来控制 Elasticsearch 恢复过程的行为，但是除此之外，Elasticsearch 也允许直接配置恢复过程如何工作。当集群的数据量非常大，而且恢复过程非常缓慢的时候，这些设置就会非常有用。

集群级别的恢复配置

恢复过程的配置多数都在集群级别设定，允许设置恢复模块工作时遵守的通用规则。这些配置项列举如下。

- indices.recovery.max_types_per_sec：在恢复分片时每秒可以传输的最大数据量，默认为 40MB。如果不需要限制数据传输，可以设置为 0。同并发流的数量类似，这个属性可以用来控制恢复过程对网络的使用。设置为更高的值可以带来更高的网络利用率和更短的恢复时间。
- indices.recovery.compress：恢复过程在传输数据时是否压缩数据，默认为 true。设为 false 可以降低 CPU 的压力，但是会造成网络传输数据量的加大。
- indices.recovery.translog_ops：恢复过程的一次请求在分片间传输的事务日志的行数，默认为 1000。
- indices.recovery.translog_size：从源分片拷贝事务日志时使用的数据块的大小，默认为 512KB，当开启了压缩选项 indices.recovery.compress 时数据块会被压缩。

前面提到的所有配置都能使用更新集群 API 来进行在线设置。比如，下面的命令将恢复速度设置为每秒 2000MB：

```
curl -XPUT localhost:9200/_cluster/settings -d '{
"transient" : {
"indices.recovery.max_bytes_per_sec": "2000mb"}
}'
```

请注意使用了 transient 配置，因此集群重启时这个属性就丢了。要永久保存的话就要用 persistent。

8.2.3　索引恢复 API

有了索引恢复 API 后，将不再受限于仅仅观察集群的状态，看到类似以下的内容的输出：

```
curl 'localhost:9200/_cluster/health?pretty'
{
  "cluster_name" : "mastering_elasticsearch",
  "status" : "red",
  "timed_out" : false,
  "number_of_nodes" : 10,
  "number_of_data_nodes" : 10,
  "active_primary_shards" : 9,
  "active_shards" : 9,
  "relocating_shards" : 0,
  "initializing_shards" : 0,
  "unassigned_shards" : 1
}
```

通过向 _recovery 端点发送 HTTTP GET 请求（查询全部索引或者指定索引），可以得到索引恢复的状态。例如以下的请求：

```
curl -XGET 'localhost:9200/_recovery?pretty'
```

前面的请求会返回关于集群中所有分片的与恢复相关的信息，包括正在进行的和已经完成的。在本文的例子里响应如下（有删减）：


```
{
"test_index" : {
"shards" : [ {
"id" : 3,
"type" : "GATEWAY",
"stage" : "START",
"primary" : true,
"start_time_in_millis" : 1414362635212,
"stop_time_in_millis" : 0,
"total_time_in_millis" : 175,
"source" : {
"id" : "3M_ErmCNTR-huTqOTv5smw",
"host" : "192.168.1.10",
"transport_address" : "inet[/192.168.1.10:9300]",
"ip" : "192.168.10",
"name" : "node1"
},
"target" : {
"id" : "3M_ErmCNTR-huTqOTv5smw",
"host" : "192.168.1.10",
"transport_address" : "inet[/192.168.1.10:9300]",
"ip" : "192.168.1.10",
"name" : "node1"
},
"index" : {
"files" : {
"total" : 400,
"reused" : 400,
"recovered" : 400,
"percent" : "100.0%"
},
"bytes" : {
"total" : 2455604486,
"reused" : 2455604486,
"recovered" : 2455604486,
"percent" : "100.0%"
},
"total_time_in_millis" : 28
},
"translog" : {
"recovered" : 0,
"total_time_in_millis" : 0
},
"start" : {
"check_index_time_in_millis" : 0,
"total_time_in_millis" : 0
}
}, {
"id" : 9,
"type" : "GATEWAY",
```

```
"stage" : "DONE",
"primary" : true,
"start_time_in_millis" : 1414085189696,
"stop_time_in_millis" : 1414085189729,
"total_time_in_millis" : 33,
"source" : {
"id" : "nNw_k7_XSOivvPCJLHVE5A",
"host" : "192.168.1.11",
"transport_address" : "inet[/192.168.1.11:9300]",
"ip" : "192.168.1.11",
"name" : "node3"
},
"target" : {
"id" : "nNw_k7_XSOivvPCJLHVE5A",
"host" : "192.168.1.11",
"transport_address" : "inet[/192.168.1.11:9300]",
"ip" : "192.168.1.11",
"name" : "node3"
},
"index" : {
"files" : {
"total" : 0,
"reused" : 0,
"recovered" : 0,
"percent" : "0.0%"
},
"bytes" : {
"total" : 0,
"reused" : 0,
"recovered" : 0,
"percent" : "0.0%"
},
"total_time_in_millis" : 0
},
"translog" : {
"recovered" : 0,
"total_time_in_millis" : 0
},
"start" : {
"check_index_time_in_millis" : 0,
"total_time_in_millis" : 33
},
.
.
.
]
}
}
```

前面的响应中包含了 test_index 索引的两个分片的信息（为了方便观察，其他分片的信息被删除了）。可以看到一个分片正在恢复中（"stage": "START"），另一个分片已经完成恢复了（"stage": "DONE"）。可以看到大量的有关恢复过程的信息，这些信息是索引级别的信息，通过这些信息可以清楚地看到 Elasticsearch 处在怎样的状态。也可以通过在请求中加上 active_only=true 参数来限制只返回正在恢复中的分片的信息。例如：

```
curl -XGET 'localhost:9200/_recovery?active_only=true&pretty'
```

如果想获得更详细的信息，可以在请求中加上 `detailed=true` 参数，就像下面这样：

```
curl -XGET 'localhost:9200/_recovery?detailed=true&pretty'
```

另外，也可以使用 Elasticsearch cat API 来获取索引恢复的细节。在下一节中会讨论 Cat API。

8.3 使用对人类友好的 Cat API

Elasticsearch 管理 API 的功能非常广泛，几乎涵盖了 Elasticsearch 架构的每个部分，从有关 Lucene 的底层信息，到关于集群节点和其健康状态的高层信息。所有的这些信息都能通过 Elasticsearch 提供的 Java API 或者 REST API 来得到。然而这些信息是 JSON 格式的，并且返回的数据有时不进行进一步的解析是难以分析的。例如，试着在 Elasticsearch 集群上执行以下请求：

```
curl -XGET 'localhost:9200/_stats?pretty'
```

对于本地只有一个节点的集群，Elasticsearch 返回了如下的信息（做了大量的删减）：

```
{
"_shards" : {
"total" : 144,
"successful" : 77,
"failed" : 0
},
"_all" : {
"primaries" : {
.
.
.
},
"total" : {
.
.
.
}
},
"indices" : {
.
.
.
}
}
```

如果看过这个命令的完整输出，就会看到响应超过 1000 行。对于人类来说，不进行进一步的解析这是很难分析的。由于这个原因，Elasticsearch 提供了更加人性化的 Cat API。Cat API 以简单的文本、表格的形式来返回数据，并且还提供无需对数据的进一步处理的聚合结果。

还记得Elasticsearch允许获取的信息并不限于JSON格式吗？如果忘记了，请试着在请求中加上format=yaml参数。

8.3.1 Cap API的基础知识

Cat API的根端点很显而易见，就是/_cat。没有任何参数，它会显示所有可用的端点。可以通过运行以下的命令来尝试一下：

```
curl -XGET 'localhost:9200/_cat'
```

Elasticsearch的响应应该跟下面的类似或者相同（可能因为Elasticsearch版本不同而不同）：

```
=^.^=
/_cat/tasks
/_cat/segments
/_cat/segments/{index}
/_cat/allocation
/_cat/fielddata
/_cat/fielddata/{fields}
/_cat/recovery
/_cat/recovery/{index}
/_cat/repositories
/_cat/nodeattrs
/_cat/indices
/_cat/indices/{index}
/_cat/snapshots/{repository}
/_cat/plugins
/_cat/aliases
/_cat/aliases/{alias}
/_cat/nodes
/_cat/master
/_cat/health
/_cat/pending_tasks
/_cat/thread_pool
/_cat/thread_pool/{thread_pools}
/_cat/count
/_cat/count/{index}
/_cat/shards
/_cat/shards/{index}
```

看一下Elasticsearch允许使用Cat API来获取哪些信息：

- 集群中正在运行的任务。
- 段的统计信息。
- 段的统计信息（限定为特定的索引）。
- 与分片分配相关的信息。
- 字段数据缓存大小。
- 针对单个字段的字段数据缓存大小。
- 恢复信息。
- 恢复信息（限定为特定的索引）。

- ❑ 注册到集群中的快照仓库信息。
- ❑ 关于定制节点属性的信息。
- ❑ 索引的统计信息。
- ❑ 索引的统计信息（限定为特定的索引）。
- ❑ 属于特定仓库的关于所有快照的信息。
- ❑ 安装在每个节点上的插件。
- ❑ 索引别名与给定别名的索引。
- ❑ 节点信息，包括选主意向。
- ❑ 主节点信息。
- ❑ 集群健康状态。
- ❑ 被挂起执行的任务。
- ❑ 集群内每个节点的线程池信息。
- ❑ 集群内每个节点上的单个或多个线程池信息。
- ❑ 整个集群或单个索引的文档数量。
- ❑ 所有分片相关的信息（限定为特定的索引）。

8.3.2 使用Cat API

通过一个例子来开始使用Cat API。以查看Elasticsearch集群的健康状态来开始，只需要执行以下的命令：

```
curl -XGET 'localhost:9200/_cat/health'
```

Elasticsearch对于上面命令的响应会与以下的内容类似：

```
1480256137 19:45:37 elasticsearch yellow 1 1 15 15 0 0 15 0 - 50.0%
```

这非常清晰易读。因为它是用表格形式展现的，非常容易用grep、awk或者sed等工具进行处理，这是每位管理员的标准工具集。一旦了解了响应内容的含义，可读性会更强。为了给每一列加上一个描述其意义的标题，只需要增加一个v参数，就像下面这样：

```
curl -XGET 'localhost:9200/_cat/health?v'
```

这次的响应跟之前看到的很像，但是现在有一个表头来描述每一列：

```
    epoch      timestamp cluster       status node.totalnode.data shards
prireloinitunassignpending_tasksmax_task_wait_timeactive_shards_percent
    1480256174 19:46:14  elasticsearch yellow          1         1     15
15     0    0       15            0                    -
50.0%
```

1. Cat API通用参数

每个Cat API都有自己的参数，但是有一些选项是共同拥有的。

- ❑ v：给响应添加一个表头，标明每列数据的名称。

- h：限制只显示选定的列（参见下节的内容）。
- help：显示某个特定端点可以显示的所有可能的列。显示这个特定端点的参数名、参数缩写和其描述信息。
- bytes：这是呈现字节量信息的格式。Cat API被设计为给人类使用，由此，这些值默认以人类可读的方式呈现，如3.5kB或者40GB。bytes选项允许给所有的数字设置基数，因此排序或者对比数值就相对容易了。如bytes=b表示所有的值是以byte为单位的，bytes=k表示以KB为单位，以此类推。

要查看每个Cat API端点的完整参数列表，可以参考Elasticsearch的官方文档，地址是http://www.Elasticsearch.org/guide/en/Elasticsearch/reference/current/cat.html。

2. Cat API的一些例子

当撰写本书时，Cat API有25个端点。并不想全部都介绍一遍，那样只是对官方文档信息的重复，或者是对管理API章节的重复。但是在没有给出任何关于使用Cat API的例子前，还不想结束这个小节。因此决定展示一下，与Elasticsearch的标准JSON API相比，使用Cat API获取信息有多么的容易。

（1）获取关于主节点的信息

第1个例子展示获得集群中哪个节点是主节点的信息有多么容易。通过调用/_cat/master端点，能够知道节点中哪个被选为了主节点。例如，执行以下的命令：

```
curl -XGET 'localhost:9200/_cat/master?v'
```

对于本地的两节点集群，Elasticsearch的响应看起来是下面的样子：

```
id          host      ip          node
1NhLoN37S-OvF9QdqD4OmA 127.0.0.1 127.0.0.1 node-1
```

从响应中可以看到，知道了哪个节点被选为主节点，能看到它的ID、IP地址和名称。

（2）获得关于节点的信息

/_cat/nodes REST端点提供了集群中全部节点的信息。看看在执行下面的命令之后Elasticsearch会返回什么：

```
curl -XGET 'localhost:9200/_cat/nodes?v&h=name,node.role,load,uptime'
```

在上面的例子里，使用了从这个端点的大约76个选项中获得想要返回的信息的能力。现在只获得节点名称、角色（节点可以是主节点（m）、数据节点（a）、ingest节点（i）或客户端节点（-）、负载（load_1m、load_5m或load_15m）和运行时间。

Elasticsearch的响应如下：

```
namenode.role load_1m uptime
node-1 mdi          0.27      6m
```

/_cat/nodes REST端点提供了请求的关于集群中节点的全部信息。

可以从下面的网址中获得与节点信息有关的完整选项列表：https://www.elastic.co/guide/en/elasticsearch/reference/current/cat-nodes.html

3. Elasticsearch 5.0 中 Cat API 的变化

如果一直在使用 Elasticsearch 的 Cat API，就肯定对 Cat API 的演进历程有所了解。这个 API 曾有如下变化。

（1）host 字段从 cat 节点 API 中移除了

host 字段被从 cat 节点 API 中移除了，因为它的值常常与 ip 字段一致。Cat 节点 API 中有 name 字段，应该用它来替换掉 host 字段。

（2）cat 恢复 API 的变化

恢复 API 有如下变化：

- cat 恢复 API 中新增了 fieldsbytes_recovered 和 fields_recovered。这两个字段分别表示成功恢复了的总字节数和文件数。
- fieldstotal_files 和 total_bytes 分别被重命名为 files_total 和 bytes_total。
- 字段 translog 被重命名为 translog_ops_recovered，字段 translog_total 被重命名为 translog_ops，字段 translog_percent 被重命名为 translog_ops_percent。这些字段的缩写分别为 tor、to 和 top。

（3）cat 节点 API 的变化

cat 节点 API 的信息量更大了，因为在响应中加入了如下新信息：

cat 节点端点返回 m 表示候选主节点，d 为数据节点，i 为 ingest 节点。没有明确角色的节点会成为只负责协调的节点，并标记为 -。一个节点可以有多种角色。表示主的一列现在只表示一个节点是主（*）或者不是主（-）。

（4）cat 字段数据 API 的变化

如果已经使用 Elasticsearch 很长时间了，在监控方面要重点关注这里的变化。字段数据一节在早期版本的 Elasticsearch 中总是占用绝大部分的堆，但有了 doc_values 之后，这个问题就被解决了。

- cat 字段数据端点为每个字段加了一行，而不是每个字段一列。
- 字段数据 API 中移除了 total 字段。每个节点的总字段数据使用信息可以用 cat 节点 API 获得。

8.4 备份

对于管理员来说，其最重要的任务之一就是确保在系统出故障时数据不会丢失。在

Elasticsearch的设定中，它是一个健壮的、精心配置的、由多个节点组成的集群，甚至能够在一些并发的故障中幸免。然而，即使是完美配置的集群在面对网络分割和网络分区时也是脆弱的，在一些罕见的情况下仍会造成数据损坏或者丢失。在这些情况下，能够从重建索引中拯救用户的，就只有从备份中恢复数据这唯一的办法了：Elasticsearch提供的快照和恢复功能。尽管这套书之前的版本已经讲过了基本的快照和恢复功能，在本章中还是要再讲一下。另外还有Elasticsearch备份功能的云能力。

8.4.1 快照API

Elasticsearch通过_snapshot端点提供快照API，允许在远端仓库中为单个索引或整个集群创建快照。假设存储是可靠的和高可用的，仓库就是一个可以安全地保存的数据（索引和相关元数据信息）的地方。前提是作为集群的一部分，每个节点都可以访问仓库并拥有读写权限。Elasticsearch允许在共享文件系统、HDFS或云（亚马逊S3、微软Azure或谷歌云存储）上创建快照。先看看如何在共享文件系统上创建快照，然后再讲怎么在云服务上创建快照。

8.4.2 在文件系统中保存备份

要在文件系统仓库（"type":"fs"）中创建快照，集群中所有数据和主节点都要能访问这个仓库。这类仓库只能用共享文件系统创建，而后者可以用网络文件系统（Network File System，NFS）创建。

1. 创建快照

下面几小节依次讲了创建快照的不同步骤：

- 注册仓库路径。
- 在Elasticsearch中注册共享文件系统仓库。
- 生成快照。
- 获得快照信息。
- 删除快照。

接下来深入每一步的细节。

（1）注册仓库路径

在所有主节点和数据节点的elasticsearch.yml文件中增加如下一行，注册path.repo：

```
path.repo: ["/mnt/nfs"]
```

然后，依次重启所有节点，重新加载配置。

（2）在Elasticsearch中注册共享文件系统仓库

下面用es-backup这个名字注册共享文件系统仓库：

```
curl -XPUT 'http://localhost:9200/_snapshot/es-backup' -d '{
"type": "fs",
"settings": {
"location": "/mnt/nfs/es-backup",
"compress": true
}
}'
```

以下参数可用于仓库注册。

- location：快照的位置。这是一个必需的参数。
- compress：对快照文件启用压缩。压缩只适用于元数据文件（包括索引映射和设置），数据文件不会被压缩。这个参数默认为 true。
- chunk_size：如果有需要，在生成快照时大文件会被拆成多个块。块的大小可以用字节描述，也可以用其他单位，如 1g，10m，5k 等。这个参数默认为 null，即不限制块的大小。
- max_restore_bytes_per_sec：限制每个节点的恢复速度，默认是每秒 40mb。
- max_snapshot_bytes_per_sec：限制每个节点的快照速度，默认是每秒 40mb。
- readonly：让仓库只读。默认值为 false。

（3）生成快照

在一个仓库中为同一个集群生成多个快照。下面的命令用于在 es-snapshot 这个仓库中创建一个名为 snapshot_1 的快照。

```
curl -XPUT
'http://localhost:9200/_snapshot/es-backup/snapshot_1?wait_for_completion=t
rue'
```

wait_for_completion 参数设置在快照初始化之后，请求是立即返回（默认为 true），还是等快照结束。在快照初始化时，所有之前的快照信息都要读入内存，因此对于大型仓库来说，即使 wait_for_completion 参数被设置为 false，这个命令也可能需要几秒钟（甚至几分钟）才能返回。

默认情况下，集群中所有状态为 open 和 started 的索引都会被打入快照。要改变这个行为，可以在快照请求的消息体中指定具体的索引列表：

```
curl -XPUT
'http://localhost:9200/_snapshot/es-backup/snapshot_1?wait_for_completion=t
rue' -d '{
    "indices": "index_1,index_2",
    "ignore_unavailable": "true",
    "include_global_state": false
    }'
```

创建快照时可以在请求消息中使用以下设置。

- indices：要打入快照的索引列表。
- ignore_unavailable：将它设置为 true，创建快照的过程中会忽略不存在的索引。默认情况下，如果 ignore_unavailable 没有设置，而索引又不存在的话，快照请求会失败。

- include_global_state：将它设置为false，集群的全局状态就有可能不会被保存成快照的一部分。默认情况下，如果快照中要包含的一或多个索引的主分区不是全部可用的，整个快照都会失败。可以通过将它部分地设置为true来改变这个行为。除了为每个索引都创建一份拷贝，快照也会保存整个集群的元数据，包括持久化的集群设置和模板。

（4）获得快照信息

用如下命令可以获得一个快照的详细信息：

```
curl -XPUT 'http://localhost:9200/_snapshot /es-backup/snapshot_1
```

要获取多个快照的信息，用逗号分隔快照名：

```
curl -XPUT 'http://localhost:9200/_snapshot /es-backup/snapshot_1
```

在最后用_all关键字可以获得全部快照的详细信息，如下：

```
curl -XPUT 'http://localhost:9200/_snapshot /es-backup/_all
```

（5）删除快照

删除快照会把已有的快照删除，也会将执行中的快照进程中止。如果错误地启动了生成快照的进程，这就非常有用了。删除快照的命令如下：

```
curl -XDELETE 'http://localhost:9200/_snapshot /es-backup/snapshot_1
```

索引生成快照的过程是增量式的。这意味着Elasticsearch会对仓库中所有已有的索引文件进行分析，只拷贝从上次生成快照以后才创建的或修改过的文件。在仓库中可以用压缩格式保存多份快照。生成快照的过程是以非阻塞的方式进行的。在为索引生成快照的同时，所有的索引和查询操作都可以继续执行。但是，快照只能表现生成快照的那个时刻的视图，因此如果某些数据是在快照进程启动之后才写入索引的，那它们就不会出现在快照中。对于已经启动并且不会迁移的主分区，快照过程会立刻启动。在1.2.0版之前，如果集群有任何迁移动作，或索引有新初始化的主分区要加入到快照中，那么快照操作就会立刻失败。从1.2.0版之后，对于迁移或分片初始化操作，Elasticsearch会先等待它们结束，然后才为它们生成快照。

> 在任意时刻，集群中只能运行一个快照进程。在为某一个分片生成快照时，这个分片就不能迁移到另一个节点上，这与重平衡过程和分配过滤可能会冲突。只有快照生成之后，Elasticsearch才能根据分配过滤设置和重平衡算法，将分片迁移到其他节点上。

8.4.3 在云中保存备份

在附加插件的帮助下，Elasticsearch允许将数据推送到集群外部的云端。通过官方支持的插件，至少有 3 种可以部署的仓库。

- S3 仓库：亚马逊 Web 服务。
- HDFS 仓库：Hadoop 集群。
- GCS 仓库：谷歌云服务。
- Azure 仓库：微软云平台。

接下来依次了解一下这些仓库，看看能怎样把要备份的数据推送到云端。

1. S3 仓库

S3 仓库是 Elasticsearch AWS 插件的一部分，所以为了使用 S3 作为保存快照的仓库，先要在集群的每个节点上安装插件，然后再重启节点：

```
sudo bin/elasticsearch-plugin install repository-s3
```

在集群中的每个节点上都安装了插件后，需要修改它们的配置（`elasticsearch.yml` 文件）来提供 AWS 的访问信息。作为例子的配置如下：

```
cloud:
aws:
access_key: YOUR_ACCESS_KEY
secret_key: YOUT_SECRET_KEY
```

为了创建 Elasticsearch 用来保存快照的 S3 仓库，需要执行一个类似下面的命令：

```
curl -XPUT 'http://localhost:9200/_snapshot/my_s3_repository' -d '{
"type": "s3",
"settings": {
"bucket": "bucket_name"
}
}'
```

在定义基于 S3 的仓库时支持以下的配置。

- `bucket`：指定 Elasticsearch 读写数据时使用亚马逊 S3 的哪个桶（`bucket`），这个是必填项。
- `region`：指定前面使用的桶所在的 AWS 区域，默认是 `US Standard`。
- `base_path`：Elasticsearch 默认将数据写到根目录。这个参数允许修改，指定想把数据写入仓库的哪个目录。
- `server_side_encryption`：是否开启加密，默认关闭。如果想使用 AES256 算法来加密数据，可以设置为 `true`。
- `chunk_size`：指定要保存的数据块的大小，默认为 `1GB`。如果快照的大小大于 `chunk_size`，Elasticsearch 会将数据切分为不大于 `chunk_size` 的多个小数据块。块大小的定义格式可以写为 `1GB`、`100MB` 或 `1024KB` 等。
- `buffer_size`：缓冲区的大小，默认为 `100MB`。如果数据块的大小大于 `buffer_size`，Elasticsearch 会把数据块切分为 `buffer_size` 大小的多个段，然后使用 AWS 的 multipart 接口来发送。缓冲区的大小不能小于 5MB，这样会禁用 multipart API。

- endpoint：默认是AWS的默认S3端点。设置区域会覆盖端点设置。
- protocol：设置使用http或https，默认是cloud.aws.protocol或cloud.aws.s3.protocol的值。
- compress：默认为false。当设置为true时，将把快照的元数据文件以压缩格式存储。请注意，索引文件已经默认被压缩了。
- read_only：将仓库设置为只读，默认为false。
- max_retries：指定Elasticsearch在放弃读取或者保存快照前最多重试的次数。默认为3次。

除了以上的属性，还可以设置两个属性，可以覆盖保存在elasticsearch.yml文件中用来连接S3的身份信息。这在使用多个S3仓库时非常便利，每个仓库都可以有自己的安全配置。

- access_key：这一项覆盖elaticsearch.yml文件里的cloud.aws.access_key。
- secret_key：这一项覆盖elaticsearch.yml文件里的cloud.aws.secret_key。

AWS实例将S3端点解析成公网IP。如果Elasticsearch实例处于一个AWS VPC中的私有子网中，那所有到S3的流量都要经过VPC的NAT实例。如果VPC的NAT实例规模比较小（比如t1.micro），或者处理的网络流量比较大，那到S3的带宽就可能受限于那个NAT实例的网络带宽上限。因此，如果Elasticsearch集群运行在VPC里，请一定确保实例有充足的网络带宽，不会发生网络拥堵。

AWS VPC的公共子网中的实例会通过VPC的互联网网关连入S3，不会受限于VPC的NAT实例带宽。

2. HDFS仓库

如果使用Hadoop和HDFS（http://wiki.apache.org/hadoop/HDFS）文件系统，备份Elasticsearch数据的一个不错的方案就是保存到Hadoop集群中。如同S3的例子，有一个专门的插件来实现这个功能。使用以下命令来安装这个插件：

```
sudo bin/elasticsearch-plugin install repository-hdfs
```

HDFS快照和恢复插件是基于最新版本的Apache Hadoop 2.x（现在是2.7.1）构建的。如果Hadoop发行版与Apache Hadoop在协议上不兼容，可以把插件文件夹中的Hadoop库文件换成自己的（可能要调整必要的安全设置）。

即使已经在Elasticsearch节点上安装了Hadoop，出于安全考虑，必要的库应该放在插件目录下。请注意在大多数时候，如果发行版是兼容的，只需要改动相应的

Hadoop 配置文件，就可以配好仓库了。

当每个 Elasticsearch 节点上都安装了插件，并重新启动了所有节点之后，可以使用以下的命令在 Hadoop 集群中建立一个仓库：

```
curl -XPUT 'http://localhost:9200/_snapshot/es_hdfs_repository' -d
'{
   "type": "hdfs"
   "settings": {
   "uri": "hdfs://namenode:8020/",
   "path": "elasticsearch_snapshots/es_hdfs_repository"
   }
 }'
```

能够使用的配置如下。

- uri：这个是必填参数，用于把 HDFS 的地址告诉 Elasticsearch。这个参数要符合 hdfs://HOST:PORT 这样的格式。
- path：关于快照需要被存储的路径的信息，这是必填参数。
- load_default：指定是否读取 Hadoop 配置的默认参数，如果要禁止读取这些参数，可以设置为 false。默认是打开的。
- chunk_size：指定 Elasticsearch 切分快照数据时使用的数据块的大小。如果你想加快保存快照的速度，可以将块大小设置为一个较小的值，再用更多的流来向 HDFS 推送数据。它默认是关闭的。
- conf.<key>：这个是可选参数，key 可以是任意的 Hadoop 参数。通过这个属性配置的值会合并到 Hadoop 配置里。

作为另一种方案，也可以在各个节点上的 elasticsearch.yml 文件中定义 HDFS 仓库及配置，如下所示：

```
repositories:
hdfs:
uri: "hdfs://<host>:<port>/"
path: "some/path"
load_defaults: "true"
conf.<key> : "<value>"
compress: "false"
chunk_size: "10mb"
```

3. Azure 仓库

与亚马逊 S3 类似，可以用一个专门的插件来将索引和元数据推送到微软云服务。在集群的每个节点上安装插件，只需要运行如下的命令即可：

```
sudo bin/elasticsearch-plugin install repository-azure
```

插件的配置也类似亚马逊 S3 的配置。elasticsearch.yml 文件需要包含以下的段落：

```
cloud:
azure:
```

```
storage:
my_account:
account: your_azure_storage_account
key: your_azure_storage_key
```

安装完插件后请不要忘了将所有节点重启。

配置好 Elasticsearch 后，需要创建具体的仓库，可以通过以下的命令来创建：

```
curl -XPUT 'http://localhost:9200/_snapshot/azure_repository' -d '{
"type": "azure"
}'
```

Elasticsearch 的 Azure 插件支持以下的配置参数。

- account：将要使用的微软 Azure 账号。
- container：跟使用亚马逊 S3 的桶类似，所有的信息都保存在容器中。这项配置指定微软 Azure 空间的容器名称，默认值是 elasticsearch-snapshots。
- base_path：这项配置允许改变 Elasticsearch 存放数据的路径。这个值默认为空，这时 Elasticsearch 会把数据保存在根目录。
- compress：默认为 false。启用可以在生成快照的时候压缩元数据。
- chunk_size：Elasticsearch 使用的数据块的最大值（默认是 64M，这也是支持的最大值）。在数据需要被切分成更小的数据块时，可以改变这个值。设置可以用数值的形式，如 1G、100M 或 5K。

下面是一个创建仓库的例子，后面是相应的设置参数：

```
curl -XPUT "http://localhost:9205/_snapshot/azure_repository" -d'
{
"type": "azure",
"settings": {
"container": "es-backup-container",
"base_path": "backups",
"chunk_size": "100m",
"compress": true
}
}'
```

4. 谷歌云存储仓库

与亚马逊 S3 和微软 Azure 相似，可以用 GCS 仓库插件来为索引生成快照，或做恢复。插件的设置方法与其他的云插件类似。要详细了解谷歌云仓库插件是如何工作的，请访问下面的 URL：

https://www.elastic.co/guide/en/elasticsearch/plugins/5.0/repository-gcs.html

8.5　快照恢复

快照恢复非常容易。也可以将快照恢复到版本兼容的其他集群。

快照不能恢复到更低版本的 Elasticsearch 中。

在恢复快照时，如果索引不存在，一个同名的新索引就会被创建出来，而且在创建镜像之前，已有的有关这个索引的映射也会被创建出来。如果索引已经存在了，那它必须处于关闭状态，而且必须与索引快照有相同的分片数。在成功完成之后，恢复操作将自动打开索引。

快照恢复的例子

假设仓库名为 es_backup，快照名为 snapshot_1，要恢复快照只需要在客户端节点上对 _restore 端点执行如下命令：

```
curl -XPOST localhost:9200/_snapshot/es-backup/snapshot_1/_restore
```

这个命令会恢复快照的所有索引。

Elasticsearch 提供了几个选项来控制恢复快照的过程，下面几个是比较重要的。

1. 恢复多个索引

有些时候并不想恢复快照中的所有索引，只想恢复其中的几个，那可以这样执行命令：

```
  curl -XPOST
"http://localhost:9200/_snapshot/es-backup/snapshot_1/_restore" -d'
    {
      "indices": "index_1,index_2",
      "ignore_unavailable": "true"
    }'
```

2. 重命名索引

索引一旦创建了就无法改名，只可以创建别名。但在从快照中恢复的时候，Elasticsearch 提供了选项来重命名索引，比如：

```
    curl -XPOST
"http://localhost:9200/_snapshot/es-backup/snapshot_1/_restore" -d'
    {
    "indices": "index_1",
    "ignore_unavailable": "true",
    "rename_replacement": "restored_index"
    }'
```

3. 部分恢复

部分恢复是个非常有用的特性。假如在创建快照时有些分片无法生成快照，那就用得上部分恢复了。在恢复的过程中，如果有些索引缺失对所有分片的快照，整个恢复过程就会失败。这时候可以运行如下命令，将这样的索引恢复回集群：

```
    curl -XPOST
"http://localhost:9200/_snapshot/es-backup/snapshot_1/_restore" -d'
    {
    "partial": true
    }'
```

恢复过程结束后，缺失的分片会被创建成空的。

4. 在恢复过程中修改索引设置

许多索引设置都可以在恢复的过程中修改，比如副本数、刷新间隔等。假设现在要恢复一个名为 my_index 的索引，为了追求恢复速度而将副本数设置为 0，并使用默认的刷新间隔，那可以运行如下命令：

```
    curl -XPOST
"http://localhost:9200/_snapshot/es-backup/snapshot_1/_restore" -d'
    {
    "indices": "my_index",
    "index_settings": {
    "index.number_of_replicas": 0
    },
    "ignore_index_settings": [
    "index.refresh_interval"
    ]
    }'
```

indices 参数可以包含多个用逗号分隔的索引名。

恢复过程结束后，可以用如下命令增加副本：

```
curl -XPUT "http://localhost:9200/my_index/_settings" -d'
{
"index": {
"number_of_replicas": 1
}
}'
```

5. 恢复到其他集群

快照恢复到不同的集群，要把快照恢复的目标改写成一个新集群。

在这个过程中有以下几点要着重考虑：

- 与生成快照的集群相比，新集群的版本必须相等或更高（但大版本也只能多 1）。比如，可以将 1.x 的快照恢复到 2.x 的集群中，但不能将 1.x 的快照恢复到 5.x 的集群中。
- 快照恢复的过程中可以应用索引设置。
- 新集群的大小（节点数量等）不一定要与旧集群相同。
- 恢复过程中要保证有充足的磁盘空间和内存。
- 所有节点设置必须相同（比如同义词、hunspell 文件等）。生成快照时所有节点上已有的插件（比如 attachment 插件）也必须相同。
- 如果原集群中的索引用分片分配过滤机制指定到了特定节点上，那在新集群中必须也使用相同的规则。因此，如果新集群没有节点能提供合适的配置属性让将要恢复的索引分配在它上面，这个索引就不能被成功恢复，除非在恢复的过程中修改了这些索引的分配设置。

8.6 小结

在本章中，讨论了大部分与 Elasticsearch 管理有关的内容。先讨论了不同的节点类型，如何配置，然后是 Elasticsearch 的发现和恢复模块细节。接下来是 Cat API，可以用可读的格式来查看节点、集群、索引状态。最后讨论的是 Elasticsearch 的备份和恢复 API，可以对共享文件存储、云等各种不同的仓库进行增量备份，并将快照恢复回集群。

在下一章，讨论一个 Elasticsearch 最令人兴奋的特性：ingest 节点。它可以在索引数据之前就先对数据进行预处理。也会谈到联盟搜索是如何利用部落节点与各种不同的集群一起工作的。

第9章 Chapter 9

数据转换与联盟搜索

在上一章中，讨论了大部分与Elasticsearch集群管理有关的内容。先讨论了不同的节点类型，如何配置，然后是Elasticsearch的发现和恢复模块细节。接下来是Elasticsearch的Cat API，用易于阅读的格式来查看节点、集群和索引状态。最后是Elasticsearch的快照和恢复API，可以进行增量备份，并保存到共享文件存储、云等各种不同的仓库，以及将快照恢复回集群。

在本章中，讨论Elasticsearch最令人兴奋的特性之一：ingest节点。它可以在索引数据之前就先对它进行预处理。也会谈到联盟搜索是如何利用部落节点与各种不同的集群一起工作的。本章主要包括以下内容：

- 用Ingest节点在Elasticsearch里对数据进行预处理。
- 联盟搜索是什么，怎么结合部落节点使用。

9.1 用ingest节点在Elasticsearch里对数据进行预处理

在8.1节中，对ingest节点已经有了一个简单印象。在本节中，将详细讲述它的功能。

ingest节点是在Elasticsearch 5.0引入的，用于在索引数据之前，先对它进行预处理和完善。当需要把数据发往Elasticsearch之前，用定制的解析器或logstash对文档进行处理并完善时，ingest节点就非常有用了。现在在Elasticsearch内部就可以完成所有的这些事。预处理是通过定义一个管道和一系列的处理器来完成的。每个处理器都对文档进行一些转换，比如增加一个字段并赋予固定值，或者完全删除一个字段。

9.1.1 使用 ingest 管道

ingest 管道用如下的结构定义：

```
{
  "description" : "...",
  "processors" : [ ... ]
}
```

这里的 description 参数包含一段文本，描述管道是什么。processors 参数是一到多个处理器组成的列表，而且处理器的执行顺序通常就是被声明的顺序。在接下来的几节中看几个例子，了解在 Elasticsearch 中如何使用各种现有的处理器。

ingest API

Elasticsearch 提供了专门的 _ingest API 来创建管道，获取已注册的管道细节、删除管道和调试管道等。

（1）创建管道

可以用如下方式新增或更改管道：

```
n be added or updated in the following way:

 curl -XPUT "localhost:9200/_ingest/pipeline/pipeline-id" -d'
 {
    "description": "pipeline description",
    "processors": [
       {
          "set": {
             "field": "foo",
             "value": "bar"
          }
       }
    ]
}'
```

（2）获取管道细节

要获取已注册的管道细节，可以使用如下命令：

```
curl -XGET 'localhost:9200/_ingest/pipeline/pipeline-id?pretty'
```

可以用逗号间隔的 ID 列表来通过一个请求获得多个管道的信息。在 ID 中也可以使用通配符。

（3）删除管道

与从 Elasticsearch 索引中删除文档类似，可以使用如下命令删除管道：

```
curl -XDELETE 'localhost:9200/_ingest/pipeline/pipeline-id'
```

可以用逗号间隔的 ID 列表来通过一个请求获得多个管道的信息。在 ID 中也可以使用通配符。

（4）模拟管道用于调试

除了 _ingest API，Elasticsearch 还提供了 _simulate API 来调试管道。这可以确

认一个处理器到底做了什么，以及如果处理失败的话，会抛出什么错。

模拟 API 可用于对一个输入文档的集合运行管道。这些输入文档不会真正被索引，只会被用于测试管道。

模拟请求的结构如下：

```
curl -XPOST "localhost:9200/_ingest/pipeline/_simulate" -d'
{
   "pipeline": {},
   "docs": []
}'
```

pipeline 参数包含对管道的定义，docs 参数包含着 JSON 文档的数组，用于对给定的管道进行测试。

在下面的例子中，通过 set 处理器来给文档增加一个新的名为 category 的字段，值为 search engine：

```
curl -XPOST "http://localhost:9200/_ingest/pipeline/_simulate?pretty" -d'
  {
    "pipeline" :
    {
      "description": "adding a new field and value to the each document",
      "processors": [
        {
          "set" : {
            "field" : "category",
            "value" : "search engine"
          }
        }
      ]
    },
    "docs": [
      {
        "_index": "index",
        "_type": "type",
        "_id": "id",
        "_source": {
          "name": "lucene"
        }
      },
      {
        "_index": "index",
        "_type": "type",
        "_id": "id",
        "_source": {
          "name": "elasticsearch"
        }
      }
    ]
  }'
```

上面的请求响应如下：

```
{
  "docs" : [
```

```
    {
      "doc" : {
        "_id" : "id",
        "_index" : "index",
        "_type" : "type",
        "_source" : {
          "name" : "lucene",
          "category" : "search engine"
        },
        "_ingest" : {
          "timestamp" : "2016-12-25T19:48:10.542+0000"
        }
      }
    },
    {
      "doc" : {
        "_id" : "id",
        "_index" : "index",
        "_type" : "type",
        "_source" : {
          "name" : "elasticsearch",
          "category" : "search engine"
        },
        "_ingest" : {
          "timestamp" : "2016-12-25T19:48:10.542+0000"
        }
      }
    }
  ]
}
```

可以看到两份文档中都包含了新的 `category` 字段。

在模拟请求中可以使用 `verbose` 参数来了解当文档经过管道时，每个处理器是如何处理的。接下来的例子中包含两个处理器，每个处理器都会对每份输入的文档增加一个新字段：

```
    curl -XPOST
"http://localhost:9200/_ingest/pipeline/_simulate?pretty&verbose" -d'

    {
      "pipeline" :
      {
        "description": "adding a new field and value to the each document",
        "processors": [
          {
            "set" : {
              "field" : "category",
              "value" : "search engine"
            }
          },
      {
        "set" : {
          "field" : "field3",
          "value" : "value3"
        }
```

```
        }
      ]
    },
    "docs": [
      {
        "_index": "index",
        "_type": "type",
        "_id": "id",
        "_source": {
          "name": "lucene"
        }
      },
      {
        "_index": "index",
        "_type": "type",
        "_id": "id",
        "_source": {
          "name": "elasticsearch"
        }
      }
    ]
}'
```

上面的请求输出如下：

```
{
  "docs" : [
    {
      "processor_results" : [
        {
          "doc" : {
            "_type" : "type",
            "_index" : "index",
            "_id" : "id",
            "_source" : {
              "name" : "lucene",
              "category" : "search engine"
            },
            "_ingest" : {
              "timestamp" : "2016-12-25T19:56:50.599+0000"
            }
          }
        },
        {
          "doc" : {
            "_type" : "type",
            "_index" : "index",
            "_id" : "id",
            "_source" : {
              "name" : "lucene",
              "category" : "search engine",
              "field3" : "value3"
            },
            "_ingest" : {
              "timestamp" : "2016-12-25T19:56:50.599+0000"
            }
          }
```

```
        }
      ]
    },
    {
      "processor_results" : [
        {
          "doc" : {
            "_type" : "type",
            "_index" : "index",
            "_id" : "id",
            "_source" : {
              "name" : "elasticsearch",
              "category" : "search engine"
            },
            "_ingest" : {
              "timestamp" : "2016-12-25T19:56:50.599+0000"
            }
          }
        },
        {
          "doc" : {
            "_type" : "type",
            "_index" : "index",
            "_id" : "id",
            "_source" : {
              "name" : "elasticsearch",
              "category" : "search engine",
              "field3" : "value3"
            },
            "_ingest" : {
              "timestamp" : "2016-12-25T19:56:50.599+0000"
            }
          }
        }
      ]
    }
  ]
}
```

如果对一个已有的管道使用模拟 API，那么直接使用下面的请求就可以了：

```
curl -XPOST
"http://localhost:9200/_ingest/pipeline/my-pipeline-id/_simulate" -d'
    {
      "docs" : [
         { /** first document **/ },
        { /** second document **/ },
        // ...
      ]
    }'
```

9.1.2 处理管道中的错误

ingest 管道就是一系列的处理器，按它们被定义的顺序去逐个执行，并会在第一次出异常时中止。如果处理流程期望出错的结果，那异常中止这个行为可能就不是那么理想。比如某日志可能无法被 `grok` 表达式匹配，这时可能会希望将文档索引到一个单独的索引中，而不是中止执行。

可以在定义管道时用 on_failure 参数来启用这种行为。on_failure 参数定义了一系列在出错的处理器之后立刻执行的处理器。在管道级和在处理器级都可以指定这个参数。如果处理器使用了 on_failure 配置，即使内容是空的，处理器中抛出的异常也会被捕获，然后管道会继续执行其他剩下的处理器。在 on_failure 声明内可以进一步定义处理器，因此可以嵌套进行错误处理。

1. 在同一份文档和索引中标记错误

在下面的例子中定义了一个管道，要将文档中的 name 字段重命名为 technology_name。如果文档中不包含 name 字段，处理器会给文档附上一条出错消息，用于在 Elasticsearch 中做后续分析：

```
curl -XPUT "http://localhost:9200/_ingest/pipeline/pipeline1" -d'
{
      "description" : "my first pipeline with handled exceptions",
      "processors" : [
        {
          "rename" : {
            "field" : "name",
            "target_field" : "technology_name",
            "on_failure" : [
              {
                "set" : {
                  "field" : "error",
                  "value" : "field "name" does not exist, cannot rename to
"technology_name""
                }
              }
            ]
          }
        }
      ]}'
```

上面的请求注册了一个管道，接下来用这个管道索引一份文档。请注意这份文档不包含 name 字段，但仍将被索引：

```
    curl -XPOST "http://localhost:9200/my_index/doc/1?pipeline=pipeline1" -
d'
    {
      "message": "learning ingest APIs"
    }'
```

但当用下面的命令从 Elasticsearch 中获取这份文档时，会看到它多包含了一个 error 字段，value 是提供的出错消息：

```
curl -XGET "http://localhost:9200/my_index/doc/1"
```

输出如下：

```
    {
       "_index": "my_index",
```

```
        "_type": "doc",
        "_id": "1",
        "_version": 1,
        "found": true,
        "_source": {
          "message": "learning ingest APIs",
          "error": "field "name" does not exist, cannot rename to
"technology_name""
        }
      }
```

2. 在另一个索引中索引容易出错的文档

知道了如何在同一个索引的文档中标记错误，但如果想把所有容易出错的文档都保存到另一个索引中，可以这样定义 on_failure 的内容：

```
"on_failure": [
                {
                    "set": {
                        "field": "_index",
                        "value": "failed-{{ _index }}"
                    }
                }
            ]
```

请注意，上面的语法会创建一个名为 failed-my_index 的新索引，并会索引所有抛出了错误的文档。

3. 直接忽略错误

如果并不想对错误进行任何处理，也不想索引操作被中断，那可以直接把错误忽略掉，只需要将 ignore_failure 参数设置为 true：

```
{
  "description" : "pipleline which ignore errors",
  "processors" : [
    {
      "rename" : {
        "field" : "name",
        "target_field" : "technology_name",
        "ignore_failure" : true
      }
    }
  ]
}
```

9.1.3 使用 ingest 处理器

在作者写作本书时，Elasticsearch 中已经有了 23 个内置的处理器，如下所列：

- ❑ Append 处理器。
- ❑ Convert 处理器。
- ❑ Date 处理器。
- ❑ Date 索引名处理器。

- ❑ Fail 处理器。
- ❑ Foreach 处理器。
- ❑ Grok 处理器。
- ❑ Gsub 处理器。
- ❑ Join 处理器。
- ❑ JSON 处理器。
- ❑ KV 处理器。
- ❑ Lowercase 处理器。
- ❑ Remove 处理器。
- ❑ Rename 处理器。
- ❑ Script 处理器。
- ❑ Set 处理器。
- ❑ Split 处理器。
- ❑ Sort 处理器。
- ❑ Trim 处理器。
- ❑ Uppercase 处理器。
- ❑ Dot expander 处理器。

在上一节中，已经看过了使用 set 处理器（用于设置一个字段，并为那个字段增加值）和 rename 处理器（将一个字段重命名）的例子。接下来再看几个处理器，以及它们的用途。

1. Append 处理器

如果一个字段已经存在并且是一个数组，这个处理器可以将一到多个值追加到数组中。如果字段已存在并且是一个 scalar，也可以将一个 scalar 转换成数组，并将一到多个值追加进去。另外在字段不存在时，也可以用提供的值创建一个数组。这个处理器可以接受一个值，也可以接受值的数组。例：

```
{
  "append": {
    "field": "tags"
    "value": ["tag1", "tag2", "tag3"]
  }
}
```

2. Convert 处理器

这种处理器用于将一个字段的值转换成另一种不同类型，比如将字符串格式的整数转换为整型。例：

```
{
    "convert": {
      "field" : "field1",
```

```
      "type": "integer"
    }
  }
```

这种处理器可以将字符串类型的 "33" 转换为数字类型的 33，但如果字段中包含非数字的文本，那就会抛出一个数字格式的异常。

这种处理器也有另外两个可选参数，target_field 是用于保存转换后的值的字段，默认行为是在原字段中更新。ignore_missing 的默认值是 false，如果设置成 true 而字段又不存在或者为 null，那处理器就会直接退出，不会对文档进行改动。

3. Grok 处理器

这是现有的最强大的处理器之一，可以从文档的一个文本型字段中提取出结构化的字段来。可以指定从哪个字段中提取内容出来，以及准备匹配的 grok 模式。grok 模式和正则表达式一样，支持可重用的别名化的表达式。

如果曾经使用过 logstash，那一定对 grok 过滤器有印象，它也用于类似目的。

这个工具被广泛地应用于各种日志处理，如 syslog、网站服务日志等。它从日志中抽取有价值的信息，并用结构化的格式索引起来。这个处理器最棒的是它自带了 120 多种 grok 模式，可供用户直接使用。从下面链接中可以得到模式的完整列表：https://github.com/elastic/elasticsearch/tree/master/modules/ingest-common/src/main/resources/patterns

下面是一个将 grok 处理器和 convert 处理器结合使用的例子。

首先，用下面的命令注册一个管道：

```
curl -XPUT "http://localhost:9200/_ingest/pipeline/grok-pipeline" -d'
{
   "description": "my pipeline for extracting info from logs",
   "processors": [
      {
         "grok": {
            "field": "message",
            "patterns": [
               "%{IP:client} %{WORD:method} %{URIPATHPARAM:req}
%{NUMBER:bytes} %{NUMBER:duration}"
            ]
         }
      },
      {
         "convert": {
            "field": "duration",
            "type": "integer"
         }
      }
   ]
}'
```

然后，用刚刚创建的管道索引一份文档：

```
    curl -XPOST "http://localhost:9200/logs/doc/1?pipeline=grok-pipeline" -
d'
    {
      "message": "127.0.0.1 POST /fetch_docs 200 10"
    }'
```

现在获取文档，看看它包含什么：

```
curl -XGET "http://localhost:9200/logs/doc/1"
```

上面的命令输出如下：

```
{
       "_index": "logs",
       "_type": "doc",
       "_id": "1",
       "_version": 1,
       "found": true,
       "_source": {
          "duration": 10,
          "method": "POST",
          "bytes": "200",
          "client": "127.0.0.1",
      "message": "127.0.0.1 POST /fetch_docs 200 10",
      "req": "/fetch_docs"
   }
}
```

除了内置的 grok 模式，也可以用下面例子中的 pattern_definition 选项来自己定义 grok 模式：

```
curl -XPOST "http://localhost:9200/_ingest/pipeline/_simulate" -d'
{
  "pipeline": {
  "description" : "parse custom patterns",
  "processors": [
    {
      "grok": {
        "field": "message",
        "patterns": ["%{LOVE:hobbies} about %{TOPIC:topic}"],
        "pattern_definitions" : {
          "LOVE" : "reading",
          "TOPIC" : "databases"
        }
      }
    }
  ]
},
"docs":[
  {
    "_source": {
      "message": "I like reading about databases"
    }
  }
  ]
}'
```

在上面的请求中定义了两个模式，并在 patterns 参数中用到了它们。请求的输出如下：

```
{
   "docs": [
      {
         "doc": {
            "_type": "_type",
            "_index": "_index",
            "_id": "_id",
            "_source": {
               "topic": "databases",
               "message": "I like reading about databases",
               "hobbies": "reading"
            },
            "_ingest": {
               "timestamp": "2016-12-25T21:42:20.930+0000"
            }
         }
      }
   ]
}
```

要得到 Elasticsearch 提供的处理器的完整列表，可以通过下面的 URL 访问官方文档：https://www.elastic.co/guide/en/elasticsearch/reference/master/ingest-processors.html

9.2 联盟搜索

有时把数据保存在一个集群中是不够的。想象以下的情况，有多个地点需要索引和搜索数据，如本地公司用他们自己的集群来保存数据。公司的数据中心可能也想搜索这些数据，不是一个地点一个地点地搜索，而是一次搜索全部。当然，在搜索应用中，可以连上全部的这些集群，然后合并这些结果，但是从 Elasticsearch 的 1.0 版开始，还可以使用部落节点（tribe node）来完成这个任务。部落节点作为联合客户端可以提供访问多个 Elasticsearch 集群的能力。部落节点的功能是从连接的集群中获取所有的集群状态，并将这些状态合并为一个全局的状态。在本节中，讨论一下部落节点，以及如何配置和使用它们。

9.2.1 测试集群

为了展示部落集群是如何工作的，创建两个保存数据的集群。第 1 个集群叫作 mastering_one（设置集群名称需要在 elasticsearch.yml 文件中设置 cluster.name 属性），第 2 个集群叫作 matering_two。为了尽可能地简单，每个集群都只包含一个 Elasticsearch 节点。集群 mastering_one 的唯一节点的 IP 地址是 11.0.7.102，集群 mastering_two 的唯一节点的 IP 地址是 11.0.7.104。

请注意，要把 Elasticsearch 节点的 IP（11.0.7.102、11.0.7.103 和 11.0.7.104）换成自己的实际 IP 地址。

集群 1 中索引了以下的文档：

```
curl -XPOST '11.0.7.102:9200/index_one/doc/1' -d '{"name" : "Test document
1 cluster 2"}'

curl -XPOST '11.0.7.102:9200/index_one/doc/2' -d '{"name" : "Test document
2 cluster 2"}'
```

集群 2 中索引了以下的文档：

```
curl -XPOST '11.0.7.104:9200/index_two/doc/1' -d '{"name" : "Test document
1 cluster 2"}'

curl -XPOST '11.0.7.104:9200/index_two/doc/2' -d '{"name" : "Test document
2 cluster 2"}'
```

9.2.2　建立部落节点

现在，试着创建一个简单的部落节点，使用默认的单播发现。为此，需要一个新的 Elasticsearch 节点。同样需要为这个节点提供配置来指定部落节点需要连接的集群，在例子里，就是之前创建的两个集群。为了配置部落节点，需要在 elasticsearch.yml 文件中配置以下的内容：

```
cluster.name: tribe_cluster
tribe.mastering_one.cluster.name: mastering_one
tribe.mastering_one.discovery.zen.ping.unicast.hosts: ["11.0.7.102"]
tribe.mastering_two.cluster.name: mastering_two
tribe.mastering_two.discovery.zen.ping.unicast.hosts: ["11.0.7.104"]
node.name: tribe_node_1
```

部落节点的配置项都以 tribe 为前缀。在上面的配置中，Elasticsearch 有两个部落，一个叫作 mastering_one，一个叫作 masting_two。部落名可以是任意的名称，它们只是用来区分不同的集群。也为每个集群配置了 discovery.zen.ping.unicast.hosts 属性，这样部落节点就可以使用单播发现机制来连上它们了。

不要忘记为每个集群的所有节点配置 network.host 属性，这样节点就可以绑定到网络地址上，在网络中可用了。在一个安全的 VPC 中，可以把它们绑定到 0.0.0.0。

现在可以启动部落节点了，将在 IP 地址是 11.0.7.103 的服务器上启动。启动 Elasticsearch 部落节点之后，可以在部落节点的日志中看到如下内容：

```
    [[2016-12-25T12:40:16,341][INFO ][o.e.n.Node               ]
[tribe_node_1] initialized
    [2016-12-25T12:40:16,342][INFO ][o.e.n.Node               ]
[tribe_node_1] starting ...
    [2016-12-25T12:40:16,621][INFO ][o.e.t.TransportService   ]
[tribe_node_1] publish_address {11.0.7.103:9300}, bound_addresses
{[::]:9300}
    [2016-12-25T12:40:16,627][INFO ][o.e.b.BootstrapCheck     ]
[tribe_node_1] bound or publishing to a non-loopback or non-link-local
address, enforcing bootstrap checks
```

```
    [2016-12-25T12:40:16,695][INFO ][o.e.h.HttpServer          ]
[tribe_node_1] publish_address {11.0.7.103:9200}, bound_addresses
{[::]:9200}
    [2016-12-25T12:40:16,697][INFO ][o.e.n.Node                ]
[tribe_node_1/mastering_one] starting ...
    [2016-12-25T12:40:17,022][INFO ][o.e.t.TransportService    ]
[tribe_node_1/mastering_one] publish_address {11.0.7.103:9301},
bound_addresses {[::]:9301}
    [2016-12-25T12:40:20,183][INFO ][o.e.c.s.ClusterService    ]
[tribe_node_1/mastering_one] detected_master
{mastering_one_node_1}{lb4Splc6ThCNY2BCf4Ww-
A}{rRu-1h4wQAGJhCgsVnFhow}{11.0.7.102}{11.0.7.102:9300}, added
{{mastering_one_node_1}{lb4Splc6ThCNY2BCf4Ww-
A}{rRu-1h4wQAGJhCgsVnFhow}{11.0.7.102}{11.0.7.102:9300},}, reason: zen-
disco-receive(from master [master
{mastering_one_node_1}{lb4Splc6ThCNY2BCf4Ww-
A}{rRu-1h4wQAGJhCgsVnFhow}{11.0.7.102}{11.0.7.102:9300} committed version
[5]])
    [2016-12-25T12:40:20,195][INFO ][o.e.n.Node                ]
[tribe_node_1/mastering_one] started
    [2016-12-25T12:40:20,195][INFO ][o.e.n.Node                ]
[tribe_node_1/mastering_two] starting ...
    [2016-12-25T12:40:20,200][INFO ][o.e.t.TribeService        ]
[tribe_node_1] [mastering_one] adding node
[{tribe_node_1/mastering_one}{Ii9HdyG6RHSYRtYu32qA_w}{frKhVo-
fTxyq4VJUL5W8GA}{11.0.7.103}{11.0.7.103:9301}{tribe.name=mastering_one}]
    [2016-12-25T12:40:20,200][INFO ][o.e.t.TribeService        ]
[tribe_node_1] [mastering_one] adding node
[{mastering_one_node_1}{lb4Splc6ThCNY2BCf4Ww-
A}{rRu-1h4wQAGJhCgsVnFhow}{11.0.7.102}{11.0.7.102:9300}{tribe.name=masterin
g_one}]
    [2016-12-25T12:40:20,214][INFO ][o.e.c.s.ClusterService    ]
[tribe_node_1] added
{{tribe_node_1/mastering_one}{Ii9HdyG6RHSYRtYu32qA_w}{frKhVo-
fTxyq4VJUL5W8GA}{11.0.7.103}{11.0.7.103:9301}{tribe.name=mastering_one},{ma
stering_one_node_1}{lb4Splc6ThCNY2BCf4Ww-
A}{rRu-1h4wQAGJhCgsVnFhow}{11.0.7.102}{11.0.7.102:9300}{tribe.name=masterin
g_one},}, reason: cluster event from mastering_one[zen-disco-receive(from
master [master {mastering_one_node_1}{lb4Splc6ThCNY2BCf4Ww-
A}{rRu-1h4wQAGJhCgsVnFhow}{11.0.7.102}{11.0.7.102:9300} committed version
[5]])]
    [2016-12-25T12:40:20,506][INFO ][o.e.t.TransportService    ]
[tribe_node_1/mastering_two] publish_address {11.0.7.103:9302},
bound_addresses {[::]:9302}
    [2016-12-25T12:40:23,580][INFO ][o.e.c.s.ClusterService    ]
[tribe_node_1/mastering_two] detected_master
{mastering_two_node_1}{kLoK49a7Sc2COFJc1i-21A}{zyCqnk79R2KIeucUdMc2Ug}{11.0.
7.104}{11.0.7.104:9300}, added
{{mastering_two_node_1}{kLoK49a7Sc2COFJc1i-21A}{zyCqnk79R2KIeucUdMc2Ug}{11.
0.7.104}{11.0.7.104:9300},}, reason: zen-disco-receive(from master [master
{mastering_two_node_1}{kLoK49a7Sc2COFJc1i-21A}{zyCqnk79R2KIeucUdMc2Ug}{11.0.
7.104}{11.0.7.104:9300} committed version [6]])
    [2016-12-25T12:40:23,581][INFO ][o.e.t.TribeService        ]
[tribe_node_1] [mastering_two] adding node
[{tribe_node_1/mastering_two}{dlqAZKckQwCnhCtDw4veDg}{CWadKcbqTn24fl5qJlvOj
A}{11.0.7.103}{11.0.7.103:9302}{tribe.name=mastering_two}]
    [2016-12-25T12:40:23,581][INFO ][o.e.t.TribeService        ]
```

```
[tribe_node_1] [mastering_two] adding node
[{mastering_two_node_1}{kLoK49a7Sc2COFJc1i-21A}{zyCqnk79R2KIeucUdMc2Ug}{11.
0.7.104}{11.0.7.104:9300}{tribe.name=mastering_two}]
    [2016-12-25T12:40:23,582][INFO ][o.e.c.s.ClusterService    ]
[tribe_node_1] added
{{tribe_node_1/mastering_two}{dlqAZKckQwCnhCtDw4veDg}{CWadKcbqTn24fl5qJlv0j
A}{11.0.7.103}{11.0.7.103:9302}{tribe.name=mastering_two},{mastering_two_no
de_1}{kLoK49a7Sc2COFJc1i-21A}{zyCqnk79R2KIeucUdMc2Ug}{11.0.7.104}{11.0.7.10
4:9300}{tribe.name=mastering_two},}, reason: cluster event from
mastering_two[zen-disco-receive(from master [master
{mastering_two_node_1}{kLoK49a7Sc2COFJc1i-21A}{zyCqnk79R2KIeucUdMc2Ug}{11.0.
7.104}{11.0.7.104:9300} committed version [6]])]
    [2016-12-25T12:40:23,583][INFO ][o.e.n.Node               ]
[tribe_node_1/mastering_two] started
    [2016-12-25T12:40:23,583][INFO ][o.e.n.Node               ]
[tribe_node_1] started
```

9.2.3 通过部落节点读取数据

前面讲过，部落节点从所有连接的集群中获取集群状态，并合并为一个集群状态。这样做是为了让部落节点可以对所有的集群进行读和写操作。由于集群状态是合并后的结果，几乎所有操作的工作原理都跟它们在单一集群中执行时一样，例如搜索。

试着在部落节点上运行一个查询，看看能得到什么。为此，使用如下的命令：

```
curl -XGET '11.0.7.103:9200/_search?pretty'
```

以上查询的结果如下：

```
{
  "took" : 12,
  "timed_out" : false,
  "_shards" : {
    "total" : 10,
    "successful" : 10,
    "failed" : 0
  },
  "hits" : {
    "total" : 4,
    "max_score" : 1.0,
    "hits" : [
      {
        "_index" : "index_one",
        "_type" : "doc",
        "_id" : "2",
        "_score" : 1.0,
        "_source" : {
          "name" : "Test document 2 cluster 2"
        }
      },
      {
        "_index" : "index_two",
        "_type" : "doc",
        "_id" : "2",
        "_score" : 1.0,
```

```
        "_source" : {
          "name" : "Test document 2 cluster 2"
        }
      },
      {
        "_index" : "index_one",
        "_type" : "doc",
        "_id" : "1",
        "_score" : 1.0,
        "_source" : {
          "name" : "Test document 1 cluster 2"
        }
      },
      {
        "_index" : "index_two",
        "_type" : "doc",
        "_id" : "1",
        "_score" : 1.0,
        "_source" : {
          "name" : "Test document 1 cluster 2"
        }
      }
    ]
  }
}
```

正如所看到的，得到了来自两个集群的文档，这也正是期望的。部落节点会自动从所有连接的部落中得到数据，然后返回相关的结果。当然了，也可以执行更加复杂的查询，可以使用过滤（percolation）、联想（suggestor）等。

9.2.4 主节点级别的读操作

需要主节点存在的读操作会在部落集群中执行，例如读取集群状态或者集群健康情况。可以看看部落节点返回的集群健康数据是怎样的，用如下的命令来查看即可：

```
curl -XGET '11.0.7.103:9200/_cluster/health?pretty'
```

以上命令的结果与如下的内容类似：

```
{
  "cluster_name" : "tribe_cluster",
  "status" : "yellow",
  "timed_out" : false,
  "number_of_nodes" : 5,
  "number_of_data_nodes" : 2,
  "active_primary_shards" : 10,
  "active_shards" : 10,
  "relocating_shards" : 0,
  "initializing_shards" : 0,
  "unassigned_shards" : 10,
  "delayed_unassigned_shards" : 0,
  "number_of_pending_tasks" : 0,
  "number_of_in_flight_fetch" : 0,
  "task_max_waiting_in_queue_millis" : 0,
```

```
  "active_shards_percent_as_number" : 50.0
}
```

正如所看到的，部落节点报告存在 5 个节点。对每个处于连接状态的集群都有 1 个节点，还有一个部落节点和两个内部节点用来为集群提供连接。这就是为什么有 5 个节点而不是 3 个的原因。

9.2.5　通过部落节点写入数据

讨论过了查询和主节点级别的读操作，现在是时候使用部落节点向 Elasticsearch 写入一些数据了。不会过多地讨论索引过程，而是仅仅尝试向一个已经连接的集群中索引一些额外的文档。可以执行如下的命令来完成这项工作：

```
curl -XPOST '11.0.7.103:9200/index_one/doc/3' -d '{"name" : "Test
document 3 cluster 1"}'
```

执行上面的命令会得到如下的响应：

```
{"_index":"index_one","_type":"doc","_id":"3","_version":1,"result":"create
d","_shards":{"total":2,"successful":1,"failed":0},"created":true}
```

正如所看到的，文档被创建了，并且被索引在了正确的集群上。部落节点只是将请求在内部转发给正确的集群。所有不要求改变集群状态的写操作，例如索引，都能通过部落节点正确地执行。

9.2.6　主节点级别的写操作

主节点级别的写操作不能在部落节点上执行。例如，不能通过部落节点创建索引。创建索引这类操作在部落节点上执行时会失败，因为没有一个全局的主节点存在。通过运行如下的命令可以很容易地验证这个结论：

```
curl -XPUT '11.0.7.103:9200/index_three'
```

以上的命令会在等待大约 30 秒后返回如下的错误信息：

```
{"error":{"root_cause":[{"type":"master_not_discovered_exception","reason":
null}],"type":"master_not_discovered_exception","reason":null},"status":503
}
```

正如所看到的，索引没有被创建出来。应当在组成部落的集群上运行主节点级别的写操作。

9.2.7　处理索引冲突

部落节点不能正确处理的事情之一就是在其连接的多个集群中有同名的索引。Elasticsearch 部落节点的默认行为是从中选择一个，而且只选择一个。所以，如果多个集群中有相同的索引，那么只有一个会被选择。

为了验证这一点，在 `mastering_one` 集群和 `mastering_two` 集群上分别创建名为

test_conflicts 的索引。可以使用如下的命令来创建：

```
curl -XPUT '11.0.7.102:9200/test_conflicts'
curl -XPUT '11.0.7.104:9200/test_conflicts'
```

除此之外，再索引两份文档，每个集群一份。使用了如下的命令：

```
    curl -XPOST '11.0.7.102:9200/test_conflicts/doc/11' -d '{"name" : "Test
conflict cluster 1"}'
    curl -XPOST '11.0.7.104:9200/test_conflicts/doc/21' -d '{"name" : "Test
conflict cluster 2"}'
```

现在在部落节点上执行一个简单的查询命令：

```
curl -XGET '11.0.7.103:9200/test_conflicts/_search?pretty'
```

命令的输出如下：

```
{
  "took" : 5,
  "timed_out" : false,
  "_shards" : {
    "total" : 5,
    "successful" : 5,
    "failed" : 0
  },
  "hits" : {
    "total" : 1,
    "max_score" : 1.0,
    "hits" : [
      {
        "_index" : "test_conflicts",
        "_type" : "doc",
        "_id" : "11",
        "_score" : 1.0,
        "_source" : {
          "name" : "Test conflict cluster 1"
        }
      }
    ]
  }
}
```

结果中只包含一个文档。这是由于 Elasticsearch 部落节点不能处理来自不同集群的同名索引，只会选择一个。这非常危险，因为无法预期返回的结果是来自哪里的。

一个好消息是通过在 elasticsearch.yml 中指定 tribe.on_conflict 属性（在 Elasticsearch 1.2.0 引入）来控制这个行为。可以为它配置以下值之一。

- any：这项是 Elasticsearch 的默认值。Elasticsearch 会从连接的部落集群中随意选择一个索引。
- drop：Elasticsearch 会忽略同名索引，并排除在全局集群状态之外。这意味着在使用部落节点时对这些索引无法进行读写操作，但仍然会存在于连接到部落节点的集群上。

- prefer_TRIBE_NAME：Elasticsearch 允许选择使用哪个集群的索引。例如，如果将它设置为 prefer_mastering_one，这意味着 Elasticsearch 会从冲突的索引中选择 mastering_one 集群上的那个索引。

9.2.8 屏蔽写操作

部落节点也可以配置为屏蔽所有的写操作和所有的修改元数据的请求。为屏蔽所有的写请求，需要设置 tribe.blocks.write 属性为 true。为禁止元数据修改请求，需要设置 tribe.blocks.metadata 属性为 true。这两个属性默认值都为 false，这意味着允许写操作和更改元数据请求。当部落节点只应该被用来执行搜索时就可以禁用这些操作了。

另外，Elasticsearch 1.2.0 引入了对指定的索引屏蔽写操作的能力，将 tribe.blocks.indices.write 属性设置为需要屏蔽的索引名即可实现这个功能。例如，如果希望部落节点屏蔽所有以 test 和 production 开头的索引上的写操作，可以在部落节点的 elasticsearch.yml 文件中做如下的配置：

```
tribe.blocks.indices.write: test*, production*
```

9.3 小结

在本章中，先讨论了 Elasticsearch 在真正索引数据之前，先对数据进行预处理的 ingest 节点。也谈到了 Elasticsearch 中联盟搜索的概念，以及它是如何利用部落节点与多个不同的集群一起工作的。

下一章专门讲解在不同的负载下如何提升 Elasticsearch 的性能，以及扩展生产集群的正确方式，并深入理解垃圾回收和热点线程问题，以及如何应对它们。还会谈到查询分析（profiling）和查询基准测试，以了解查询的哪个环节占用了较多的时间。最后，针对高查询率以及高索引吞吐量的场景提供一般性的 Elasticsearch 集群调优建议。

Chapter 10 第10章

提升性能

在上一章中，主要讨论了两类特别的 Elasticsearch 节点：ingest 节点和部落节点。讨论了如何在 Elasticsearch 内部对数据进行预处理和完善，也了解了如何利用部落节点进行跨集群的搜索，即**联盟搜索**。

在本章中，将主要讲解提升 Elasticsearch 集群性能的方法，以及在不同的负载和场景下如何扩展。另外，还会谈到查询分析（profiling）和查询基准测试，以了解查询的哪个环节消耗了较多的时间。最后，针对高查询率以及高索引吞吐量的场景提供一般性的 Elasticsearch 集群调优建议。本章将主要包含以下内容：

- 查询验证和使用查询分析器（profiler）来衡量性能。
- 热点线程 API 是什么，如何用它来诊断问题。
- 如何扩展 Elasticsearch 集群，以及在扩展时要注意什么。
- 调节适用于高查询吞吐量场景的 Elasticsearch。
- 调节适用于高索引吞吐量场景的 Elasticsearch。
- 使用 shrink 和 rollover API 来高效管理基于时间的索引。

10.1 查询验证与分析器

在本节中，将要学习与查询有关的两个重要特性。首先是查询验证，用于确认查询是可以正确执行还是有问题。另外就是获取查询的全部执行时间信息，这样就可以确认查询的各个环节各自占用了多少时间，从而最终解决查询慢问题。

10.1.1 在执行前就验证代价大的查询

在写新的查询语句时，最好能确认查询语句语法都正确，而且不会有任何数据类型与字段定义相冲突之类的问题。Elasticsearch 提供了专门的 `_validate` REST 端点来验证查询，并且不会真正地执行它们。接下来看一个使用这个 API 的例子。

首先，创建索引并索引一些示例文档：

```
curl -XPUT
"http://localhost:9200/elasticsearch_books/books/_bulk?refresh" -d'
  {"index":{"_id":1}}
  {"author" : "d_bharvi", "publishing_date" : "2009-11-15T14:12:12",
"title" : "Elasticsearch Essentials"}
  {"index":{"_id":2}}
  {"author" : "d_bharvi", "publishing_date" : "2009-11-15T14:12:13",
"title" : "Mastering Elasticsearch 5.0"}'
```

然后，写一条简单的查询，并在新创建的索引上验证：

```
curl -XGET
"http://localhost:9200/elasticsearch_books/books/_validate/query?explain=tr
ue" -d'
  {
    "query" : {
      "bool" : {
        "must" : [{
         "query_string": {
            "default_field": "title",
            "query": "elasticsearch AND essentials"
         }
        }],
        "filter" : {
          "term" : { "author" : "d_bharvi" }
        }
      }
    }
  }'
```

上面请求的响应如下。在响应中有 3 个值得注意的主要属性。

- ❑ `valid`：如果是 `true`，就表明查询语句是正确的，可以在索引上执行，否则为 `false`。
- ❑ `_shards`：`_valid` API 是随机在某个分片上执行的，因此它里面的总分片数总是 `1`。
- ❑ `explanations`：包含着底层重写过的查询，如果查询正确，那么真正执行的就是这个语句，否则里面是对为什么查询不正确的详细解释。

```
{
 "valid": true,
 "_shards": {
  "total": 1,
  "successful": 1,
  "failed": 0
 },
 "explanations": [
```

```
        {
          "index": "elasticsearch_books",
          "valid": true,
          "explanation": "+(+(+title:elasticsearch +title:essentials)
#author:d_bharvi) #(#_type:books)"
        }
      ]
    }
```

现在再来执行另一条查询，它会用一个字符串匹配一个 date 字段：

```
curl -XGET
"http://localhost:9200/elasticsearch_books/books/_validate/query?explain=tr
ue" -d'
   {
      "query": {
         "bool": {
            "must": [
               {
                  "query_string": {
                     "default_field": "publishing_date",
                     "query": "elasticsearch AND essentials"
                  }
               }
            ],
            "filter": {
           "term": {
              "author": "d_bharvi"
           }
        }
     }
  }
}'
```

响应里表示查询不正确，还包含对错误的解释：

```
   {
      "valid": false,
      "_shards": {
         "total": 1,
         "successful": 1,
         "failed": 0
      },
      "explanations": [
         {
            "index": "elasticsearch_books",
            "valid": false,
            "error": "[elasticsearch_books/vVEFyx1xSwidd4AcdGqU7A]
QueryShardException[failed to create query: ......
ElasticsearchParseException[failed to parse date field [elasticsearch] with
format [strict_date_optional_time||epoch_millis]]; nested:
IllegalArgumentException[Parse failure at index [0] of [elasticsearch]];
ElasticsearchParseException[failed to parse date field [elasticsearch] with
format [strict_date_optional_time||epoch_millis]]; ......"
         }
      ]
   }
```

10.1.2 获得详细查询执行报告的查询分析器

刚刚看过如何用 validate API 来避免将不希望的、有问题的查询发往 Elasticsearch。接下来要讲的是 Elasticsearch 的另一个超赞的特性：获得查询执行的详细时间信息。这是通过 `profile` API 实现的。这个 API 让用户可以了解查询请求在底层是怎样执行的，这样就会明白为什么有些请求运行得很慢，并逐步改进它们。

```
curl -XGET "http://localhost:9200/elasticsearch_books/_search" -d'
{
  "profile": true,
  "query" : {
    "match" : { "title" : "mastering elasticsearch" }
  }
}'
```

profile API 的输出非常详尽，无法全部罗列在这里。可以在 `profile_api_response.json` 文件中看到本书的完整代码和输出。

请求的部分输出如下：

```
{
  "took": 2,
  "timed_out": false,
  "_shards": {
    "total": 5,
    "successful": 5,
    "failed": 0
  },
  "hits": {
    "total": 2,
    "max_score": 0.5063205,
    "hits": [.......................]
  },
  "profile": {
    "shards": [
      {
        "id": "[1NhLoN37S-OvF9QdqD4OmA][elasticsearch_books][3]",
        "searches": [
          {
            "query": [
              {
                "type": "BooleanQuery",
                "description": "title:masteringtitle:elasticsearch",
                "time": "0.2596310000ms",
                "breakdown": {
                  "score": 2730,
                  "build_scorer_count": 1,
                  "match_count": 0,
                  "create_weight": 201283,
                  "next_doc": 5341,
                  "match": 0,
                  "create_weight_count": 1,
                  "next_doc_count": 2,
                  "score_count": 1,
```

```
                "build_scorer": 50272,
                "advance": 0,
                "advance_count": 0
              },
              "children": [
                {
                  "type": "TermQuery",
                  "description": "title:mastering",
                  "time": "0.09245300000ms",
                  "breakdown": {
                    "score": 0,
                    "build_scorer_count": 1,
                    "match_count": 0,
                    "create_weight": 90642,
                    "next_doc": 0,
                    "match": 0,
                    "create_weight_count": 1,
                    "next_doc_count": 0,
                    "score_count": 0,
                    "build_scorer": 1809,
                    "advance": 0,
                    "advance_count": 0
                  }
                },
                {
                  "type": "TermQuery",
                  "description": "title:elasticsearch",
                  "time": "0.1238730000ms",
                  "breakdown": {
                    "score": 1875,
                    "build_scorer_count": 1,
                    "match_count": 0,
                    "create_weight": 80743,
                    "next_doc": 3058,
                    "match": 0,
                    "create_weight_count": 1,
                    "next_doc_count": 2,
                    "score_count": 1,
                    "build_scorer": 38192,
                    "advance": 0,
                    "advance_count": 0
                  }
                }
              ]
            }
          ],
          "rewrite_time": 10025,
          "collector": [
            {
              "name": "SimpleTopScoreDocCollector",
              "reason": "search_top_hits",
              "time": "0.00735500000ms"
            }
          ]
        }
      ],
      "aggregations": []
```

```
        }
      ]
    }
  }
```

理解 profile API 的响应

仔细阅读响应的内容，就会看到 profile 对象的结构如下：

- profile.shard.id：响应中包含的每个分片的唯一 ID。
- profile.shard.searches：包含查询执行详细信息的数组。
- profile.shard. rewrite_time：一次完整的查询改写过程所花费的总时间（单位是纳秒）。
- profile.shard.collector：这一部分是关于运行查询的 Lucene 收集器的内容。

> Lucene 的工作实际上是定义一个收集器，负责协调对所匹配文档的遍历、评分和收集。收集器的内容也包括一个查询如何记录聚合结果、执行全局查询、执行查询后的过滤器等。

如果想理解 profile API 响应中的每个参数，请阅读 Elasticsearch 的官方文档，里面详尽地讲述了每个参数。URL 如下：https://www.elastic.co/guide/en/elasticsearch/reference/master/_profiling_queries.html

10.1.3 关于查询分析用途的思考

可以通过查询分析获得查询中关于每个模块非常详细的信息。要获得这些信息，collect、advance、next_doc 等底层方法都会被调用到，这代价相当昂贵，对 Elasticsearch 集群造成的影响不可忽视。因此，在生产环境中应默认关闭查询分析，而且查询时间也不能和没有查询分析的查询时间相比较。查询分析只是一个诊断工具而已，要聪明地利用好它。

还有另一件事要注意，对于 suggestions、highlighting、dfs_query_then_fetch 和聚合的 reduce 阶段来说，查询分析统计现在还不可用。

> 在本书的第 2 版中，已经用了一节来详细讲述如何用 _bench API 做基准查询。这个 API 是个实验性的产品，已经从 Elasticsearch 中完全去除了。如果非常想在 Elasticsearch 节点上做基准测试，可以用 Jmeter 或者试试 Rally，这是 Elastic 最近才开源的一个工具。Rally 本来是 Elastic 内部使用的基准测试工具，它的功能专为 Elasticsearch 量身订做，而且与普通的基准测试工具相比它还做了许多改进。从下面的 URL 可以大致了解 Rally：https://www.elastic.co/blog/announcing-rally-benchmarking-for-elasticsearch

10.2 热点线程

当遇到了麻烦时，例如集群比平时执行得慢，或者消耗了大量的 CPU 资源，就知道必须要做些什么来使集群恢复正常了。这就是使用热点线程 API 的场景。热点线程 API 能提供查找问题根源所必需的信息。这里说的热点线程是一个 Java 线程，它会占用大量 CPU，并且会执行相当长的一段时间。有了这样的一个线程并不意味着 Elasticsearch 本身出了什么问题，给出什么可能是热点的信息，并可以看出系统的哪个部分需要更深入的分析，例如查询的执行或者 Lucene 段的合并。热点线程 API 返回的信息有助于分析，从 CPU 的角度来看 Elasticsearch 哪个部分的代码可能是热点，或者由于某些原因 Elasticsearch 卡在了哪里。

当使用热点线程 API 时，通过使用 `/_nodes/hot_threads` 或者 `/_nodes/{nodeornodes}/hot_threads` 端点，可以检查所有的节点、其中的一部分节点或者其中一个节点。例如，为了查看所有节点上的热点线程，可以执行如下的命令：

```
curl 'localhost:9200/_nodes/hot_threads'
```

这个 API 支持如下参数：

- `threads`：需要分析的线程数，默认为 3 个。Elasticsearch 通过查看由 `type` 参数决定的信息来选取指定数量的热点线程。
- `interval`：为了计算线程在某项操作（由 `type` 参数指定）上花费的时间的百分比，Elasticsearch 会对线程做二次检查。可以使用 `interval` 参数来定义两次检查的间隔时间。默认为 `500ms`。
- `type`：需要检查的线程状态的类型，默认是 `cpu`。这个 API 可以检查某个线程消耗的 CPU 时间（`cpu`）、线程处于阻塞状态的时间（`block`）或者线程处于等待状态的时间（`wait`）。如果想了解更多关于线程状态的信息，请参考 `http://docs.oracle.com/javase/8/docs/api/java/lang/Thread.State.html`。
- `snapshots`：需要生成的堆栈（某一时刻方法嵌套调用的序列）的快照数量，默认是 `10` 个。

使用热点线程 API 十分简单，例如，想要以 1s 为周期查看所有节点上处于等待状态的热点线程，可以执行如下的命令：

```
curl 'localhost:9200/_nodes/hot_threads?type=wait&interval=1s'
```

10.2.1 热点线程的使用说明

大多数的 Elasticsearch API 返回的都是 JSON 格式的数据，而热点线程 API 会返回格式化的、包含若干个部分的文本。在讨论响应的结构之前，告诉你一些关于这种响应的产生逻辑。Elasticsearch 选取所有运行着的线程，并收集每个线程的各种信息，如花费的 CPU 时间、线程被阻塞或者处于等待状态的次数、被阻塞或者处于等待状态持续了多长时间等。然后它会等待一段时间（由 interval 参数指定），之后再次收集同样的信息。当这些完成后，基于线程消耗的时间对它们进行排序。排序以降序方式进行，这样消耗了最多时间的线程就排在列表的顶部。当然，时间是通过由 `type` 参数指定的操作类型来衡量的。在这之后，前 `N` 个线程（`N` 是由 `threads` 参数指定的线程数）被 Elasticsearch 用来分析。Elasticsearch 做的工作是：每隔几毫秒，对上一步选择的线程获取一些堆栈的快照（快照的数量由 `snapshot` 参数指定）。最后要做的事情是将堆栈信息组合起来，以可视化的方式展示线程状态的变化，然后将响应返回给调用者。

10.2.2　热点线程 API 的响应

现在，深入了解一下热点线程 API 的响应。例如，下面的快照是热点线程 API 为刚启动的 Elasticsearch 生成的响应的片段：

```
::: {node-1}{1NhLoN37S-OvF9QdqD4OmA}{MFliun0hRbCWtOe755PtmQ}{127.0.0.1}{127.0.0.1:9300}
   Hot threads at 2016-12-31T21:31:52.890Z, interval=500ms, busiestThreads=3, ignoreIdleThreads=true:

    4.4% (22.1ms out of 500ms) cpu usage by thread 'elasticsearch[node-1][search][T#2]'
     2/10 snapshots sharing following 36 elements
       java.lang.Throwable.fillInStackTrace(Native Method)
       java.lang.Throwable.fillInStackTrace(Throwable.java:783)
       java.lang.Throwable.<init>(Throwable.java:265)
       java.lang.Exception.<init>(Exception.java:66)
       java.io.IOException.<init>(IOException.java:58)
       org.apache.lucene.queryparser.classic.FastCharStream.refill(FastCharStream.java:72)
       org.apache.lucene.queryparser.classic.FastCharStream.readChar(FastCharStream.java:45)
       org.apache.lucene.queryparser.classic.FastCharStream.BeginToken(FastCharStream.java:80)
       org.apache.lucene.queryparser.classic.QueryParserTokenManager.getNextToken(QueryParserTokenManager.java:1055)
       org.apache.lucene.queryparser.classic.QueryParser.jj_ntk(QueryParser.java:834)
       org.apache.lucene.queryparser.classic.QueryParser.Term(QueryParser.java:401)
       org.apache.lucene.queryparser.classic.QueryParser.Clause(QueryParser.java:327)
       org.apache.lucene.queryparser.classic.QueryParser.Query(QueryParser.java:216)
       org.apache.lucene.queryparser.classic.QueryParser.TopLevelQuery(QueryParser.java:187)
       org.apache.lucene.queryparser.classic.QueryParserBase.parse(QueryParserBase.java:111)
       org.apache.lucene.queryparser.classic.MapperQueryParser.parse(MapperQueryParser.java:860)
       org.elasticsearch.index.query.QueryStringQueryBuilder.doToQuery(QueryStringQueryBuilder.java:911)
       org.elasticsearch.index.query.AbstractQueryBuilder.toQuery(AbstractQueryBuilder.java:95)
       org.elasticsearch.index.query.QueryShardContext.lambda$toQuery$1(QueryShardContext.java:311)
       org.elasticsearch.index.query.QueryShardContext$$Lambda$1339/1877300117.apply(Unknown Source)
       org.elasticsearch.index.query.QueryShardContext.toQuery(QueryShardContext.java:328)
       org.elasticsearch.index.query.QueryShardContext.toQuery(QueryShardContext.java:310)
       org.elasticsearch.search.SearchService.parseSource(SearchService.java:661)
       org.elasticsearch.search.SearchService.createContext(SearchService.java:536)
       org.elasticsearch.search.SearchService.createAndPutContext(SearchService.java:502)
       org.elasticsearch.search.SearchService.executeQueryPhase(SearchService.java:243)
       org.elasticsearch.action.search.SearchTransportService.lambda$registerRequestHandler$6(SearchTransportService.java:276)
       org.elasticsearch.action.search.SearchTransportService$$Lambda$1030/788877168.messageReceived(Unknown Source)
       org.elasticsearch.transport.TransportRequestHandler.messageReceived(TransportRequestHandler.java:33)
       org.elasticsearch.transport.RequestHandlerRegistry.processMessageReceived(RequestHandlerRegistry.java:69)
       org.elasticsearch.transport.TransportService$6.doRun(TransportService.java:548)
       org.elasticsearch.common.util.concurrent.ThreadContext$ContextPreservingAbstractRunnable.doRun(ThreadContext.java:504)
       org.elasticsearch.common.util.concurrent.AbstractRunnable.run(AbstractRunnable.java:37)
       java.util.concurrent.ThreadPoolExecutor.runWorker(ThreadPoolExecutor.java:1142)
       java.util.concurrent.ThreadPoolExecutor$Worker.run(ThreadPoolExecutor.java:617)
       java.lang.Thread.run(Thread.java:745)
     2/10 snapshots sharing following 10 elements
       sun.misc.Unsafe.park(Native Method)
       java.util.concurrent.locks.LockSupport.park(LockSupport.java:175)
       java.util.concurrent.LinkedTransferQueue.awaitMatch(LinkedTransferQueue.java:737)
       java.util.concurrent.LinkedTransferQueue.xfer(LinkedTransferQueue.java:647)
       java.util.concurrent.LinkedTransferQueue.take(LinkedTransferQueue.java:1269)
       org.elasticsearch.common.util.concurrent.SizeBlockingQueue.take(SizeBlockingQueue.java:161)
       java.util.concurrent.ThreadPoolExecutor.getTask(ThreadPoolExecutor.java:1067)
       java.util.concurrent.ThreadPoolExecutor.runWorker(ThreadPoolExecutor.java:1127)
       java.util.concurrent.ThreadPoolExecutor$Worker.run(ThreadPoolExecutor.java:617)
       java.lang.Thread.run(Thread.java:745)

    4.1% (20.3ms out of 500ms) cpu usage by thread 'elasticsearch[node-1][search][T#3]'
     3/10 snapshots sharing following 2 elements
       java.util.concurrent.ThreadPoolExecutor$Worker.run(ThreadPoolExecutor.java:617)
       java.lang.Thread.run(Thread.java:745)
```

现在来解释响应的各个部分。为此使用一个与前面展示的响应有轻微区别的响应。这么做是为了更好地将在 Elasticsearch 中发生了什么可视化，请记住响应的总体结构不会改变。

热点线程 API 响应的第 1 部分展示线程在哪个节点上。例如，响应的第 1 行看起来会是下面这样：

```
::: {node-1}{1NhLoN37S-
OvF9QdqD4OmA}{MF1iun0hRbCWtOe755PtmQ}{127.0.0.1}{127.0.0.1:9300}
```

从这些信息中，能看到热点线程 API 返回的信息是关于哪个节点的，这在向多个节点发送热点线程请求时非常有用。

热点线程 API 响应接下来的内容可以分成若干个小节，每个小节由类似下面的行开始：

```
4.4% (21.1ms out of 500ms) cpu usage by thread
'elasticsearch[node-1][search][T#2]'
```

在这个例子中，看到了一个名为 search 的线程，在统计结束时，它消耗了百分之 4.4 的 CPU 时间。其中的 cpu usage 部分表明在使用 type 为 cpu 的方式进行统计。在这里还可能会看到表示线程处于阻塞状态的 block usage，以及表示线程处于等待状态的 wait usage。这里的线程名称十分重要，因为通过查看线程名称，可以知道 Elasticsearch 的哪个功能是热点。在例子中，这个线程是关于搜索的（名称中的 search）。还可以看到其他的值，如 recovery_stream（恢复模块事件）、cache（缓存事件）、merge（段合并线程）、index（数据索引线程）等。

热点线程 API 响应的下一个部分以下面的内容开头：

```
2/10 snapshots sharing following 36 elements
```

这个信息后面会跟着一个堆栈跟踪信息。在例子里，2/10 表示对同一个堆栈生成了 10 个快照。通常，这意味着全部的检查时间都被花费在了 Elasticsearch 代码的同一个部分。

10.3 扩展 Elasticsearch 集群

Elasticsearch 是一个高度可扩展的搜索和分析平台，可以在水平和垂直方向上对 Elasticsearch 进行扩展。

10.3.1 垂直扩展

当谈到垂直扩展时，通常意味着向运行 Elasticsearch 的服务器增加更多的资源：可以添加内存，可以更换到有着更佳的 CPU 或者更快的磁盘存储的机器上。显然，使用更好的机器，可以期望性能有提升。根据部署环境和它的瓶颈不同，可以有或多或少的提升。然而，垂直扩展也会有自身的限制，例如，服务器上的最大可用物理内存或者 JVM 运行需要使用的总内存。当数据量够大、查询够复杂时，就会碰到内存问题，增加更多的内存也许根本帮不了。

例如，由于垃圾回收和无法使用压缩选项（这意味着为了标记相同的内存空间，JVM 需要使用 2 倍的内存），不会想要给 JVM 分配超过 31GB 的物理内存。这看起来是一个大问题，但垂直扩展并不是唯一的解决方案。

10.3.2 水平扩展

对于 Elasticsearch 用户来说，另一个解决方案是水平扩展。相对来说，垂直扩展就像是建造一个摩天大楼，而水平扩展就像在住宅区内建造许多所房子。选择使用多台机器并将数据分割存储于其上，以此来替代投资硬件和购买更好的机器。水平扩展给了几乎无限的扩展能力。即便使用了最好的硬件，用单台机器来容纳数据和处理查询也是不够的。如果一台机器容纳不下数据，会把索引分成多个分片（shard），并把它们分散到集群中，就像下图所展示的那样：

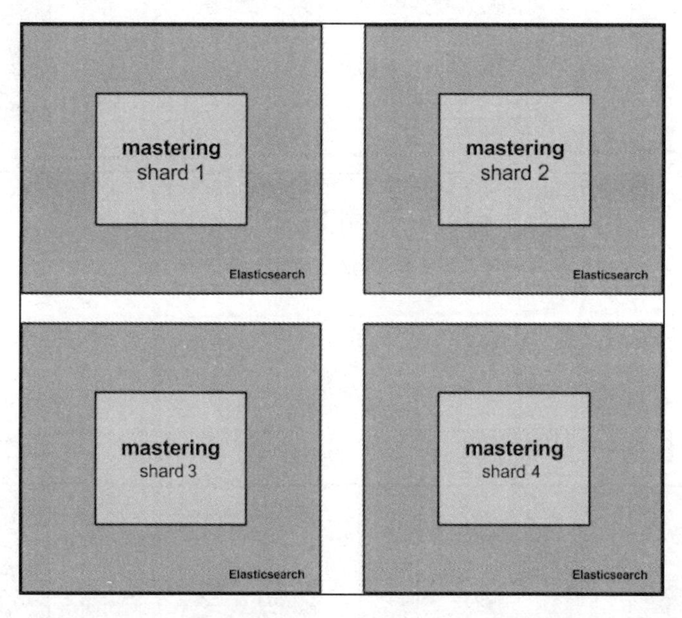

当没有足够的计算能力来处理查询时，总是可以为分片增加更多的副本。上图的集群有 4 个 Elasticsearch 节点，其上运行着由 4 个分片构成的 `mastering` 索引。在 4 个分片上创建这个索引的命令是：

```
curl -XPUT "http://localhost:9200/mastering" -d'
{
 "settings": {
 "number_of_shards": 4
 }
}'
```

如果想要增加集群的查询处理能力，只需增加额外的节点，例如 4 个。增加节点后，既可以创建有着更多分片的新索引来平衡负载，也可以给现有的分片增加副本。两种方案都是可行的。当硬件容纳不下数据时，应该考虑更多的主分片。在这种情况下，通常会碰到内存溢出、分片查询时间变长、内存交换或者高 I/O 等待等问题。第 2 个增加副本的方案，在硬件能够很好地处理数据，但是流量过高以致于节点无法处理时使用。第 1 个方案比较简单，来看看第 2 个。再增加 4 个额外的节点之后，集群如下图所示：

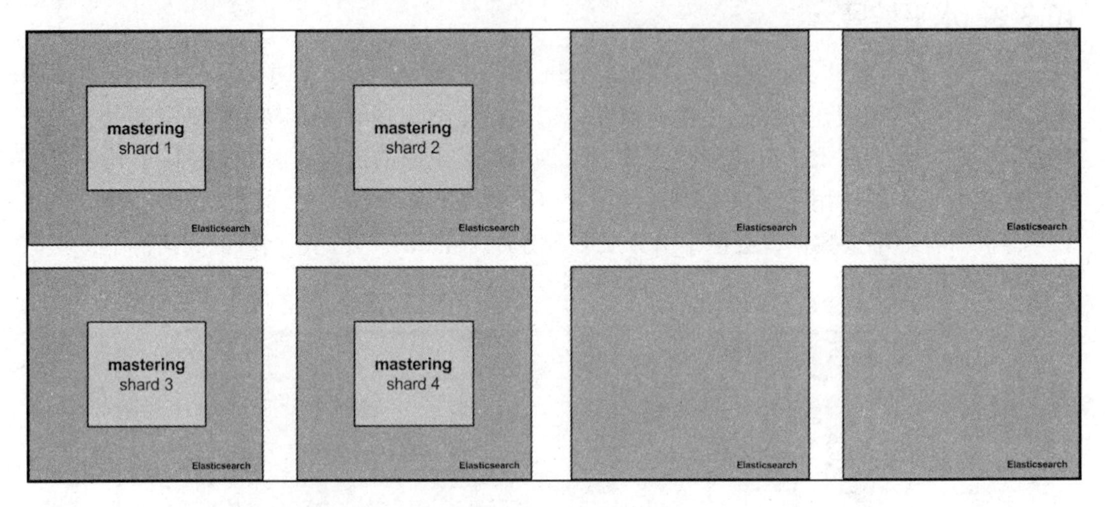

现在，通过执行下面的命令来添加一个副本：

```
curl -XPUT 'localhost:9200/mastering/_settings' -d '
{
 "index" : {
  "number_of_replicas" : 1
 }
}'
```

集群现在差不多是下面的样子：

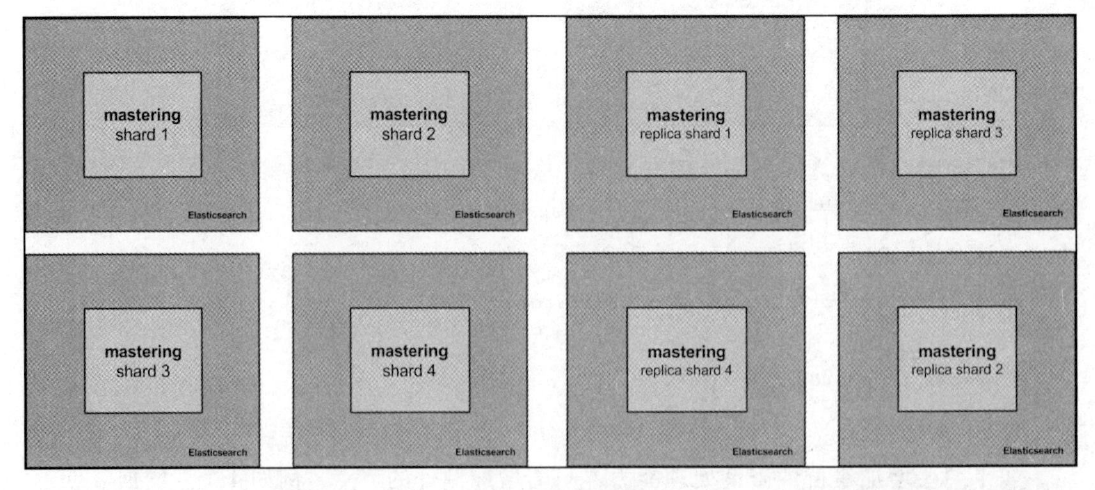

可以看到，每个构成 mastering 索引的初始分片都有一个副本保存在其他节点上。

于是 Elasticsearch 便能够在分片和它们的副本间做负载均衡，查询便可以由两个节点分担处理了。因此能够处理两倍于初始部署方式的查询负载。

1. 自动创建副本

Elasticsearch 允许在集群足够大时自动扩展副本。这个功能有什么用呢？设想这样一个情形：有一个很小的索引，希望它存在于每个节点之上，于是插件就不用仅仅为了获取数据而执行分布式查询了。并且集群是动态变化的，可能增加或删除节点。实现这样一个功能的最简单办法就是让 Elasticsearch 自动扩展副本。为了做到这点，需要设置 `index.auto_expand_replicas` 为 `0-all`，这表示索引可能会没有副本，也可能在所有节点上都有副本。所以假设小索引名称是 `mastering_meta`，并且让 Elasticsearch 自动扩展它的副本，可以使用以下的命令来创建索引：

```
curl -XPUT 'localhost:9200/mastering_meta/' -d '{
"settings" : {
  "index" : {
   "auto_expand_replicas" : "0-all"
  }
 }
}'
```

如果索引已经存在，也可以使用下面的命令来更新索引的配置：

```
curl -XPUT 'localhost:9200/mastering_meta/_settings' -d '{
"index" : {
 "auto_expand_replicas" : "0-all"
}
}'
```

2. 冗余和高可用

Elasticsearch 的副本机制不仅可以处理更高的查询吞吐量，同时也给了冗余和高可用。假设一个 Elasticsearch 集群上有唯一一个名为 `mastering` 的索引，索引有两个分片且没有副本。这样一个集群会是下面这样：

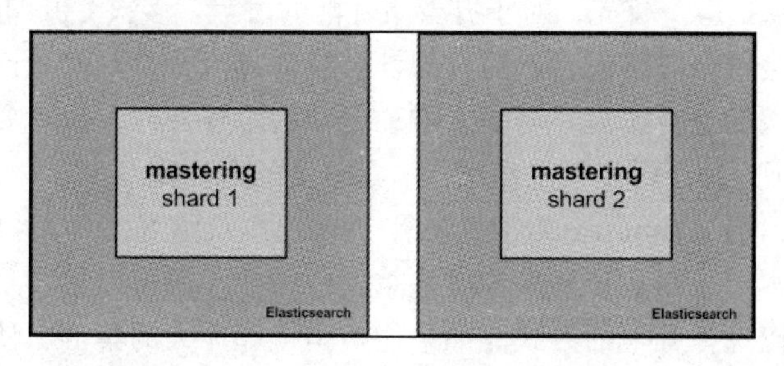

现在，当有一个节点宕掉后会发生什么呢？简单地说，会丢失 50% 的数据，而且如果故障是致命的，就会永远丢失这些数据。即便有备份，也需要引入一个新节点并恢复备份。这需要时间。如果业务依赖于 Elasticsearch，故障停机意味着金钱上的损失。

现在，看看同样的集群但是有一个副本的情况：

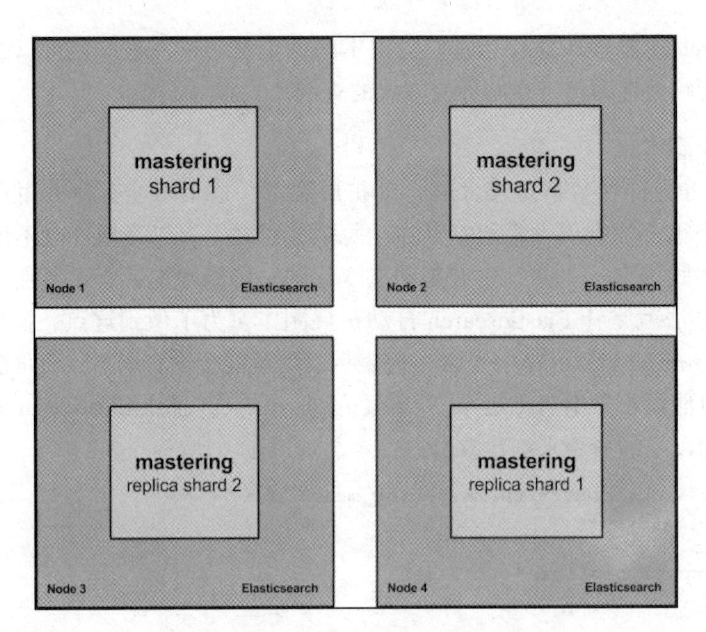

在这种情况下失去一个节点，意味着仍然拥有完整可用的数据，而且可以不停止服务就恢复完整的集群结构。并且这样部署的话，可以在某些情形下忍受 2 个节点同时失效。例如节点 1 和节点 3 同时失效，或者节点 2 和节点 4。在这两种情形下仍然可以访问全部数据。当然这会降低性能，因为集群缺少了部分节点，但这仍然比完全不响应查询要好。

于是，当在设计架构、决定节点数量、考虑有多少个索引以及每个索引的分片数量时，就需要把能接受的出现故障的节点数量考虑进去。当然了，还需要考虑性能，冗余和高可用都应该是进行扩展时的一个方面。

3. 成本和性能的适应性

当面对运行时的性能和成本问题时，Elasticsearch 天然的分布式特征和能够水平扩展的能力让它可以很容易适应。首先，对于有着高性能的磁盘、多核 CPU 和大量内存的高端服务器来说，一般都会价格非常昂贵。而且云计算越来越流行，不仅允许在租来的服务器上部署运行，还允许按需进行扩展。当想要增加更多的服务器时，只需要单击几下鼠标或者做一些配置就可以了，甚至可以将工作进行一定程度的自动化。

综合以上内容，当 Elasticsearch 有了水平扩展的解决方案后，可以降低运行集群的成本。并且，如果成本对于商业计划来说是最重要的因数，还可以很容易地通过牺牲性能来应对。当然，也可以选择其他的方式。如果能负担得起庞大的集群，使用适当的硬件和恰当的分布式方案，可以向 Elasticsearch 的索引推送数百 TB 的数据，并且仍然能够获得不错的性能。

4. 持续更新

在讨论 Elasticsearch 的可扩展性时，高可用、成本、弹性性能和几乎无限的增长并不是唯一需要讨论的。在某个时刻，希望Elasticsearch集群升级到一个新版本，这可能是由于bug修复、性能提升、新的功能或者其他能想到的理由。问题是当每个分片都只有唯一实例而没有副本时，升级意味着Elasticsearch部分或者完全不可用，也就意味着使用Elasticsearch的应用宕机。这是为什么水平扩展如此重要的另一个原因。对于类似Elasticsearch这样支持水平扩展的软件，可以对它们执行升级操作。例如，可以通过滚动重启把Elasticsearch 5.0升级到Elasticsearch 5.1，同时所有数据对于查询和索引操作仍然是可用的。

5. 一台物理服务器上部署多个Elasticsearch实例

尽管之前说过，不管由于怎样的原因（如JVM堆栈超过31GB），都不应该寻求最高性能的服务器，但有时没有更多的选择。这个话题超出了本书的范围。不过由于在讨论扩展性，提一下在这种情况下应该怎么办是应该的。

在遇到正在讨论的情形时，如果有高端的硬件、大量的内存、多块高速硬盘、多核的CPU等，需要考虑把物理服务器分割为多台虚拟服务器，然后在每台虚拟服务器上运行一个Elasticsearch实例。

不运行多台虚拟机，而是直接在一台物理机上运行多个Elasticsearch实例也是可行的。选择哪个方案取决于你。不过，将不同的东西隔离开，通常会把大型服务器分割成多台小虚拟机。在把大型服务器分割成多台小虚拟机时需要记住，这些小虚拟机会共享I/O子系统。因此，恰当地为虚拟机分配磁盘是一个好做法。

为了讲清楚这种部署方案，请看下图。它显示了如何在3台大型服务器上以云的方式运行Elasticsearch，每台服务器都被分成了4台独立的虚拟机。每台虚拟机负责运行一个Elasticsearch实例。

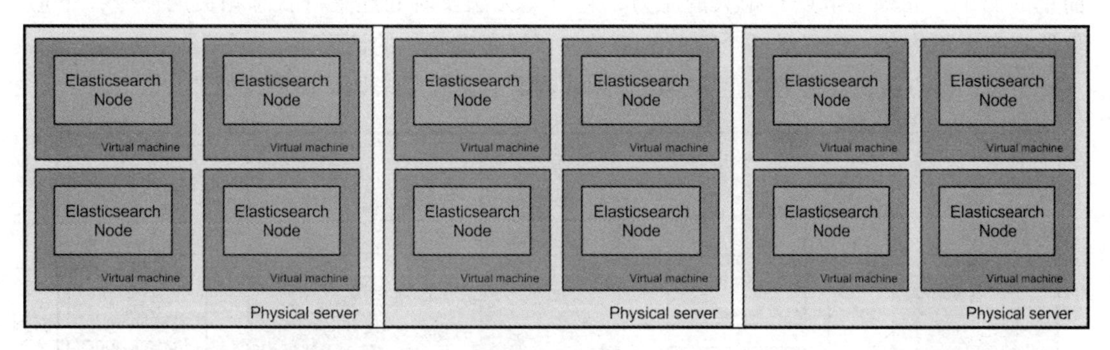

防止分片及其副本部署在同一个节点上

还有一件事情需要讲一下。当有多台物理服务器被分割成虚拟机时，确保分片和它的副本不在同一台物理机上十分重要。那样的话如果一台服务器出现故障或者重新启动就会发生悲剧了。可以使用集群部署感知告诉Elasticsearch将分片和副本分开部署。对于前面的例子有 3 台物理服务器，分别命名为 server1、server2 和 server3。

现在对于一台物理服务器上的每个 Elasticsearch 实例，定义 node.attr.server_name 属性并设置为服务器的标识符。于是对于在第 1 台物理服务器上的所有 Elasticsearch 节点来说，会在 elasticsearch.yml 文件中设置如下属性：

```
node.attr.server_name: server1
```

除此之外，每个 Elasticsearch 节点（无论在哪台物理服务器上）都需要在 elasticsearch.yml 文件中添加如下属性：

```
cluster.routing.allocation.awareness.attributes: server_name
```

这告诉 Elasticsearch 不要把主分片和它的副本放到具有相同 node.attr.server_name 属性的节点上。只要配置完这个就足够了，Elasticsearch 会完成后续的工作。

6. 为大规模集群设计节点的角色

为了有一个完全容错和高可用的集群，应该区分节点，并给每个节点一个设计好的角色。已经看到了可以怎样为一个 Elasticsearch 集群配置节点，现在再来看看这些角色。可以为每个 Elasticsearch 节点指定角色如下：

- 候选主节点。
- 数据节点。
- ingest 节点。
- 查询聚合节点。

默认地，每个 Elasticsearch 节点都是候选主节点（也可以成为主节点），能够容纳数据，也可以消化数据，以及作为查询聚合节点。查询聚合节点可以将查询发送到其他节点，收集和合并结果，再将响应返回给发出查询的客户端。可能会奇怪为什么需要这个，来举个简单的例子：如果主节点有很大的压力，它可能无法及时处理集群状态相关的命令，于是集群将变得不稳定。这只是一个简单的例子，可以考虑其他的情形。

于是，节点数比较多的大型 Elasticsearch 集群通常看起来如下图呈现的那样：

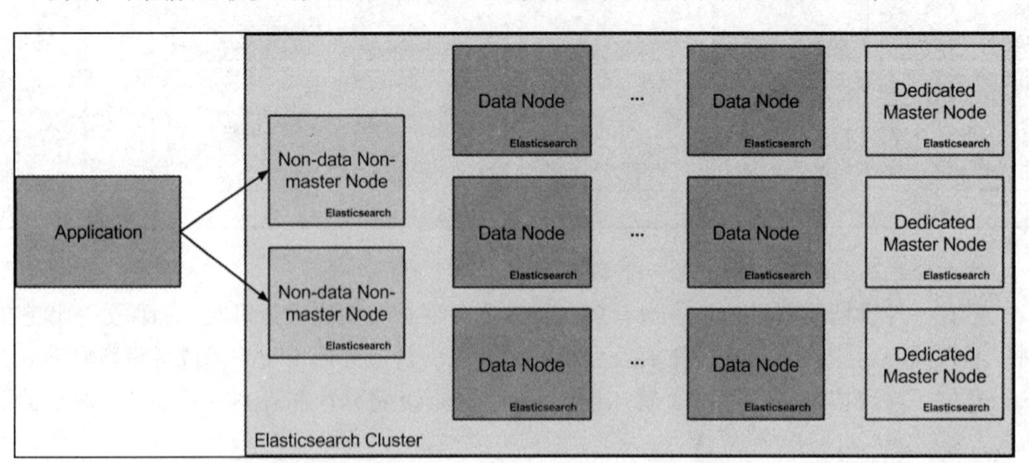

正如所见到的，这个假设的集群包含两个聚合节点（因为知道不会有太多的查询，但是希望有冗余），数十个数据节点（因为数据量非常大），以及至少3个候选主节点（不应该做其他的事情）。Elasticsearch在任意给定的时刻只需要使用一个主节点，为什么这里有3个呢？原因仍然是冗余，同时通过设置discovery.zen.minimum_master_nodes为2也能阻止脑裂的发生。这使得可以很容易地处理集群中某个候选主节点出现故障的情形。

现在，给一些集群中每个节点类型的配置片段。虽然已经在8.2节中讨论过了，但还是要再讲一次。

（1）查询聚合节点

查询聚合节点的配置十分简单。为了配置它们，只需要告诉Elasticsearch不希望这些节点成为候选主节点以及容纳数据。对应的elasticsearch.yml中的配置如下：

```
node.data: false
node.master: false
node.ingest: false
```

（2）数据节点

数据节点配置起来同样简单：只需要声明它们不应该是候选主节点即可。因此Elasticsearch数据节点的配置如下：

```
node.data: true
node.master: false
node.ingest: false
```

（3）候选主节点

候选主节点留到了扩展这一节的最后。当然，这类Elasticsearch节点不应该容纳数据，但是除此之外，在这类节点上禁用HTTP协议也是一个好的实践。这样做是为了避免意外地在这些节点上执行查询。与数据节点和查询聚合节点相比，候选主节点可以使用更少的资源，因此需要确保它们仅仅被用来处理与主节点相关的工作。所以候选主节点的配置看起来大概是下面的样子：

```
node.data: false
node.master: true
node.ingest: false
```

10.3.3 在高负载的场景下使用Elasticsearch

在了解了一些理论和Elasticsearch扩展的例子之后，已经准备好讨论下一个话题，即为应对高负载需要对Elasticsearch进行哪些方面的准备。决定把本章的这个部分分成3个小节：一个专注于高索引负载，一个专注于高查询负载，一个同时考虑这两种情况。这会给一些在准备集群时需要考虑什么的建议。

在配置好为生产环境使用的集群后，要考虑进行性能测试。不要直接使用从本书中得到的配置参数。用自己的数据和自己的查询语句进行尝试和调整，并观察它们的区别。请记住给出对每个人都适用的建议是不可能的，所以，应该把下面两部分当作一般性的建议，而不是拿起来就可以用的标准。

1. Elasticsearch 优化的一般建议

在本节中，会讨论与 Elasticsearch 调优相关的一般建议。它们不是只与索引性能或者查询性能相关的，而是与它们都相关。

（1）索引刷新频率

需要留意的第一件事情是索引刷新频率。索引刷新频率是指文档需要多长时间才能出现在搜索结果中。规则非常简单：刷新频率越高，查询越慢，且索引文档的吞吐量越低。如果能够接受一个较低的刷新频率，如 `10s` 或者 `30s`，那设置成这样是十分有益的。这会减轻 Elasticsearch 的压力，因为内部对象重新打开时速度会比较慢，这样会有更多可用的资源来处理索引和查询请求。请记住，刷新频率默认是 `1s`，这基本上意味着索引查询器每隔 1 秒重新打开一次。

做一些性能测试，观察 Elasticsearch 在不同的刷新频率下的性能。当刷新频率为 `1s` 时，使用一个 Elasticsearch 节点大概每秒能够索引 1000 份文档。当把刷新频率提高到 `5s` 时，索引吞吐量可以提升 25% 以上，大概每秒可以索引 1280 份文档。当把刷新频率设置为 `25s` 时，相对刷新频率 1 秒的情形吞吐量可以提升超过 70%，大概每秒索引 1700 份文档。同样值得一提的是，无限制地增加刷新时间是没有意义的，因为超过某一定值（取决于数据负载和数据量）之后，性能提升将变得微乎其微。

（2）线程池调优

这是与部署环境紧密相关的。一般而言，Elasticsearch 默认的线程池配置已经足够优化了。然而，总有一些时候这些配置不能满足实际需要。需要牢记，仅在遇到以下的情形时才考虑调整默认的线程池配置：即节点的队列已经被填满，并且仍然有计算能力剩余，而且这些计算能力可以被指定用于处理等待中的操作。

例如，如果做性能测试时发现 Elasticsearch 实例并不是 100% 饱和的，但是却收到了拒绝执行的错误，那么这时候就需要调整 Elasticsearch 线程池了。既可以增加同时执行的线程数，也可以增加队列的长度。当然，并发执行的线程数增加到一个很大的数值时，会产生大量的 CPU 上下文切换（`http://en.wikipedia.org/wiki/Context_switch`），进而导致性能下降。当然，队列超大也不是一个好主意，通常快速出错要比用队列中成千上万的请求来压垮 Elasticsearch 更好。然而，这些都取决于特定的部署环境和使用场景。但是对于这个问题，无法给出一般性的指导意见。

（3）数据分布

Elasticsearch 的每个索引都可以被分成多个分片，并且每个分片都会有多个副本。当有若干个 Elasticsearch 节点，而且索引被分割成多个分片时，数据的均匀分布对于平衡集群的负载就是十分重要的了，不要让某些节点做了比其他节点多太多的工作。

看看下面的例子。假设有一个由 4 个节点构成的集群，其上有一个由 3 个分片组成的索引，并且数据有一份副本。集群看起来如下图：

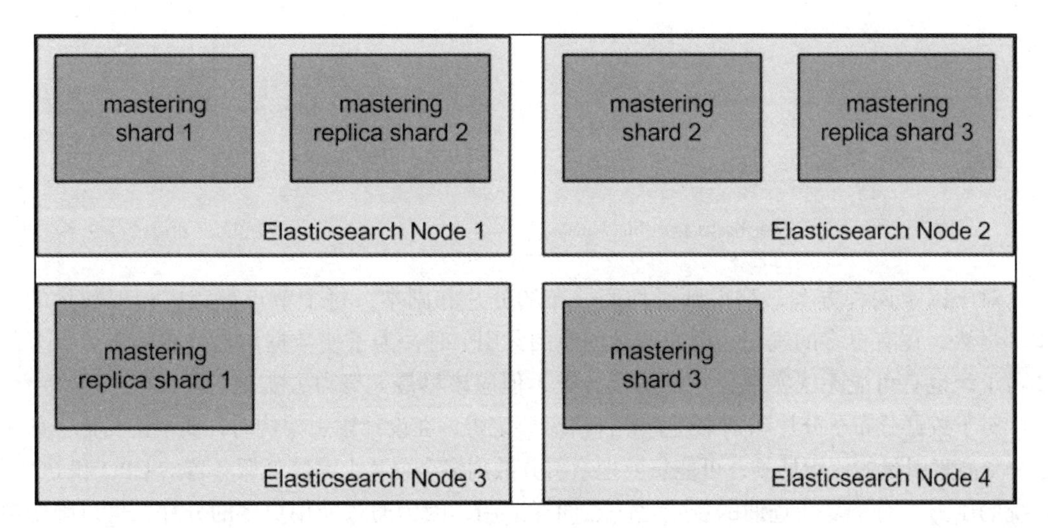

从上图中可以看到，前两个节点上各自部署了两个分片，而后两个上面各自只有一个分片。所以实际的部署并不均衡。当发送查询和索引数据时，会使得前两个节点比后两个做更多的工作。这是希望避免的。可以让`mastering`索引有两个分片，配置一个副本，于是看起来如下图：

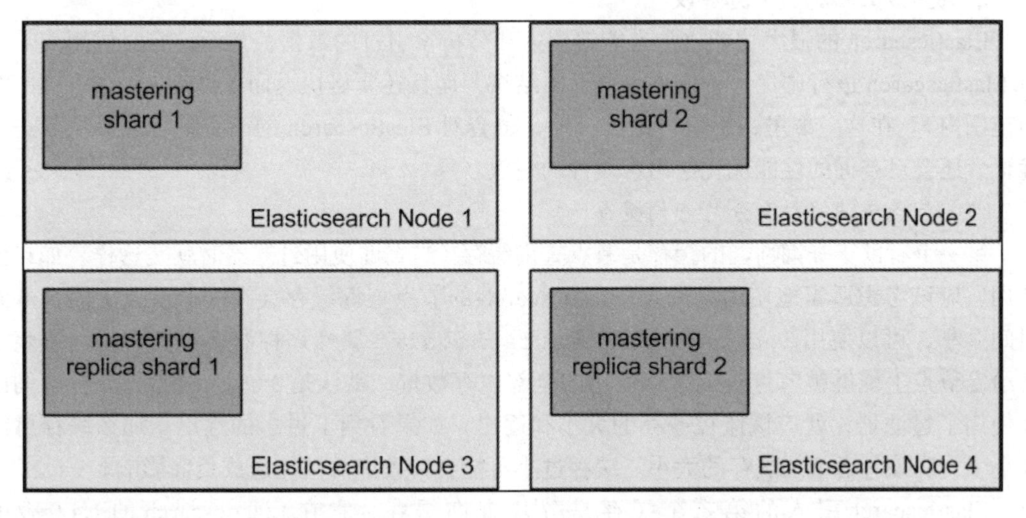

或者，把`mastering`索引分成4个分片，配置1个副本。

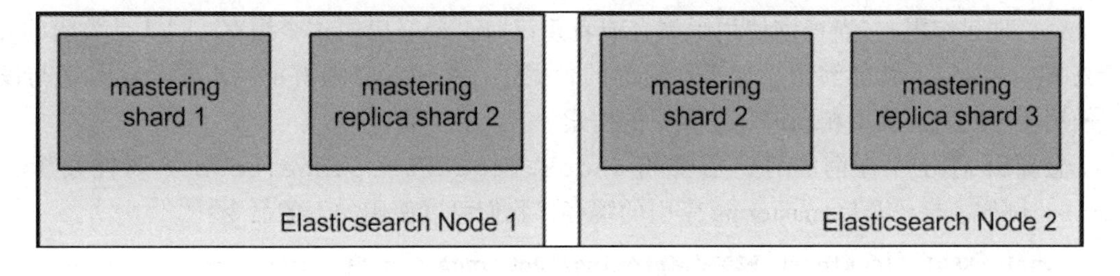

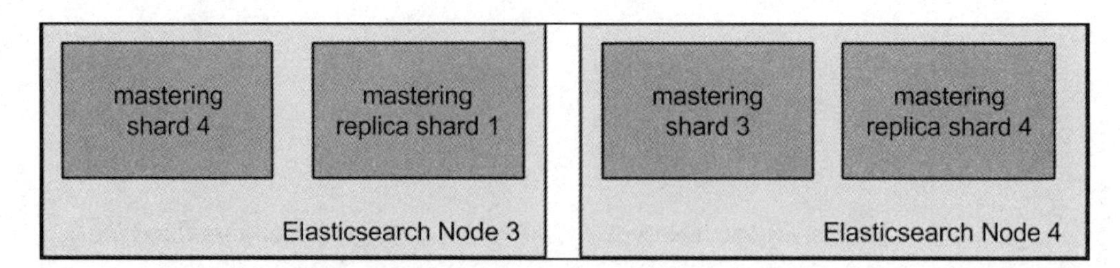

对于以上两种方案，都得到了均衡分布的分片和副本，每个节点都完成相似数量的工作。当然，在有更多的索引（例如按日创建的索引）时，为了使数据均衡分布就需要更多的技巧了。也有可能无法实现分片的均衡分布，但应该尽最大努力去实现它。

对于数据分布、分片和副本还有一件事需要记得，在设计索引架构时，要牢记目标。如果是一个高索引量的使用场景，可能想要把索引分散到多个分片上来降低服务器的 CPU 和 I/O 子系统的压力。对于复杂查询的场景这一点同样适用，因为通过使用更多的分片，可以降低单个服务器上的负载。然而，对于查询还有一件事：如果节点无法处理查询带来的负载，可以考虑增加更多的 Elasticsearch 节点，并增加副本的数量，于是主分片的物理拷贝会被部署到这些节点上。这会使得文档索引慢一些，但是会给同时处理更多查询的能力。

2. 高查询频率场景下的建议

Elasticsearch 的强大功能之一是能够搜索和分析索引过的数据。然而，有时候用户需要对 Elasticsearch 进行调优，查询不仅要返回结果，而且还要尽快返回（或者在一个合理的时间范围内）。在这一节里，不仅讨论可行性，也会对 Elasticsearch 的高查询吞吐量场景进行优化。还会对查询的性能优化给出常规性的建议。

（1）节点查询缓存和分片查询缓存

第一个有助于查询性能的缓存是节点查询缓存（当查询使用过滤器时就是这样。如果没使用，应该考虑适当地使用它们）。Elasticsearch 的节点查询缓存会在一个节点上的全部索引间共享，可以使用 `indices.queries.cache.size` 属性来控制缓存的大小。它表示在给定节点上能够被节点查询缓存使用的全部内存数量，默认是 `10%`。通常，如果查询已经使用了过滤器，就应该监控缓存的大小和逐出。如果看到了过多的逐出，那么缓存可能太小了，应该考虑增加缓存的大小。缓存过小可能会对查询的性能造成负面影响。

Elasticsearch 引入的第二个缓存是分片查询缓存。它在 Elasticsearch 的 1.4.0 版引入，目的是缓存聚合、建议器结果和命中数（它不会缓存返回的文档，因此，只在查询的 `size=0` 时起作用）。当查询使用了聚合或者建议时，最好启用这个缓存（默认是关闭的），于是 Elasticsearch 就能够重用保存在里面的数据了。关于缓存最好的一点是，它承诺与没有使用缓存时一样提供相同的、准实时的搜索。

想要开启分片查询缓存，需要将 `index.requests.cache.enable` 属性设置为 `true`。例如，想要开启 mastering 索引的缓存，我们可以使用如下的命令：

```
curl -XPUT 'localhost:9200/mastering/_settings' -d '{
```

```
"index.requests.cache.enable": true
 }'
```

请记住如果不使用聚合或者建议器，那么使用分片查询缓存就毫无意义。

还有一点需要注意，分片查询缓存默认使用的内存量，不会超过分配给 Elasticsearch 节点的 JVM 堆栈的 1%。想要改变默认值，可以使用 indices.requests.cache.size 属性。通过使用 indices.requests.cache.expire 属性，可以指定缓存的过期时间，但这不是必需的，在大多数情况下，结果保存在缓存中，在每次索引刷新操作后失效。

（2）关于查询的思考

能给出的最通用的建议是：应该总是思考最优的查询结构、过滤器使用等。从 Elasticsearch 2.0 开始，大家常认为过滤器和查询都是一样的东西，但事实上依使用它们的上下文不同，还是有很大区别的。要理解这些不同，先看看下面的查询：

```
{
 "query" : {
  "bool" : {
   "must" : [
    {
     "query_string" : {
      "query" : "name:mastering AND department:it AND  category:book"
     }
    },
    {
     "term" : {
      "tag" : "popular"
     }
    },
    {
     "term" : {
      "tag" : "2014"
     }
    }
   ]
  }
 }
}
```

它返回了能匹配上若干个查询条件的图书的名字。然而，对于前面的查询还有一些事情可以优化。例如，可以把一些东西挪到过滤器里，于是下次再使用这个查询的某部分时，就可以节省 CPU 的计算力，并重用缓存中保存的信息。例如，以下是优化后的查询的样子：

```
{
   "query": {
      "bool": {
         "must": [
            {
               "query_string": {
                  "query": "name:mastering AND department:it AND
category:book"
               }
            }
         ],
```

```
            "filter": [
               {
                  "term": {
                     "tag": "popular"
                  }
               },
               {
                  "term": {
                     "tag": "2014"
                  }
               }
            ]
         }
      }
   }
```

可以看到做了一些改变。首先，使用 filter 子句来引入过滤器，把绝大多数静态的、不分词的字段移动到过滤器里。这使得很容易在执行下一个查询时重用它们，并避免对这些字段进行评分。由于进行了这样的查询重构，就能够简化主查询，所以将 query_string 查询改为 match 查询，因为对于本文例子来说 match 查询就足够了。在优化查询时或者设计它们时需要做的，就是在头脑中思考优化和性能，并尽可能地做到最优。这样做的结果就是更快的查询执行、更少的资源消耗，以及整个更健康的 Elasticsearch 集群。

然而，对于查询的产出来说，性能并不是唯一的不同。过滤器不影响返回文档的得分，并且在计算得分时不被考虑进去。于是，如果对比前面查询返回的文档的得分，会注意到它们是不同的。这点需要记住。

（3）使用路由

如果数据支持路由，就应该考虑使用。有着相同路由值的数据都会保存到相同的分片上。于是，可以避免在请求特定数据时查询所有的分片。例如，如果保存客户的数据，可以使用客户 ID 作为路由。这会允许把同一客户的数据保存在同一个分片里。这意味着在查询时，Elasticsearch 只需要从一个分片上获取数据，如同下图所展示的那样：

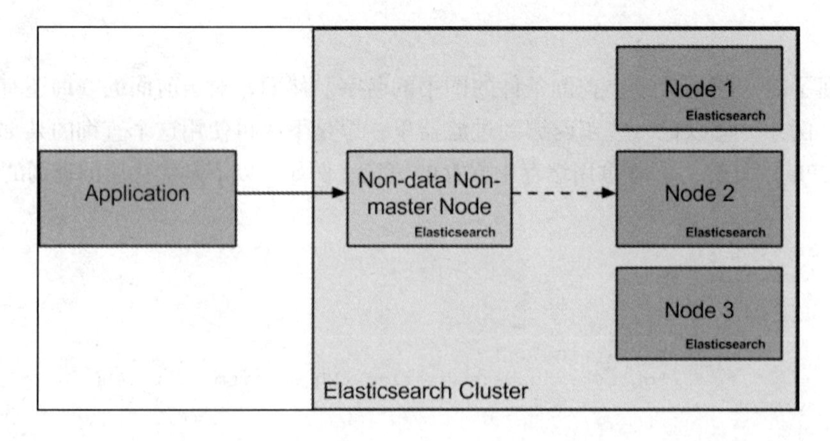

如果假设数据保存在节点2的某个分片上，可以看到Elasticsearch只需要在特定的节点上执行查询就能获取指定客户的所有数据。如果不使用路由，简化的查询执行起来就会如下：

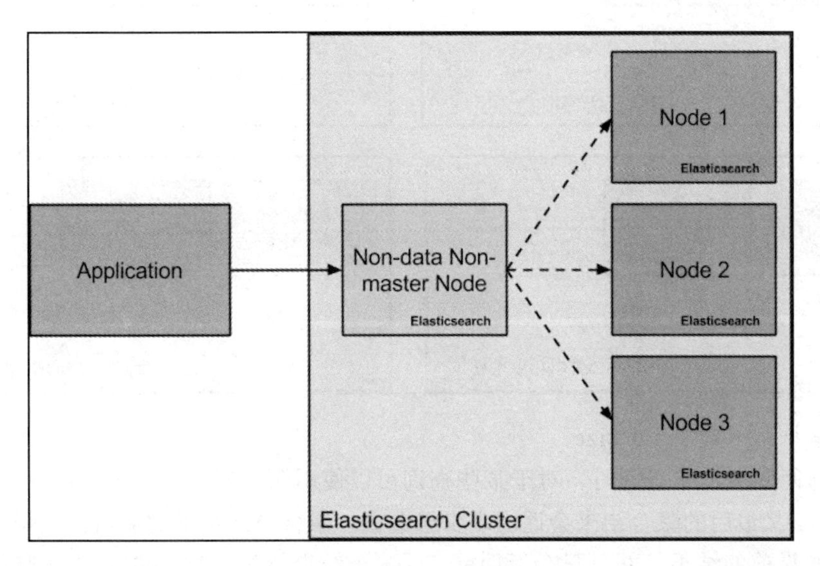

在不使用路由的情形下，Elasticsearch会先搜索全部的索引分片。如果索引包含数十个分片，只要单个Elasticsearch实例还能够容纳得下分片的数据，使用路由对性能的提升就会非常明显。

请记住，不是每种情况都适合使用路由。想要使用，首先数据需要是可分割的，这样它们才能够分布在不同的分片上。例如，拥有数十个非常小的分片和一个庞大的分片是没有意义的，因为这个庞大的分片性能不会很好。

(4) 将查询并行起来

通常被忘记的一件事是并行查询。假设集群中有一打节点，但是索引只在一个分片上。如果索引很大，查询的性能可能比期望的要差。当然，可以增加副本的数量，但是这没有什么帮助。一个查询还是只会在索引的一个分片上执行，因为副本只不过是主分片的副本，它们包含同样的数据（或者至少它们应该这样）。

真正有帮助的是把索引分割成多个分片，分片的数量取决于硬件和部署方式。一般来说，建议把数据平均分配，于是各个节点可以有相同的负载。例如，如果有4个Elasticsearch节点和2个索引，可能会想要每个索引有4个分片，就像下图所示的那样：

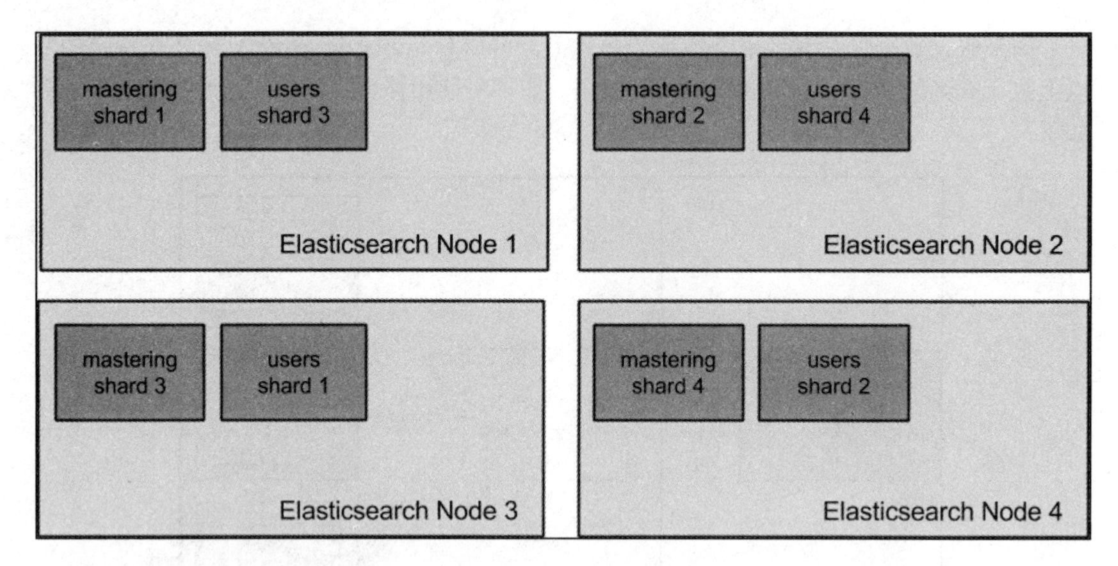

（5）掌控size和shard_size

在处理使用聚合的查询时，对于某些查询可以使用两个属性：size和shard_size。size参数定义最后的聚合结果会返回多少组数据。聚合最终结果的节点会从每个返回结果的分片获取靠前的结果，并且只会返回前size个结果给客户端。shard_size参数具有相同的含义，只是它作用在分片层次上。增加shard_size会让聚合结果更加准确（如对重点词的聚合），代价是更大的网络开销和内存使用。降低这个参数会让聚合的结果不那么精确，但却有着网络开销小和内存使用低的好处。如果看到内存使用得太多了，可以降低问题查询的size和shard_size参数，看看结果的质量是否仍然可以接受。

3. 高索引吞吐量场景与Elasticsearch

在本节中，会集中讨论对索引吞吐量和速度的优化。一些用例是关于每秒钟可以向Elasticsearch推送多少数据的，另一些是与索引相关的。

（1）批量索引

这个建议十分明显，但是可能会感到奇怪，很多人都忘记了用批量索引操作代替逐个索引文档的操作。但是需要注意，不要向Elasticsearch发送过多的超出其处理能力的批量索引请求。关注批量索引的线程池和它的大小（默认等于CPU核数，另有一个大小为50的请求队列），并尝试调整索引程序来匹配。否则，如果Elasticsearch不能及时处理它们的话，先是请求会排队，然后很快就会开始看到请求被拒绝执行的异常，并且数据不会被索引。另一方面，记得不要让批量请求太大，否则Elasticsearch会需要大量的内存来处理它们。

为了举例说明，展示两种索引方式。在第一幅图中，展示的是逐份索引文档时的索引吞吐量。在第二幅图中，索引同样的数据，但不是逐份索引，而是每批10份。

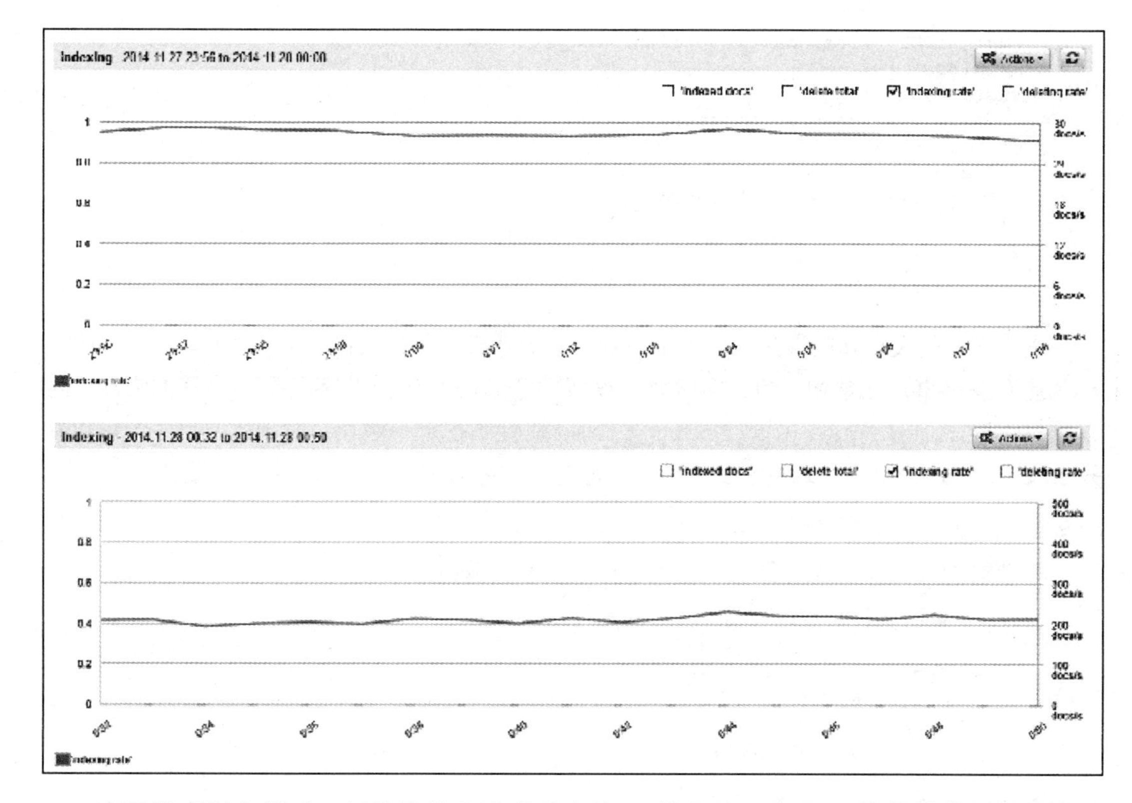

当逐份索引文档时，每秒能稳定地索引大约30份文档。在以10为批量使用批量索引时事情发生了变化，每秒大约能索引200多份文档，所以可以轻易地看出它们的区别。

当然，这是对索引速度非常简单的对比，为了展示真正的区别，应该使用许多线程来让Elasticsearch达到它的极限。不过，关于使用批量索引对于索引吞吐量的提升，前面的对比应该给了一个基本的概念。

（2）掌控文档的字段

要索引的数据量不同，效果也不同，这很好理解。然而这并不是唯一的因素。文档的大小和对它们的解析同样重要。对于较大的文档，不仅能够看到索引增长，还能看到索引速度有所减慢。这就是为什么有时需要看看正在索引和保存的字段的原因。要让存储的字段尽可能的少，或者完全不要使用它们，大多数情况下需要存储的字段只是_source。

除了_source字段还有一件事，Elasticsearch会默认索引_all字段。在这里要提醒一下：_all字段是Elasticsearch用来从其他文本字段收集数据的。在大多数场景下，这个字段不会被使用，因此最好关闭它。关闭_all字段十分简单，唯一需要做的就是在类型映射中添加如下一条：

```
"_all" : {"enabled" : false}
```

在索引生成阶段，可做如下处理：

```
curl -XPUT 'localhost:9200/disabling_all' -d '{
"mappings" : {
 "test_type" : {
  "_all" : { "enabled" : false },
  "properties" : {
   "name" : { "type" : "text" },
   "tag" : { "type" : "keyword" }
  }
 }
}
}'
```

缩小文档的大小和减少其内文本字段的数量会让索引操作稍快一些。

还有一件事，在禁用 `_all` 字段时，设置一个新的默认搜索字段是一个好的实践。可以通过设置 `index.query.default_field` 属性来指定。例如，对于本文例子，可以在 `elasticsearch.yml` 文件中设置它，并将它设置为前面映射里的 `name` 字段：

```
index.query.default_field: name
```

在创建索引时可以按索引设置默认字段，如下所示：

```
curl -XPUT "http://localhost:9200/disabling_all" -d'
{
   "mappings": {
      "test_type": {
         "_all": {
            "enabled": false
         },
         "properties": {
            "name": {
               "type": "text"
            },
            "tag": {
               "type": "keyword"
            }
         }
      }
   },
   "settings": {
      "index.query.default_field": "name"
   }
}'
```

（3）索引的结构和副本

在设计索引结构时，需要考虑索引的分片和副本的数量，同时也需要考虑 Elasticsearch 节点上的数据分布、性能优化、可用性、可靠性等。首先考虑把索引的主分片部署到所有节点上，这样就可以并行地索引文档，这会加快索引的速度。

第二件事情是数据复制。需要记住的是过多的副本会导致索引速度下降。有多个原因会导致这个问题。首先，要在主分片和副本之间传递数据。其次，通常主分片和副本会被混合部署在相同的节点上（当然不是主分片和它自己的副本，而是其他主分片的副本）。例如，来看看下面截图的内容：

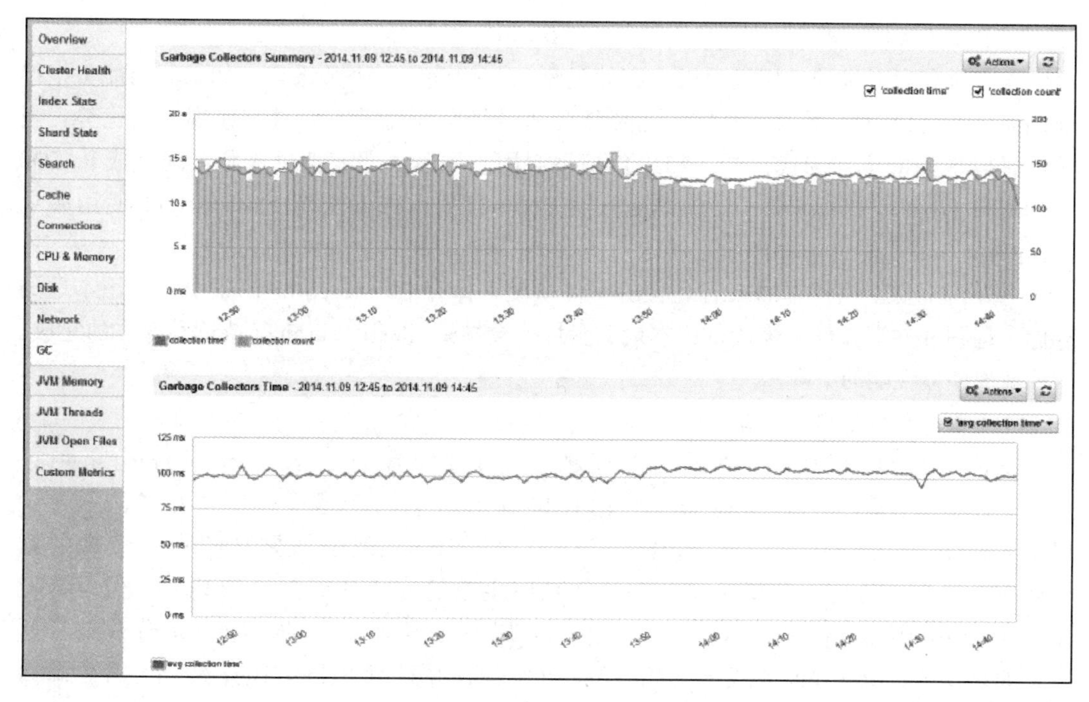

因为这个原因，Elasticsearch 同时需要操作主分片和副本的数据，这样就会用到磁盘。依集群的配置细节不同，取决于磁盘、同时索引的文档数量等具体信息，索引吞吐量可能会降低。

（4）调整预写日志

在 7.6.2 节中讨论过事务日志。Elasticsearch 有一个内部模块叫作 translog（`http://www.elasticsearch.org/guide/en/elasticsearch/reference/current/index-modules-translog.html`）。它是一个基于分片的结构，用来实现预写日志（`https://en.wikipedia.org/wiki/Write-ahead_logging`）。基本上，它让 Elasticsearch 的 GET 请求可以获得最新的数据，确保数据的持久性，以及优化 Lucene 索引的写入。

Elasticsearch 默认在事务日志中保留最多 5000 个操作，或者最多占用 512MB 的空间。然而，如果想要获得更大的索引吞吐量，愿意付出数据在更长的时间内不能被搜索到的代价，可以调高这些默认值。通过配置 `index.translog.flush_threshold_ops` 和 `index.translog.flush_threshold_size` 属性（两者都是在索引级别生效，并能通过 Elasticsearch 的 API 实时更新），可以设置事务日志保存的最大操作数量和最大体积。曾经见到过把这些属性设置为默认值的 5 倍的情况。

要记住，一旦发生故障，对于拥有大量事务日志的节点来说，它的分片的初始化会慢一些。这是因为 Elasticsearch 需要在分片生效前处理完全部的事务日志。

（5）关于存储的思考

在应对高索引量的使用场景时，存储类型和其配置是一个关键点。如果公司能负担得起固态硬盘（SSD），那么就买吧。与传统的机械硬盘相比，它们具有速度上的优势，当然这是以更高的价格为代价的。如果负担不起固态硬盘，那就把机械硬盘配置成 RAID0（`https://en.wikipedia.org/wiki/RAID`）模式，或者配置 Elasticsearch 使用多个数据路径。

另外，不要使用共享的或者远程的文件系统来保存 Elasticsearch 的索引，要用本地的存储。远程和共享文件系统通常比本地磁盘慢，会导致 Elasticsearch 等待读写操作的完成，因而造成整体性能的下降。

（6）索引期间的内存缓存

还记得可供索引缓存使用的内存越多（通过配置 `indices.memeory.index_buffer_size` 属性），Elasticsearch 在内存中容纳的文档就越多吗？当然了，不会让 Elasticsearch 占用 100% 的可用内存。默认会使用 10%，但是如果真的需要较高的索引效率，可以调大它。建议给每个在索引期间生效的分片分配 512MB 内存，但是请记住 `indices.memory.index_buffer_size` 属性是设置节点的，而不是分片的。所以，如果给 Elasticsearch 节点分配 20GB 的堆空间，并且节点上有 10 个活动分片，那么 Elasticsearch 默认会给每个分片大约 200MB 内存用作索引缓存（20GB 的 10%，再除以 10 个分片）。

10.4 用 shrink 和 rollover API 高效管理基于时间的索引

前面已经用了很大的篇幅讲解如何扩展 Elasticsearch 集群，以及在生产环境中要遵循的一些基本原则。在本节中，讨论 Elasticsearch 5.0 新引入的两个 API，即 shrink 和 rollover。这两个 API 都是专门为管理基于时间序列的索引而设计的，比如像日志这类每天、每星期或每个月都要新创建的索引，或者关于每周、每月推文的索引。

关于索引的分片，已经知道了下面的基本知识：

- 创建索引时要先定义分片的数量，在索引创建完之后将无法增加或减少分片的数量。
- 分片数越多，索引吞吐量越大，查询速度越慢，需要的资源越多。

随着数据量的增长，扩容将成为必需，上面这两个问题就会成为集群的性能和管理的超级障碍。假设每天都要为日志创建一个包含 5 个分片的索引，那这个行为每年就会创建出 1825 个分片来。而且，假如不会再查询旧些的索引，那在集群中保存这么多分片就没有意义了。同样，假如查询要涉及太多的分片，那响应时间一定很糟。

为了解决这两个问题，Elasticsearch 引入了在本节中将要讨论的两个新特性。

10.4.1 shrink API

这个 API 在 _shrink REST 端点下使用，让用户可以将一个现有索引的主分片数减少，最终生成一个新索引。

收缩的过程如下：

- 首先创建一个与源索引有相同定义的目标索引，但是主分片数会更少。
- 然后创建硬连接，将源索引中的段连接到目标索引（如果文件系统不支持硬连接，就把所有段拷贝到新索引中，这样的过程当然会更耗时）。
- 最后对目标索引执行恢复流程，就好像它是一个已经关闭了的索引，现在刚刚被再次打开一样。

1. 对要收缩的索引的要求

要对索引进行收缩，下列要求必须满足：

- 目标索引不能存在于集群中。
- 在收缩请求中，目标索引的主分片数量必须是源索引分片数量的因子。假如索引有 6 个主分片，那可以收缩成 3 个、2 个或 1 个主分片。假如源索引有 10 个主分片，就可以收缩成 5 个、2 个或 1 个。
- 源索引的主分片数一定要比目标索引多。
- 目标索引的主分片数量必须是源索引的主分片数量的因子。
- 假如源索引的几个分片要收缩成目标索引的一个分片，那这几个分片中的文档数量总和不能超过 2 147 483 519 份，因为这是 Elasticsearch 的一个分片所能容纳的最大文档数。
- 处理收缩操作的节点必须有足够的剩余磁盘空间，足够将现有的索引再复制一份。

2. 收缩索引

创建一个名为 source_index 的索引，来了解一下索引收缩的概念：

```
curl -XPUT "http://localhost:9200/source_index"
```

索引创建成功后，就把它收缩成一个名为 target_index 的索引。但在真正开始收缩操作之前，有几点一定要注意：只有处于只读状态的索引才能被收缩；所有主分片都必须分配到同一个节点上，同样所有副本分片也都要被分配到一个节点上。执行下面的命令之后，这些需求就可以满足了：

```
curl -XPUT "http://localhost:9200/source_index/_settings" -d'
{
  "settings": {
    "index.routing.allocation.require._name": "shrink_node_name",
    "index.blocks.write": true
  }
}'
```

请注意，index.blocks.write 选项将阻塞所有对这个索引的写入。

接下来，就可以用下面的命令将它收缩成一个名为 target_index 的新索引了：

```
curl -XPOST 'localhost:9200/source_index/_shrink/target_index?pretty'
```

执行收缩请求时不能指定映射，但可以添加别名：

```
    curl -XPUT "http://localhost:9200/source_index/_shrink/target_index"
-d'
  {
    "settings": {
      "index.number_of_replicas": 1,
     "index.number_of_shards": 1
    },
   "aliases": {
      "search_index": {}
    }
  }'
```

用 cat API 可以监控索引收缩的过程，命令如下：

```
curl -XGET localhost:9200/_cat/recovery
```

10.4.2 rollover API

如果认为现有的索引太大或者太旧了，可以用这个 API 生成一个新索引，并将现有的别名从旧索引切换到新索引去。

这个 API 请求会接受若干个条件，再加上一个别名。请注意别名只能与一个索引相关联。如果当前的索引满足提供的条件，就会创建新索引，并切换别名指向新的索引。

1. 使用 rollover API

用例子一步步地讲解这个 API 是怎么工作的。

①创建一个带别名的索引：

```
  curl -XPUT "http://localhost:9200/myindex-000001" -d'
{
  "aliases": {"index_alias": {}}
}'
```

②索引一份文档，来测试一下切换条件：

```
  curl -XPUT "http://localhost:9200/myindex-000001/doc/1" -d'
{"content":"testing rollover concepts"}'
```

③创建一个条件来把别名切换到新索引上。如果 myindex-000001 已经创建一天了，或者包含一份文档，它会指定创建一个新索引，并把 myindex-000001 的 index_alias 加到新创建的索引上：

```
  curl -XPOST "http://localhost:9200/index_alias/_rollover" -d'
{
  "conditions": {
```

```
    "max_age":   "1d",
    "max_docs":  1
  }
}'
```

④现在再用 _cat/indices API 查看索引，就会看到新创建的名为 myindex-000002 的索引，并且别名也已经自动切换到新索引上了。

（1）在 rollover 请求中传递更多设置

在发出 rollover 请求时，也可以传递更多的设置内容：

```
  curl -XPOST "http://localhost:9200/index_alias/_rollover" -d'
{
  "conditions": {
    "max_docs": 1
  },
  "settings": {
    "index.number_of_shards": 2
  }
}'
```

（2）创建新索引名的模式

如果现有的索引名以“－数字”的模式结尾，比如 logs-000001，那新的索引名也会遵循相同的模式，即将数字递增形成 logs-000002。数字部分长度为 6，中间以 0 填充，与旧索引的名字无关。

如果旧索引的名字不满足这个模式，那就必须用下面的方法指定新索引的名字。但请一定先创建别名，因为这些命令会使用别名，在本文的例子中别名为 index_alias：

```
      curl -XPOST
"http://localhost:9200/index_alias/_rollover/new_index_name" -d'
    {
      "conditions": {
        "max_age":   "7d",
        "max_docs":  10000
      }
    }'
```

如果索引名满足要求的模式，那只要用下面这样的命令就可以了：

```
  curl -XPOST "http://localhost:9200/index_alias/_rollover/" -d'
{
  "conditions": {
    "max_age":   "7d",
    "max_docs":  10000
  }
}'
```

如果对收缩和切换的概念感兴趣，可以访问下面的链接来进一步深入了解它们：https://www.elastic.co/blog/managing-time-based-indices-efficiently

10.5 小结

在本章中，主要关注的是提升 Elasticsearch 集群性能和扩展集群的方法。先讨论了如何验证查询语句，在真正执行之前就先解决查询语句中的错误，另外，还谈到了如何利用查询分析来查看整个查询各个部分的执行时间。接下来是利用热点线程发现集群中的问题，并详细讨论了在各种不同的负载和需求的场景下如何扩展 Elasticsearch 集群。本章最后讨论了 Elasticsearch 5.0 版才引入的两个非常棒的特性：索引收缩和切换。

在下一章里，将通过演示如何用 Java 语言写出自己的定制插件，来深入讲述 Elasticsearch 的插件开发。

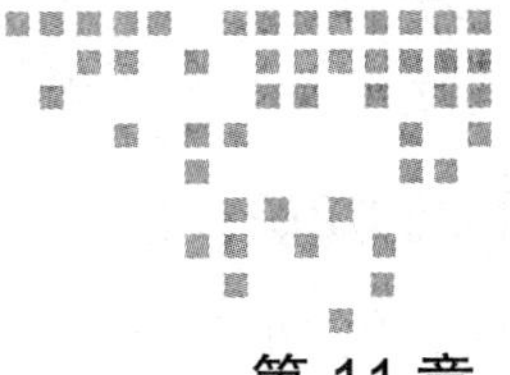

第 11 章 Chapter 11

开发 Elasticsearch 插件

在上一章里主要讲解了提升 Elasticsearch 集群性能和扩展集群的方法。学到了许多有用的概念，比如查询验证和查询分析。接下来又学习了如何利用热点线程判断集群的问题，并详细讨论了在各种不同的负载和需求的场景下如何扩展 Elasticsearch 集群。在最后讨论了 Elasticsearch 5.0 版才引入的两个非常棒的特性：索引收缩和切换。

在本章中，会学到一个非常有意思的东西，就是开发 Elasticsearch 的定制插件。本章主要内容如下：

- 如何创建用于开发 Elasticsearch 插件的 Apache Maven 项目。
- 如何开发一个定制行为的 REST 插件。
- 如何开发一个定制的分析插件，扩展 Elasticsearch 的分析能力。

11.1 创建 Apache Maven 的项目架构

在开始演示如何开发定制的 Elasticsearch 插件之前，先讨论一下如何将插件打包，这样 Elasticsearch 使用 `plugin` 命令就可以安装它。这样做就要用到 Apache Maven（`http://maven.apache.org/`），它的主要特色是简化软件项目管理，目标是让构建的过程更容易，提供统一的构建系统并管理依赖，等等。

请注意，本章的例子是在 Elasticsearch 5.0.0 版下编写并测试通过的。

另外请记住，这本书不是关于 Maven 的，而是讲述 Elasticsearch 的。会尽可能少地讨论与 Maven 相关的信息。

Apache Maven的安装是个简单任务。这里假定已经安装好了Maven。不过，如果对安装步骤有疑问，请参考 http://maven.apache.org/ 获取更多信息。

11.1.1 了解基础知识

Maven构建过程的结果是一个artifact。每个artifact由ID、组织名和版本号来定义。这一点在使用Maven时至关重要，因为将使用的每个依赖都由这3个属性唯一确定。

11.1.2 Maven Java项目的结构

Maven的理念非常简单。创建好的项目结构类似如下快照：

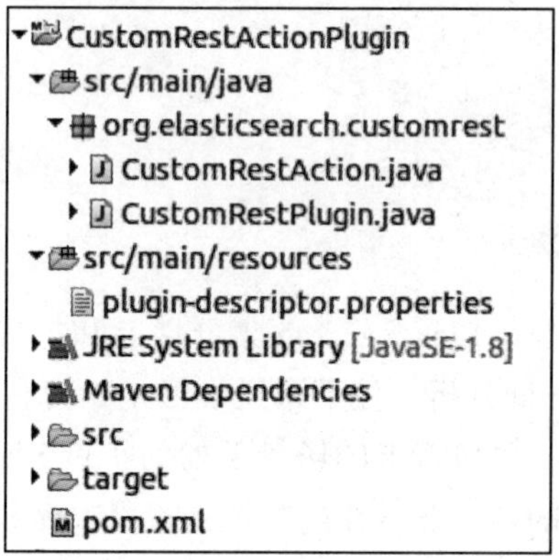

```
▾ CustomRestActionPlugin
  ▾ src/main/java
    ▾ org.elasticsearch.customrest
      ▸ CustomRestAction.java
      ▸ CustomRestPlugin.java
  ▾ src/main/resources
      plugin-descriptor.properties
  ▸ JRE System Library [JavaSE-1.8]
  ▸ Maven Dependencies
  ▸ src
  ▸ target
    pom.xml
```

可见，代码会被放到 `src` 文件夹里面的 `main` 文件夹中。尽管可以调整默认布局，但Maven在默认布局下可以工作得更好。

1. POM的理念

除了代码之外，在图中还可以看到一个位于项目根目录下名为 `pom.xml` 的文件。这是一个项目对象模型文件，可以描述项目本身、项目属性以及项目的依赖。不错，不用手工下载那些已经存在于某个可用的Maven仓库中的依赖。在Maven的工作过程中，它会自动下载所需要的依赖，保存在硬盘上的本地仓库中，并在需要时使用。唯一需要注意的是，编写合适的 `pom.xml` 内容来告知Maven需要哪些依赖。

比如，请看下面的Maven `pom.xml` 文件：

```
<?xml version="1.0" encoding="UTF-8"?>
<project xmlns="http://maven.apache.org/POM/4.0.0"
xmlns:xsi="http://www.w3.org/2001/XMLSchema-instance"
  xsi:schemaLocation="http://maven.apache.org/POM/4.0.0
http://maven.apache.org/xsd/maven-4.0.0.xsd">
  <modelVersion>4.0.0</modelVersion>
  <groupId>bharvidixit.com.elasticsearch.customrestaction</groupId>
  <artifactId>CustomRestActionPlugin</artifactId>
  <version>5.0.0-SNAPSHOT</version>
  <name>Plugin: Custom Rest Action</name>
```

```
  <description>Custom Rest Action Plugin for elasticsearch</description>

  <properties>
    <elasticsearch.version>5.0.0</elasticsearch.version>
  </properties>

  <dependencies>
    <dependency>
      <groupId>org.elasticsearch</groupId>
      <artifactId>elasticsearch</artifactId>
      <version>${elasticsearch.version}</version>
      <scope>provided</scope>
    </dependency>
  </dependencies>
</project>
```

这是本章将要使用和扩展的 pom.xml 文件的简化版。可以看出，它以 project 根标签作为开始，然后定义了组织 ID、artifact ID、版本号及打包方式（本例中使用标准的构建命令来打包成 JAR 文件）。除此之外，还定义了一个依赖：5.0.0 版的 Elasticsearch 类库。

2. 运行构建过程

为了运行构建过程，只需要在 pom.xml 文件所在的路径中简单地运行命令：

```
mvn clean package
```

这个命令将运行 Maven，它会清除工作目录下所有自动生成的内容，编译并打包代码。当然，如果有单元测试，必须让它们运行通过才能打包。打包好的 jar 包将被写入 Maven 创建的 target 目录。

> 如果想要了解更多关于 Maven 生命周期的信息，请访问 http://maven.apache.org/guides/introduction/introduction-tothe-lifecycle.html。

3. 引入 Maven 装配插件

需要打包插件代码来生成 ZIP 压缩文件。Maven 默认不支持纯粹的 ZIP 文件打包，为了支持这一功能，将使用 Maven 装配插件（可以在如下网址找到更多该插件的相关信息：http://maven.apache.org/plugins/maven-assembly-plugin/）。总的来说，这个插件可以把项目的输出和项目的依赖、文档、配置文件等聚合在一起，生成一个单独的档案文件。

为了让装配插件工作起来，需要在 pom.xml 中加入 build 片段。这个片段包含装配插件的信息、JAR 插件（负责生成合适的 JAR 文件）以及编译器插件。指定编译插件的目的是让代码可被 Java 8 支持。除此之外，还希望把档案文件放到项目的 target/release 目录下。pom.xml 文件的相关片段内容如下：

```
<build>
<resources>
<resource>
```

```
<directory>src/main/resources</directory>
<filtering>false</filtering>
<excludes>
<exclude>*.properties</exclude>
</excludes>
</resource>
</resources>
<plugins>
<plugin>
<groupId>org.apache.maven.plugins</groupId>
<artifactId>maven-assembly-plugin</artifactId>
<version>2.6</version>
<configuration>
<appendAssemblyId>false</appendAssemblyId>
<outputDirectory>${project.build.directory}/releases/</outputDirectory>
<descriptors>
<descriptor>${basedir}/src/main/assembly/release.xml</descriptor>
</descriptors>
</configuration>
<executions>
<execution>
<phase>package</phase>
<goals>
<goal>single</goal>
</goals>
</execution>
</executions>
</plugin>
<plugin>
<groupId>org.apache.maven.plugins</groupId>
<artifactId>maven-compiler-plugin</artifactId>
<version>3.3</version>
<configuration>
<source>1.8</source>
<target>1.8</target>
</configuration>
</plugin>
</plugins>
</build>
```

仔细查看装配插件的配置，会发现在 assembly 目录下指定了名为 release.xml 的装配描述符。这个文件负责描述输出的档案文件类型。把 release.xml 文件放到项目的 assembly 目录下，内容如下：

```
<?xml version="1.0"?>
<assembly>
<id>plugin</id>
<formats>
<format>zip</format>
</formats>
<includeBaseDirectory>false</includeBaseDirectory>
<files>
<file>
<source>${project.basedir}/src/main/resources/plugin-
descriptor.properties</source>
<outputDirectory>elasticsearch</outputDirectory>
```

```
<filtered>true</filtered>
</file>
</files>
<dependencySets>
<dependencySet>
<outputDirectory>elasticsearch</outputDirectory>
<useProjectArtifact>true</useProjectArtifact>
<useTransitiveFiltering>true</useTransitiveFiltering>
</dependencySet>
</dependencySets>
</assembly>
```

同样，不需要了解所有细节，尽管知道正在发生些什么是一件好事。之前的代码将通知 Maven 装配插件把归档文件打包成 ZIP（`<format>zip</format>`）格式，还希望输出文件被保存在以 elasticsearch 为名的目录中。因为按照插件结构的要求，所有插件文件必须全部放在名为 elasticsearch 的目录里。

理解插件描述符文件

根据 Elasticsearch 插件开发的要求，所有插件都必须包含一个名为 plugin-descriptor.properties 的文件，而且必须在 elasticsearch 目录中与插件的 artifact 装配起来。在项目的 src/main/resources 目录中必须创建这个文件。

这个文件不必被加入到项目的类文件中，只要打包到 ZIP 文件中就可以了。这些行为被定义在 release.xml 文件中。请注意在 release.xml 文件中，会按 plugin-descriptor.properties 文件的内容进行过滤，即打包时所有的 Maven 占位符都会被需要的值代替。

不会把这个文件打入 JAR 包，因此在 pom.xml 文件中要加入以下条件：

```
<build>
<resources>
<resource>
<directory>src/main/resources</directory>
<filtering>false</filtering>
<excludes>
<exclude>*.properties</exclude>
</excludes>
</resource>
</resources>
</build>
```

以下是定义插件的必需元素。

- description：对插件的简单描述。
- version：插件的版本。
- name：插件的名字。
- classname：要加载的类名。
- java.version：构建代码的 Java 版本。对应的系统属性是 java.specification.version。版本号是由英文句号（.）间隔的十进制非负整数序列，最前面可能以 0 开头。

- elasticsearch.version：编译插件所使用的 Elasticsearch 版本。

如果想通过完整的 pom.xml 文件及所有必需的文件来了解整个项目结构，请查看随本书第 11 章提供的代码。

11.2 创建自定义 REST 行为插件

从创建一个自定义 REST 行为的插件来开始扩展 Elasticsearch 之旅。选择它作为第一个扩展，是因为想要通过最简单的方式来介绍如何扩展 Elasticsearch。

假定如 11.1 节中所做的那样，创建了一个 Java 项目并使用 Maven 进行管理。如果想要直接使用现成的项目代码，请查看随本书第 11 章所提供的代码。

11.2.1 设定

为了演示如何开发一个自定义 REST 行为的插件，需要了解它有怎样的功能。REST 行为真的非常简单，它会返回所有节点的名称，或者能与传递给它的特定前缀匹配上的节点的名称。除此之外，它只在使用 HTTP 的 GET 请求时有效。所以，在本例中 POST 请求是不允许的。

11.2.2 实现细节

需要开发以下两个 Java 类：

- 一个类扩展 Elasticsearch 的 org.elasticsearch.rest 包中的抽象类 BaseRestHandler，它负责处理 REST 请求，叫作 CustomRestAction。
- 一个类被 Elasticsearch 用来加载插件，这个类需要扩展 Elasticsearch 的 org.elasticsearch.plugin 包中的 Plugin 类，把它叫作 CustomRestActionPlugin。另外，这个类也要实现 ActionPlugin 接口，这是一个通过 org.elasticsearch.plugin.Plugin 类提供的扩展点。

除了以上两个，还需要一个简单的文本文件，在开发完提到的两个 Java 类之后会讨论它。

1. 使用 REST 行为类

最值得琢磨的是用来处理用户请求的类，叫作 CustomRestAction。为了能够运行，需要继承 org.elasticsearch.rest 包中的 BaseRestHandler 类，这个是 Elasticsearch 中处理 REST 请求的基类。为了继承这个类，需要重载 prepareRequest 方法，在这个方法中处理用户请求。还要实现一个有着两个参数的构造函数，它会用来初始化基类，并注册恰当的处理函数，这样 REST 行为就可见了。

CustomRestAction 类的完整代码如下：

```
public class CustomRestAction extends BaseRestHandler {
  @Inject
  public CustomRestAction(Settings settings, RestController controller) {
    super(settings);
    // Register your handlers here
    controller.registerHandler(GET, "/_mastering/nodes", this);
  }

  @Override
  protected RestChannelConsumer prepareRequest(RestRequest restRequest,
NodeClient client) throws IOException {
    String prefix = restRequest.param("prefix","");
    return channel -> {
      XContentBuilder builder = channel.newBuilder();
      builder.startObject();
      List<String> nodes = new ArrayList<String>();
      NodesInfoResponse response =
client.admin().cluster().prepareNodesInfo().setThreadPool(true).get();
      for (NodeInfo nodeInfo : response.getNodes()) {
        String nodeName = nodeInfo.getNode().getName();
        if (prefix.isEmpty()) {
          nodes.add(nodeName);
        } else if (nodeName.startsWith(prefix)) {
          nodes.add(nodeName);
        }
      }
      builder.field("nodes", nodes);
      builder.endObject();

      channel.sendResponse(new BytesRestResponse(RestStatus.OK, builder));
    };
  }
}
```

（1）构造函数

对每一个自定义的REST类，Elasticsearch在创建这类对象时都会传递两个参数：Settings类型的对象会包含配置信息，RestController类型的对象用来将REST行为绑定到REST端点。这两个参数也同样是它的超类所需要的，所以会调用基类的构造函数，并把这些参数传递过去。

还有一件事：@Inject注解。它允许告知Elasticsearch在创建对象期间把参数传入构造函数。想了解这个注解的更多信息，请参见Javadoc，具体网址如下：https://github.com/elasticsearch/elasticsearch/blob/master/src/main/java/org/elasticsearch/common/inject/Inject.java。

现在，关注下面这行代码：

```
controller.registerHandler(Method.GET, "/_mastering/nodes", this);
```

这行代码的作用是注册自定义的REST行为实现，并且把它绑定到选定的端点上。第一个参数是HTTP方法类型，REST行为会支持这个方法。就如前面说过的，只希望响应GET请求。如果想要响应多个HTTP方法，只需要对每个HTTP方法调用

registerHandler 方法。第二个参数指定自定义 REST 行为的确切端点。对于本文的例子来说，它是 /_mastering/nodes。第三个参数告诉 Elasticsearch 哪个类需要负责处理定义的端点。对于本文例子，这是正在开发的类，因此传递 this。

（2）处理请求

尽管 prepareRequest 方法是代码中最长的一个，但是它并不复杂。要处理请求并创建响应对象，要向这个方法传递两个参数：RestRequest 里包含请求的参数，client 类型对象是一个 Elasticsearch 客户端，也是与 Elasticsearch 交互的入口。从阅读下面这行代码来开始了解请求参数：

```
String prefix = restRequest.param("prefix", "");
```

把 prefix 请求参数保存在名为 prefix 的变量中。默认的，在没有 prefix 参数传递进请求时，希望给 prefix 变量赋予一个空字符串值（默认值由 restRequest 对象的 param 方法的第二个参数定义）。

代码使用了 Lambda 表达式来创建请求响应中要返回的 JSON 文档。builder.startObject() 和 builder.endObject() 可以创建 JSON 对象。写了真实的代码来填充这个对象，即用 Elasticsearch 客户端对象和它运行管理命令的能力来创建一个 NodesInfoResponse 对象。NodesInfoResponse 对象包含一个 NodeInfo 对象数组，用它来取得节点的名称。需要做的是返回包含指定前缀的所有节点名，如果没有给出 prefix 参数则返回全部节点。为了实现这个效果，创建一个数组：

```
List<String> nodes = new ArrayList<String>();
```

接下来，使用 for 循环遍历可用的节点：

```
for (NodeInfo nodeInfo : response.getNodes())
```

用 DiscoveryNode 对象的 getName 方法来取得节点的名称，调用 NodeInfo 对象的 getNode 方法可以得到 DiscoveryNode 对象：

```
String nodeName = nodeInfo.getNode().getName();
```

如果 prefix 参数是空的，或者节点名称以给定的前缀开头，就把这个节点名称添加到创建的数组中。当遍历完所有的 NodeInfo 对象，就开始构建响应，然后通过 HTTP 把它发送出去。

最后，代码会产生如下所示的结果：

```
{
"nodes" : [
"node-2"
]
}
```

（3）构建响应

关于 CustomRestAction 类的最后一件事情就是构建响应，它是 channel 对象的

sendResponse 方法的最后一部分责任。响应的格式由接收客户端调用时传递的 format 参数决定。发送的响应也和 Elasticsearch 默认的那样是 JSON 格式。也可以直接使用 YAML 格式（http://en.wikipedia.org/wiki/YAML）。

现在，使用手中的 builder 对象来开始构造 response 对象（使用 startObject 方法），然后写入 nodes 信息（因为 nodes 的值是集合类型，它会被自动格式化为数组）。在 response 对象中创建了 nodes 属性，用它来返回匹配的节点名称。最后使用 endObject 方法来结束 response 对象的构建。

在准备好要发送的响应对象之后，返回 BytesRestResponse 对象。用如下的代码来完成这个：

```
channel.sendResponse(new BytesRestResponse(RestStatus.OK, builder));
```

RestStatus 类可以指定响应的返回码，在本文例子中是 RestStatus.OK，因为一切都很顺利。

2. plugin 类

CustomRestActionPlugin 类包含着 Elasticsearch 用来初始化插件的代码。它继承了 org.elasticsearch.plugin 包中的 Plugin 类。另外也要实现 ActionPlugin 接口，这也是 Plugin 类的一个扩展点。与 ActionPlugin 类似，Plugin 类也以接口的形式提供了一些扩展，如下面的截屏所示，它取自 Plugin 类的源码。

org.elasticsearch.plugins.Plugin

An extension point allowing to plug in custom functionality. This class has a number of extension points that are available to all plugins, in addition you can implement any of the following interfaces to further customize Elasticsearch:

- ActionPlugin
- AnalysisPlugin
- ClusterPlugin
- DiscoveryPlugin
- IngestPlugin
- MapperPlugin
- RepositoryPlugin
- ScriptPlugin
- SearchPlugin

In addition to extension points this class also declares some @Deprecated public final void onModule methods. These methods should cause any extensions of Plugin that used the pre-5.x style extension syntax to fail to build and point the plugin author at the new extension syntax. We hope that these make the process of upgrading a plugin from 2.x to 5.x only mildly painful.

因为在创建一个扩展，所以必须实现 CustomRestActionPlugin 类中的 getRestHandlers 方法，这也是这个插件增加的 REST handler。

整个类的代码如下。首先是 import 部分：

```
import java.util.Collections;
import java.util.List;
import org.elasticsearch.plugins.ActionPlugin;
import org.elasticsearch.plugins.Plugin;
import org.elasticsearch.rest.RestHandler;
```

然后是CustomRestActionPlugin类的定义：

```
public class CustomRestActionPlugin extends Plugin implements ActionPlugin
{
    @Override
    public List<Class<? extends RestHandler>> getRestHandlers() {
      return Collections.singletonList(CustomRestAction.class);
    }
}
```

在上面的代码中，Collections.singletonList返回了只包含指定对象的不可变列表。

以上就是用Java开发的全部内容。

3. 向Elasticsearch声明自定义REST行为插件

代码已经准备好了，但是还需要做一件事：让Elasticsearch知道要注册的插件类是CustomRestActionPlugin。为实现这个，在src/main/resources目录下新建一个plugin-descriptor.properties文件，写入如下内容：

```
description=${project.description}.
version=${project.version}
name=${project.artifactId}
classname=org.elasticsearch.customrest.CustomRestActionPlugin
java.version=1.8
elasticsearch.version=${elasticsearch.version}
```

在构建过程中这个文件会被包含到JAR文件里，Elasticsearch在加载插件时会用到它。

11.2.3 测试阶段

虽然到现在为止也可以结束了，但是并不准备这样，想要向展示如何构建单个插件并安装它，最后测试一下它是否能正常工作。让从构建插件开始。

1. 构建插件

从最容易的部分开始：构建插件。为了构建它，在项目的根目录执行一个简单的命令：

```
mvn compile package
```

告诉Maven把代码编译和打包。在命令执行完毕后，会在target/release目录（假设项目配置与本章开头描述的相同）中看到包含插件的压缩包。

2. 安装插件

为了安装这个插件，使用Elasticsearch发布包的bin目录里面的plugin命令。假设自定义插件包保存在/home/install/es/plugins目录中，执行如下命令（从

Elasticsearch 的根目录执行）：

```
bin/elasticsearch-plugin install
file:////home/install/es/plugins/CustomRestActionPlugin-5.0.0-SNAPSHOT.zip
```

需要在集群的所有节点上安装这个插件，因为希望在每个 Elasticsearch 实例上运行自定义的 REST 行为插件。

想了解更多有关安装 Elasticsearch 插件的信息，请参考 Elasticsearch 的官方文档，地址是 http://www.Elasticsearch.org/guide/reference/modules/plugins/。

安装完插件后，需要重新启动这些 Elasticsearch 实例。重启后，应该能在日志中看到与下面类似的信息：

```
[2017-01-08T23:33:51,916][INFO ][o.e.p.PluginsService] [node-1] loaded
plugin [CustomRestActionPlugin]
```

正如所看到的，Elasticsearch 通知一个叫作 `CustomRestActionPlugin` 的插件已经被加载了。

11.2.4　检验 REST 行为插件是否工作正常

终于可以检验插件是否能够工作了。为了进行检验，运行如下命令：

```
curl -XGET 'localhost:9200/_mastering/nodes?pretty'
```

执行后，应该可以得到集群中的全部节点，因为并没有提供 `prefix` 参数。下面是 Elasticsearch 的响应：

```
{
"nodes" : [ "node-1" ]
}
```

因为集群里只有一个节点，所以节点数组中只有一个元素。

现在，试试在请求中添加 `prefix=Nid` 会发生什么。使用的具体命令如下：

```
curl -XGET 'localhost:9200/_mastering/nodes?prefix=Nid&pretty'
```

Elasticsearch 的请求响应如下：

```
{
"nodes" : [ ]
}
```

结果中的 `nodes` 数组为空，因为集群中并没有以 `Nid` 前缀开头的节点。接下来再看一下另一种格式的响应：

```
curl -XGET 'localhost:9200/_mastering/nodes?pretty&format=yaml'
```

现在响应不再是 JSON 格式了。再看看一个由两个节点组成的集群，其输出的内容如下：

```
  - -
nodes:
- "node-1"
```

REST 插件并不复杂，但是已经有一些功能了。

> 有兴趣的话，可以继续完成这个自定义 REST 行为的插件代码。现有完整代码可以在随书提供的本章代码的 CustomAnalyzerPlugin 目录下找到。

11.3 创建自定义分析插件

关于 Elasticsearch 自定义插件的最后一个话题是对分析过程的扩展。之所以选择展示自定义分析插件的开发过程，是因为这在某些情况下将非常有用，比如当需要在自己公司的项目中引入定制化的分析过程时，或者想要使用 Lucene 支持而 Elasticsearch 没有提供的分析器和过滤器，也没有这样的插件时。由于创建一个分析器扩展相对之前的自定义 REST 行为插件更加复杂，决定把它放到本章最后讨论。

11.3.1 实现细节

不管是从 Elasticsearch 自身的视角来说，还是从需要开发的类的数量来说，开发一个自定义分析插件都是一件非常复杂的工作，相对上一个案例需要做更多的事。需要开发的任务如下：

- ❑ TokenFilter 类（来自 org.apache.lucene.analysis 包）的扩展实现。该实现命名为 CustomFilter，它将反转 token 的内容。
- ❑ AbstractTokenFilterFactory（来自 org.elasticsearch.index.analysis 包）的扩展实现类。该类将向 Elasticsearch 提供 CustomFilter 实例。把它命名为 CustomFilterFactory。
- ❑ 自定义分析器，扩展自 org.apache.lucene.analysis.Analyzer 类，提供 Lucene 分析器的各项功能。把它命名为 CustomAnalyzer。

CustomAnalyzerProvider 类继承自 AbstractIndexAnalyzerProvider 类（来自 org.elasticsearch.index.analysis 包），它负责向 Elasticsearch 提供 Analyzer 实例。

- ❑ 最后是对 org.elasticsearch.plugins 包中 plugin 类的扩展，称之为 CustomAnalyzerPlugin。

接下来看看实现代码。

1. 实现 TokenFilter

整个分析工作都是在 Lucene 层面完成的，这也是本插件最重要的部分。所要做的仅仅是编写一个 org.apache.lucene.analysis.TokenFilter 扩展，称之为 CustomFilter。为了实现这个扩展，需要初始化基类并重写（override）incrementToken

方法。在 CustomFilter 类中实现反转 token 内容的逻辑，这也是分析器和过滤器要有的功能。整个 CustomFilter 类的实现代码如下：

```
public class CustomFilter extends TokenFilter {
private final CharTermAttribute termAttr =
addAttribute(CharTermAttribute.class);

protected CustomFilter(TokenStream input) {
super(input);
}

@Override
public boolean incrementToken() throws IOException {
if (input.incrementToken()) {
char[] originalTerm = termAttr.buffer();
if (originalTerm.length > 0) {
StringBuilder builder = new StringBuilder(new
String(originalTerm).trim()).reverse();
termAttr.setEmpty();
termAttr.append(builder.toString());
}
return true;
} else {
return false;
}
}
}
```

在这段代码中先注意到的是下面这行：

```
private final CharTermAttribute termAttr =
addAttribute(CharTermAttribute.class);
```

该语句允许获取目前正在处理的 token 的文本内容。如果要访问 token 的其他信息，则需要使用类似的其他属性（attribute），可以通过查看 Lucene 代码中 org.apache.lucene.util.Attribute 接口（http://lucene.apache.org/core/6_2_0/core/org/apache/lucene/util/Attribute.html）的实现类来弄清楚到底有哪些可用的属性类。现在需要了解的是，使用静态方法 addAttribute 可以绑定不同的属性类，以供在 token 处理阶段使用。

接下来是构造函数，它的实现很简单，仅仅用于初始化基类，因此略去不谈。

最后需要注意的是 incrementToken 方法。如果 token 流中还有未处理的 token，该方法将返回 true，否则返回 false。首先要做的就是调用 input 对象的 incrementToken 方法检查 token 流中是否还有待处理的 token。input 对象是保存在基类中的一个 TokenStream 类型的实例。然后调用之前在类的第一行绑定好属性的 buffer 方法，以获取词项文本。如果词项里面有文本（文本字符串长度大于 0），就使用 StringBuffer 对象来反转文本内容，然后清除词项缓冲区中的内容（通过调用属性的 setEmpty 方法），再把反转后的文本追加到已经清空的词项缓冲区中（使用属性的 append 方法）。最后返回 true，因为反转后的 token 已经准备好接受在 token 过滤器级别进一步处理，不知道 token

是否还会被进一步处理，因此需要确保返回正确的值，以防万一。

2. 实现TokenFilter工厂

对词项过滤器工厂的实现，是这个插件中最简单的类之一。需要做的仅仅是创建一个AbstractTokenFilterFactory类（来自org.elasticsearch.index.analysis包）的子类，重写一个create方法，并在该方法中创建词项过滤器。代码如下：

```
public class CustomFilterFactory extends AbstractTokenFilterFactory
implements TokenFilterFactory {
@Inject
public CustomFilterFactory(IndexSettings indexSettings, @Assisted String
name, @Assisted Settings settings) {
super(indexSettings, name, settings);
}

@Override
public TokenStream create(TokenStream tokenStream) {
return new CustomFilter(tokenStream);
}
}
```

可见，这个类非常简单。首先编写了构造函数，它将用于对基类进行初始化。然后重写了create方法，在该方法中用到了由参数传入的TokenStream对象，创建了自定义的CustomFilter类实例。

在继续之前，还要提到两个事情：@IndexSettings对象和@Assisted注解。第一个封装了所有索引级的配置，并处理设置的更新。它是基于索引创建的，并对所有索引级的类可用，让它们可以获取到最近更新的配置对象。而被@Assisted注解标记的参数则会通过工厂方法的参数来注入。

3. 实现自定义分析器类

希望本例的实现越简单越好，因此决定不在分析器的实现部分增加复杂性。为了实现一个分析器，需要扩展Lucene的Analyzer抽象类（来自org.apache.lucene.analysis包）。CustomAnalyzer类的完整代码如下：

```
public class CustomAnalyzer extends Analyzer {
public CustomAnalyzer() {
}

@Override
protected TokenStreamComponents createComponents(String field) {
final Tokenizer src = new WhitespaceTokenizer();
return new TokenStreamComponents(src, new CustomFilter(src));
}
}
```

如果想要看看更复杂的分析器实现，请研究Apache Lucene、Apache Solr和Elasticsearch的源代码。

还需要实现 createComponents 方法，该方法根据指定的字段名（方法的参数，String 类型）返回一个 TokenStreamComponents 对象（来自 org.apache.lucene.analysis 包）。在方法中，使用 Lucene 的 WhitespaceTokenizer 类创建了一个 Tokenizer 对象，该对象将按空格切分输入数据。随后创建了一个 TokenStream-Components 对象，传入 Tokenizer 对象和 CustomFilter 对象，这样 CustomAnal-yzer 就可以使用 CustomFilter 对象了。

4. 实现 AnalyzerProvider

AnalyzerProvider 是本插件中除词项过滤器的工厂类之外的另一个 provider 实现。在这里需要扩展 AbstractIndexAnalyzerProvider 类（来自 org.elasticsearch.index.analysis 包），以便于 Elasticsearch 创建自定义的分析器。代码实现非常简单，只需要实现一个用于返回分析器的 get 方法即可。CustomAnalyzerProvider 的代码如下：

```
public class CustomAnalyzerProvider extends
AbstractIndexAnalyzerProvider<CustomAnalyzer> {
private final CustomAnalyzer analyzer;

@Inject
public CustomAnalyzerProvider(IndexSettings indexSettings, Environment env,
@Assisted String name, @Assisted Settings settings) {
super(indexSettings, name, settings);
analyzer = new CustomAnalyzer();
}

@Override
public CustomAnalyzer get() {
return this.analyzer;
}
}
```

实现了构造函数用于初始化基类。另外还创建了自定义分析器的单例，在 Elasticsearch 想要使用时返回给它。这么做的原因是不希望每次在 Elasticsearch 需要时都去创建一个新的分析器实例，这样会非常低效。因为自定义的这个分析器是线程安全的，一个单例可以被反复重用，所以请不必担心多线程并发问题。在 get 方法中，直接返回已经创建好的分析器。

5. 实现分析器插件

最后要实现 Plugin 类，这样 Elasticsearch 才会知道有个插件要加载。它继承自 org.elasticsearch.plugins 包的 AbstractPlugin 类。另外，也要实现 AnalysisPlugin 接口，它是 Plugin 类的一个扩展点。这和在 CustomRestActionPlugin 中的实现很相似。因为创建一个扩展，就要实现 getAnalyzers 方法，它用于增加另外的分析器。

整个类的代码如下：

```
public class CustomAnalyzerPlugin extends Plugin implements AnalysisPlugin
{
  @Override
public Map<String, AnalysisProvider<AnalyzerProvider<? extends Analyzer>>>
getAnalyzers() {
return singletonMap("mastering_analyzer", CustomAnalyzerProvider::new);
}
}
```

可见，在 getAnalyzers 方法中把 CustomAnalyzerProvider 类与名字 mastering_analyzer 绑定了起来，并作为 singletonMap 返回了。

6. 向 Elasticsearch 声明自定义分析器插件

一旦准备好所有代码，还需要做一件事：想办法让 Elasticsearch 知道，到底哪个类注册了自定义插件 CustomAnalyzerPlugin。为此，在 src/main/resources 目录下创建一个 plugin-descriptor.properties 文件。文件内容如下：

```
description=${project.description}.
version=${project.version}
name=${project.artifactId}
classname=org.elasticsearch.customanalyzer.CustomAnalyzerPlugin
java.version=1.8
elasticsearch.version=${elasticsearch.version}
```

11.3.2 测试自定义分析插件

现在对插件进行测试，确保一切工作正常。为此，需要先构建好这个插件，然后把它安装到集群中的所有节点上，最后再使用 Admin Indices Analyze API 来验证它的运行情况。

1. 构建自定义分析插件

首先开始最简单的部分：构建插件。为此，执行如下命令：

```
mvn compile package
```

该命令让 Maven 编译并打包相关代码。命令执行完毕后，可以在 target/release 目录下找到打包好的插件文件（假定使用的项目结构和在 11.1 节描述的一样）。

2. 安装自定义插件

为了安装插件，需要像之前那样再次使用 plugin 命令。假设已经把插件包保存在 /home/install/es/plugins 目录下了，接下来执行如下命令来安装插件（在 Elasticsearch 主目录下运行本命令）：

```
    bin/elasticsearch-plugin install
file:////home/install/es/plugins/custom-analyzer-5.0.0-SNAPSHOT.zip
```

需要在集群的所有节点上安装新插件，因为需要 Elasticsearch 能够在所有节点上找到自定义的分析器和过滤器，不管分析工作发生在哪个节点上。如果只有部分节点上安装了新插件，肯定会遇到各种问题。

插件安装成功后，需要重启所有执行了安装操作的 Elasticsearch 节点。重启后，应该可以在日志中看到如下信息：

```
[2017-01-11T02:21:43,406][INFO ][o.e.p.PluginsService] [node-2] loaded
plugin [custom-analyzer]
```

这条信息表明，名为 custom-analyzer 的插件已经成功地被 Elasticsearch 加载。

3. 检查自定义插件的工作情况

最后需要检查一下自定义插件的工作情况是否和预期的一样。首先创建一个名为 analyzetest 的空索引（实际上索引名称无所谓），即直接执行如下命令：

```
curl -XPUT 'localhost:9200/analyzetest/'
```

在此之后，使用 Admin Indices Analyze API（http://www.elasticsearch.org/guide/en/elasticsearch/reference/current/indicesanalyze.html）来查看分析器工作如何。可以执行如下命令：

```
    curl -XGET
'localhost:9200/analyzetest/_analyze?analyzer=mastering_analyzer&pretty' -d
'mastering elasticsearch'
```

在响应中，可以看到两个被反转的词项：先是 gniretsam，它是 mastering 的反转，然后是 elasticsearch 的反转结果 hcraescitsale。Elasticsearch 的响应大致如下：

```
{
  "tokens" : [
    {
      "token" : "gniretsam",
      "start_offset" : 0,
      "end_offset" : 9,
      "type" : "word",
      "position" : 0
    },
    {
      "token" : "hcraescitsale",
      "start_offset" : 10,
      "end_offset" : 23,
      "type" : "word",
      "position" : 1
    }
  ]
}
```

可见，最终结果跟期望一模一样。因此，看起来自定义插件工作的与预期的一样好。

可以在本章代码的 CustomAnalyzerPlugin 目录下找到这个自定义分析插件的全部代码。

11.4 小结

在本章中，学习了如何开发 Elasticsearch 的自定义插件。先了解了 Apache Maven 和它的模块，并在 Elasticsearch 里为创建 REST 端点而实现了自定义的 REST 行为插件。最后，实现了一个自定义分析器插件，熟悉了 Elasticsearch 和 Lucene 内部几个重要的类。

在下一章中，将了解整个 Elastic Stack，并了解如何搭配使用 Elasticsearch、Logstash 和 Kibana。

第 12 章 Chapter 12

介绍 Elastic Stack 5.0

在上一章中，学习了如何开发 Elasticsearch 的自定义插件。先了解了 Apache Maven 和它的模块，然后实现了两个插件。第一个是自定义的 REST 行为插件，可以在 Elasticsearch 里创建 REST 端点。第二个是自定义分析器插件。

本章也是本书的最后一章，将在这里浏览一下 Elastic Stack。本章的内容主要包括：

- Elastic Stack 5.0 简介。
- 安装并配置 Logstash、Beats 和 Kibana。
- 借助 Logstash 在 Elasticsearch 内部传输数据。
- 用 Beats 做轻量级数据传输器。
- 用 Kibana 做数据挖掘和可视化。

12.1 Elastic Stack 5.0 简介

在前面的章节中，已经看过了许多 Elasticsearch 5.0 非常棒的功能。而作为一个公司，Elastic 提供的就不只是一个搜索工具了。在 2016 年 2 月，Elasticsearch 的作者 Shary Bannon 宣布，将 ELK（Elasticsearch-Logstash-Kibana）Stack 的名字改为 Elastic Stack 5.0。Shary 说改名的原因主要有两个。首先，提供的工具又多了一个——Packetbeat 也被加入到了工具栈中。其次，希望同一家公司提供的所有产品都有相同的版本号。

Elastic Stack 包括以下部分：

- Elasticsearch：基于 REST 和 JSON 的分布式开源全文搜索引擎。
- Logstash：一个支持多种数据源，用于处理并将数据注入 Elasticsearch 的开源工具。

- Kibana：一个对 Elasticsearch 中的数据进行分析并可视化的开源工具。
- Beats：刚刚加入 Elastic Stack 的新开源工具，它被用作向 Elasticsearch 或 Logstash 传送数据的传输者。当有数据要传输时，它们会作为代理被安装在每台数据源服务器上。

因为有多种不同的操作系统、Java 版本、浏览器版本等，必须清楚地知道要使用的 Elastic Stack 能支持哪些相应的版本。请访问 `https://www.elastic.co/support/matrix` 了解官方宣布支持的版本、兼容性等信息。

12.2 介绍 Logstash、Beats 和 Kibana

已经知道了如何安装和配置 Elasticsearch，在这里就不再重复了。接下来将继续学习 Elastic Stack 的另 3 个组件：Logstash、Beats 和 Kibana。

12.2.1 使用 Logstash

Logstash 是一个应用非常广泛的工具，用于收集、解析和转换日志类的数据（通常是包含时间戳字段的数据），它支持多种数据源，比如日志文件、数据库、Twitter、亚马逊 S3、亚马逊 CloudWatch、Apache Kafka 等。通过 Logstash 对数据进行处理和转换之后，可以将结果存入 Elasticsearch，也可以存储到许多其他类型的数据库中，比如 MongoDB、亚马逊 S3 等。

1. Logstash 架构

Logstash 的架构是基于插件的。如下图所示，它主要有 3 个模块：Input、Filter 和 Output。

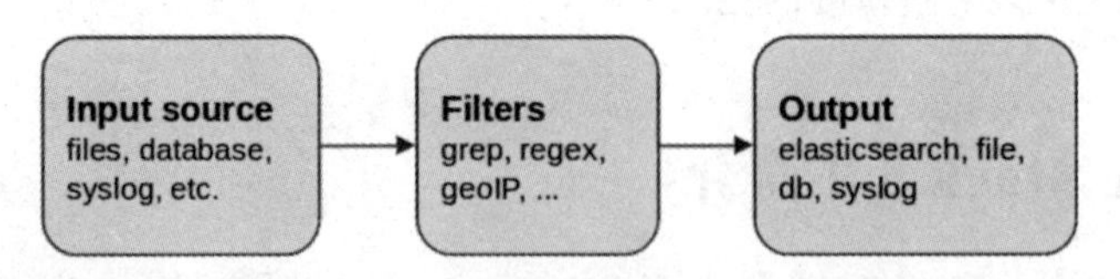

现在成熟可用的 Input、Filter 和 Output 开源插件已经有了几百种，而且最棒的是，假如恰好找不到适合自己场景的插件，可以轻松地自己实现一个。

可用的插件列表太长，因此在本章中不会把它们的名字全部列出来。可以访问下面的 URL 来全面了解它们。在本章中将展示一些例子，演示部分插件的使用方法。

- Input 插件：`https://www.elastic.co/guide/en/logstash/master/input-plugins.html`。
- Output 插件：`https://www.elastic.co/guide/en/logstash/master/output-plugins.html`。

- Filter插件：https://www.elastic.co/guide/en/logstash/master/filter-plugins.html。

2. 安装Logstash

与Elasticsearch相似，Logstash也可以安装到不同的操作系统上，包括微软的Windows。在本节给出的是在Linux上安装Logstash的步骤。

请记住Logstash安装目录的路径中一定不能包含冒号（:）字符。

（1）用二进制文件安装Logstash

从https://www.elastic.co/downloads/logstash可以下载适合平台的二进制文件。要下载较旧版本的Logstash，可以访问https://www.elastic.co/downloads/past-releases。

（2）通过APT仓库安装Logstash

要在基于APT的Linux发行版上安装Logstash，可以按照如下步骤。

①在Debian上如果还没有安装apt-transport-https包，就先安装它：

```
sudo
apt-get install apt-transport-https
```

②下载并安装公钥：

```
    wget -qO - https://artifacts.elastic.co/GPG-KEY-elasticsearch | sudo
apt-key add -
```

③把仓库定义保存到/etc\apt\sources.list.d\elastic-5.x.list：

```
    echo "deb https://artifacts.elastic.co/packages/5.x/apt stable main"
| sudo tee -a /etc/apt/sources.list.d/elastic-5.x.list
```

④运行sudo apt-get update命令之后，仓库就可以使用了。然后用下面的命令安装Logstash：

```
sudo apt-get update && sudo apt-get install logstash
```

（3）通过YUM仓库安装Logstash

要在基于YUM的Linux发行版上安装Logstash，可以按照如下步骤。

①下载并安装公钥：

```
rpm --import https://artifacts.elastic.co/GPG-KEY-elasticsearch
```

②将下面内容添加到/etc/yum.repos.d/目录下一个以.repo结尾的文件中，比如logstash.repo：

```
[logstash-5.x]
name=Elastic repository for 5.x packages
baseurl=https://artifacts.elastic.co/packages/5.x/yum
gpgcheck=1
gpgkey=https://artifacts.elastic.co/GPG-KEY-elasticsearch
```

```
enabled=1
autorefresh=1
type=rpm-md
```

③之后，就可以用如下命令安装Logstash了：

```
sudo yum install logstash
```

请注意，这些仓库不适用于CentOS 5之类仍然使用RPM v3等较旧的基于RPM的Linux发行版。

3. 配置Logstash

安装Logstash之后可以看到，它的配置目录结构与Elasticsearch相似。

在/etc/logstash目录下，可以看到如下配置文件。

- conf.d：在这个目录下创建所有关于处理流水线的配置文件。
- jvm.options：用于与JVM相关的配置。可以用-Xms（默认256MB）和-Xmx（默认1GB）来描述Logstash使用的堆的最小值和最大值。
- log4j2.properties：用于配置log4j的参数。
- logstash.yml：这个就是Logstash的配置文件，在里面可以配置Logstash的参数，控制Logstash的运行。在文件中可以配置数据路径、日志路径、流水线配置目录路径，以及许多其他配置属性。从官方文档中可以了解到更多具体参数的细节：https://www.elastic.co/guide/en/logstash/5.0/logstash-settings-file.html。
- startup.options：文件中是只会被$LS_HOME/bin/system-install用到的一些设置，用于为Logstash创建一个定制的启动脚本。这个文件的内容基本上不用改。

4. Logstash配置文件结构

Logstash配置文件的结构如下：

```
# You can add your comments here to describe about what this file does
# parts of your configuration.
input {
  ...
}

filter {
  ...
}

output {
  ...
}
```

可以看到，input一节包含着Input插件的各种细节。Input插件定义了Logstash将从哪里获取数据。filter一节包含了Filter插件的内容，在里面写着所有做数据转换的处理逻辑。output一节包含着对Output插件的配置。Output插件定义了处理后的数据将被发往哪里。

在接下来的几节中将给出一些例子，说明该如何对它们进行配置。

5. 用 Logstash 传输系统日志的例子

每个 Linux 系统都会产生 syslog，它里面记录了关于系统事件的非常重要的信息。在这个例子里将创建一个配置文件，用 Logstash 实时地处理 syslog 数据，并在 Elasticsearch 里将它们索引起来。

> 请注意在安装 Logstash 的时候，名为 logstash 的用户和用户组也会被自动创建出来。如果要用 Logstash 处理文件，就要把被处理文件的访问权限赋予 `logstash` 用户。就处理 syslog 来说，可以使用如下命令：
>
> **sudo usermod -a -G adm logstash**

> 在上面的例子中，把 `logstash` 用户加到了 `adm` 用户组里，这样就有了访问 syslog 的权限。如果上面的命令不适用，请检查 syslog 文件的用户组名字，并将上面命令中的用户组名替换成正确的。

接下来，先在 `/etc/logstash/conf.d` 目录中创建一个名为 `logstash_syslogs.conf` 的配置文件，并在文件中加入如下内容：

```
input {
  file {
    path => [ "/var/log/syslog" ]
      type => "syslog"
  }
}

filter {
  if [type] == "syslog" {
    grok {
      match => { "message" => "%{SYSLOGTIMESTAMP:syslog_timestamp}
%{SYSLOGHOST:syslog_hostname}
%{DATA:syslog_program}(?:\[%{POSINT:syslog_pid}\])?:
%{GREEDYDATA:syslog_message}" }
      add_field => [ "received_at", "%{@timestamp}" ]
      add_field => [ "received_from", "%{host}" ]
    }
    date {
      match => [ "syslog_timestamp", "MMM  d HH:mm:ss", "MMM dd HH:mm:ss" ]
    }
  }
}

output {
  elasticsearch {
    hosts => ["localhost:9200"]
      index => "logstash-%{+YYYY.MM.dd}"
  }
}
```

在上面的文件内容中可以看到3个小节：input，filter和output。

在input一节，使用了名为file的Input插件，它指定了路径以及日志的类型。所有根据这个配置文件处理后生成的文档，在被传入Elasticsearch索引之后，都会自动以这个类型作为文档类型。

在filter一节，我们使用了grok和date两个过滤器。grok过滤器是在Logstash中用得最广泛的过滤器插件之一。grok过滤器用于解析非结构化的数据，生成有意义的、结构化的、可查询的内容。Logstash中包含了约120个现成的、可以直接使用的模式，可以在这里获得更多细节：https://github.com/logstash-plugins/logstash-patternscore/tree/master/patterns。

在上面的代码中，使用grok过滤器提取默认消息字段的内容，并使用Logstash中预定义的grok模式生成正则表达式，对数据进行处理。

还增加了两个字段，即receive_at和receive_from，用于丰富最终文档的内容。

最后，使用date过滤器来将时间戳格式化成标准格式。假设输入的syslog事件如下：

```
Jan 21 01:46:33 bharvi-sentieo systemd[1]: Stopping logstash...
```

处理过后生成的数据格式将会如下：

```
{
  "syslog_pid": "1",
  "syslog_program": "systemd",
  "message": "Jan 21 01:44:11 bharvi-sentieo systemd[1]: Stopping
logstash...",
  "type": "syslog",
  "syslog_message": "Stopping logstash...",
  "path": "/var/log/syslog",
  "received_from": "bharvi-sentieo",
  "@timestamp": "2017-01-20T20:14:11.000Z",
  "syslog_hostname": "bharvi-sentieo",
  "syslog_timestamp": "Jan 21 01:44:11",
  "received_at": "2017-01-20T20:14:23.177Z",
  "@version": "1",
  "host": "bharvi-sentieo"
}
```

最后在output一节，用Elasticsearch的Output插件来创建到本地Elasticsearch的连接，并用index => "logstash-%{+YYYY.MM.dd}"定义索引名的模式，这样每天都会创建一个新索引，并索引当天的syslog。

6. 启动Logstash

如果配置文件没问题，只要使用如下命令就可以启动Logstash。对于上面的例子，可以看到一个索引名符合logstash-YYYY.MM.dd格式的索引已经被自动创建出来了，并将开始索引数据：

```
sudo service logstash start
```

12.2.2　引入 Beats 作为数据传输器

Beats 是一个非常轻量级的工具，用于从成百上千台服务器将数据传给 Logstash，甚至直接传给 Elasticsearch。下图取自 Elastic 网站，它解释了 Beats 在 Elastic Stack 中所处的位置。

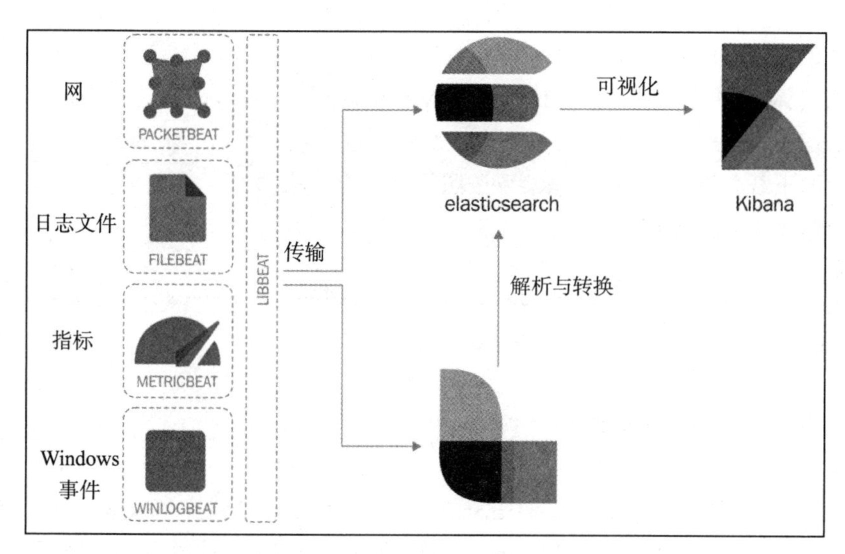

如图所示，Beats 支持的非常广泛，可以捕获各种不同类型的数据。Packetbeat 用于捕获在网络上传输的数据包；Filebeat 用于获取日志文件中的数据；Metricbeat 可以作为一个服务器的监控代理，用于传输操作系统或系统上运行的进程的各种指标；Winlogbeat 用于捕获 Winows 事件日志。

Beats 的列表当然不会只有这么少的内容。感谢开源社区，现在已经有四十多种 Beats 可用了，都由社区成员们维护着。另外，也可以根据自己的实际需求开发自己的 Beats，并为社区做出贡献。在下面的链接中可以得到关于所有社区 Beats 的完整列表：`https://www.elastic.co/guide/en/beats/libbeat/current/community-beats.html`。

> 这本书不是专门讲解 Elastic Stack 或 Beat 的，因此不会详细讨论所有模块。在这一章中将简单的介绍如何使用 Metricbeat。要了解 Beats 的更多工作细节，或者了解如何开发自己的 Beats，请访问下面的官方文档：`https://www.elastic.co/guide/en/beats/libbeat/current/getting-started.html`。

使用 Metricbeat

在 12.2.1 节中，知道了日志是什么，以及如何将系统日志索引到 Elasticsearch 中。在这一节中将处理指标，这与日志不同。指标与日志类似的是它们也有时间戳字段，不同的是指标是被周期性地发送的，比如每10分钟一次，或者按指定的时间间隔。日志是在某些事件发生时被追加到日志文件中的，因此当它们一出现在日志文件中时，就会被索引起来。

指标通常被用于软件或硬件的健康监控场景，比如系统资源使用情况监控、CPU和内存使用率、数据库运行指标监控等。监控与MongoDB、Redis等相关的性能指标就属于这种情况。

（1）安装Metricbeat

请根据具体操作系统情况，下载相应的Metricbeat安装包：https://www.elastic.co/downloads/past-releases/metricbeat-5-0-0。

比如，要下载并安装Debian包，请按照如下的指示去做。

用这个命令下载安装包：

```
wget
https://artifacts.elastic.co/downloads/beats/metricbeat/metricbeat-5.0.0-amd64.deb
```

用这个命令进行安装：

```
sudo dpkg -i metricbeat-5.0.0-amd64.deb
```

（2）配置Metricbeat

安装成功后，在/etc/metricbeat/目录下就可以找到配置文件。这个目录中的metricbeat.yml文件就用于存储Metricbeat的所有配置。这个文件由以下几节组成。

- Module：这一块指定将要用到的各个模块。默认会预先配置System模块。在这个文件中可以配置更多模块。除了System，现在已经支持的模块还有Apache、Docker、HAProxy、Kafka、MongoDB、MySQL、Nginx、PostgreSQL、Redis和ZooKeeper等。要了解如何配置这些模块可以参考官方文档：https://www.elastic.co/guide/en/beats/metricbeat/current/metricbeat-modules.html。
- General：这一块是关于传输器的配置，比如它的名字等。
- Output：在这一节描述把数据发往Logstash或Elasticsearch等。
- Metricbeat日志配置：这里可以设置日志级别，默认是info。

要上手试用Metricbeat，可以先不改动这些配置。但如果Elasticsearch是运行在其他服务器上的，请不要忘记修改Elasticsearch主机的参数。而且，如果使用了Elasticsearch的X-pack安全插件，在这个文件中还要为Metricbeat配置用户名和密码。

（3）运行Metricbeat

要启动Metricbeat，请使用如下命令：

```
sudo service metricbeat start
```

请记住，Metricbeat启动之后，立刻就开始按10秒的周期将数据索引到Elasticsearch

中了。

（4）将示例 Kibana 仪表板加载到 Elasticsearch 中

Metricbeat 包自带了预配置的仪表板，可以导入 Elasticsearch 并用在 Kibana 中。用下面的命令可以将这些仪表板导入 Elasticsearch，可以看到下载仪表板并导入 Elasticsearch 的过程：

```
sudo /usr/share/metricbeat/scripts/import_dashboards
```

将在有关 Kibana 的章节中研究这些仪表板，并学习如何创建自定义的可视化内容。

12.2.3　使用 Kibana

已经说过，Kibana 是一个属于 Elastic Stack 的工具，用于完成数据可视化，并对 Elasticsearch 中的数据进行分析。如果用过之前版本的 Kibana，就会看到它在功能上发生的巨大变化。

访问下面的网址可以了解 Kibana 5.0 的主要变化：https://www.elastic.co/guide/en/kibana/current/breaking-changes-5.0.html。

1. 安装 Kibana

与其他的 Elastic Stack 工具相似，可以根据具体操作系统情况，通过以下网址下载 Kibana 5.0.0：

https://www.elastic.co/down loads/past-releases/kibana-d-0-0

下面是一个下载和安装 Debian 版的 Kibana 的例子。

先下载安装包：

```
wget
https://artifacts.elastic.co/downloads/kibana/kibana-5.0.0-amd64.deb
```

然后用下面的命令安装：

```
sudo dpkg -i kibana-5.0.0-amd64.deb
```

2. 配置 Kibana

安装成功后，在 /etc/kibana/ 目录下就可以找到 Kibana 的配置文件 kibana.yml，所有与 Kibana 有关的配置都保存在这个文件中。要了解所有可用的 Kibana 配置选项，可以访问 https://www.elastic.co/guide/en/kibana/current/settings.html。

3. 启动 Kibana

用下面的命令可以启动 Kibana，它默认会绑定到本机的 5601 端口：

```
sudo service kibana start
```

4. 用 Kibana 分析数据并可视化

到目前为止，所有 Elastic Stack 的组件就都安装配置好了，可以开始了解 Kibana 超棒的可视化功能了。

大多数最新版的主流网页浏览器都支持 Kibana 5.x，包括微软的 Internet Explorer 11+。

要访问 Kibana，只需要在网页浏览器中输入 `localhost:5601`。在屏幕左边的面板中可以看到各种不同的选项，如下图所示：

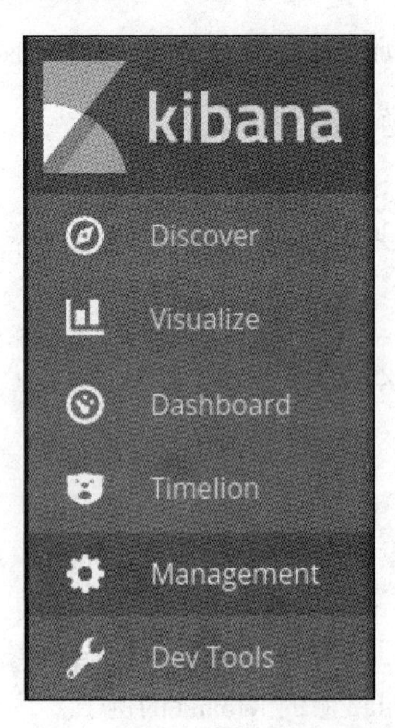

不同的选项有不同的用途。

- **Discover**：用于分析数据，可以访问每个字段并附上默认的时间。
- **Visualize**：用于创建对 Elasticsearch 索引中数据的可视化展示。可以接下来创建仪表板，展示相关的可视化内容。
- **Dashboard**：用于展示一系列已保存的可视化成果。
- **Timelion**：这是一个基于时间序列的数据可视化器，可以在一个可视化中合并展示完全不相关的数据源的内容。它也是基于简单的表示语言的。
- **Management**：在这里对运行时的 Kibana 进行配置，包括初始化安装和对索引模式的运行时配置，以及一些高级设置，可以调节 Kibana 自身和已保存的可视化内容的行为。
- **Dev Tool**：包含基于 Sense 插件的终端，可以在一个标签中写 Elasticsearch 命令，在另一个标签中看命令结果。

（1）理解 Kibana 管理界面

管理界面有 3 个标签。

- **Index Patterns**：选择和配置索引名。

- ❑ Saved Objects：在这里可以找到保存的所有可视化、搜索和仪表板等。
- ❑ Advanced Settings：包含对 Kibana 的高级设置。

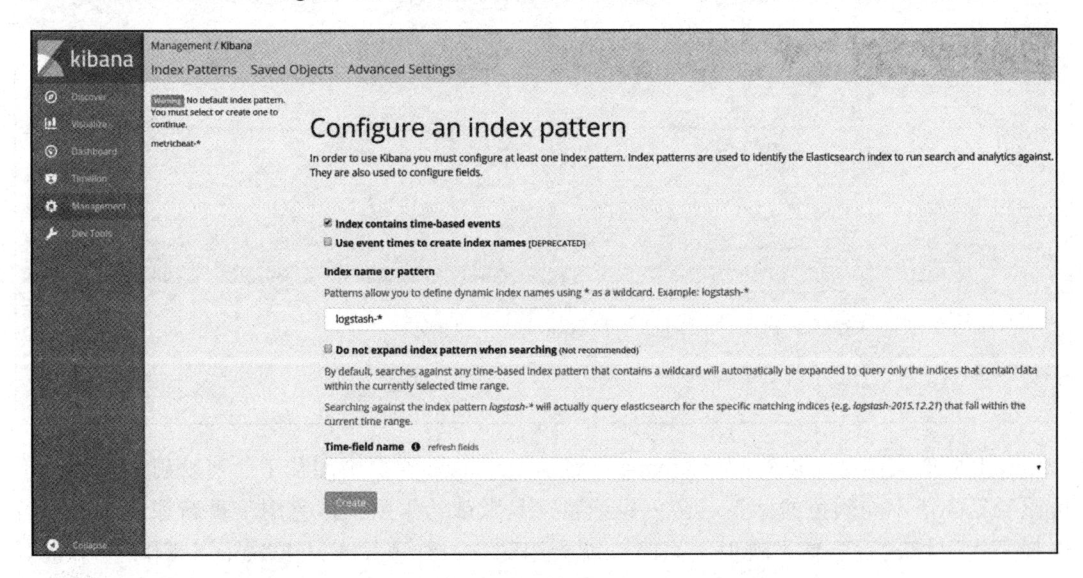

在管理界面上的第一个标签是 Index Patterns。Kibana 要求配置一个索引模式，这样它就可以从定义的索引中把所有的映射和设置都加载进来。它默认是 `logstash-*`，可以添加任意个数的索引模式，也可以直接添加索引名的绝对路径，这样在创建可视化时就可以从中做选择。现在恰好有符合 `logstash-*` 模式的索引，在单击 Time-field name 下拉菜单时，它会列出两个选项 `@timestamp` 和 `received_at`，这些都是数据类型。如下图所示：

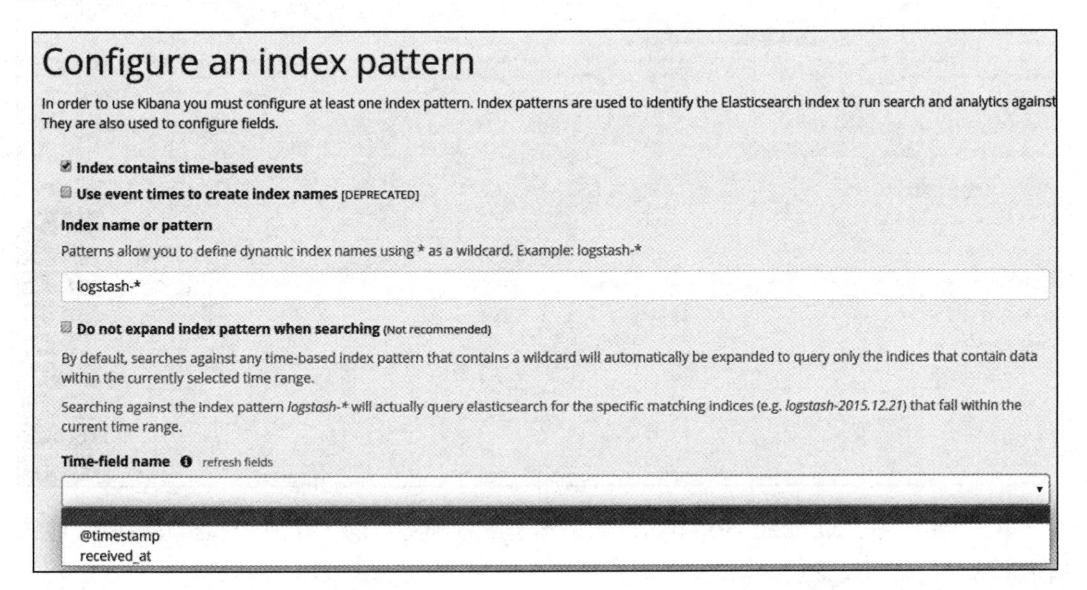

选择 `@timestamp` 并单击 Create 按钮，之后会出现如下界面：

Index Patterns Saved Objects Advanced Settings

+ Add New

★ logstash-*

metricbeat-*

★ logstash-*

This page lists every field in the **logstash-*** index and the field's associated core type as recorded by Elasticsearch. While this list allows you to view the core type of each field, changing field types must be done using Elasticsearch's Mapping API

Filter

Fields (31) Scripted fields (0)

name	type	format	searchable	aggregatable	analyzed	controls
syslog_pid	string		✔		✔	
syslog_program	string		✔		✔	
type	string		✔		✔	
geoip.ip	ip					
path	string		✔		✔	

在上面的截图中可以看到，Kibana 已经从 Logstash 索引中加载了所有映射。另外，还可以看见 3 个不同颜色的标签。蓝色标记着这是默认的索引；黄色用于重新加载映射，当选择了索引模式后更新了映射关系时，就会用到它；红色用于从 Kibana 上删除这个索引模式。

管理界面上的第二个标签里是关于 Saved Objects 的内容，从下面的截图中可以看到，里面包含了所有已保存的可视化、搜索和仪表板。在这里也可以看到之前从 Metricbeat 导入的仪表板、可视化等内容。

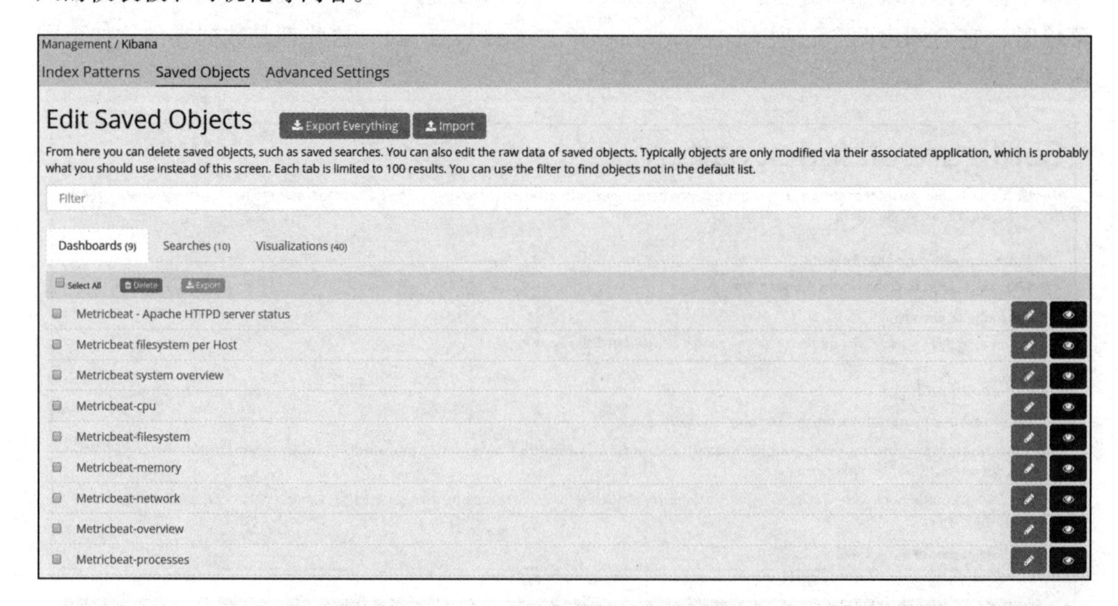

第三个标签是 Avanced Settings，如果不了解各种背后的工作原理和相互影响，应该用不上这一页里的设置。

（2）在 Kibana 上挖掘数据

换到 Kibana 的 Discover 页面，可以看到如下的屏幕：

①设置时间范围和自动刷新间隔。

请注意，Kibana 的默认行为是加载最近 15 分钟的数据，要改变这一行为，可以找到屏幕右上角的时钟图标，在里面选择想要的时间范围。如下图所示：

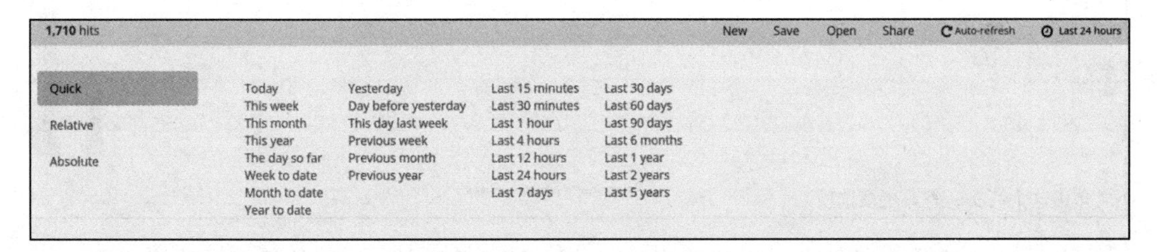

还有一件事值得一提。单击时钟图标之后，里面除了与时间有关的设置，在上边的角落里还有一个名为 Auto-refresh 的选项。它会告诉 Kibana 多久去查询 Elasticsearch 一次。勾选了它之后，可以决定或者完全关闭自动刷新，或者选择合适的自动刷新频率。

②添加用于挖掘的字段，并使用搜索面板。

从下面的截图中可以看到，里面列出了索引中的所有字段。在 Visualization 的界面上，Kibana 默认会显示 `timestamp` 和 `_source` 字段，也可以通过左边的面板增加选中的字段，只需要把鼠标移动到相应的字段上，再单击 Add 即可。相似地，想要去除掉某个字段的话，只需要把鼠标移到相应的字段名上，再单击“X”按钮。

Kibana 还提供了一个搜索面板，供输入查询条件。比如在下面的截图中，在 `syslog_message` 字段中搜索了 `logstash` 这个关键字。在单击搜索按钮之后，要搜索的关键字就会在响应消息中被高亮显示出来：

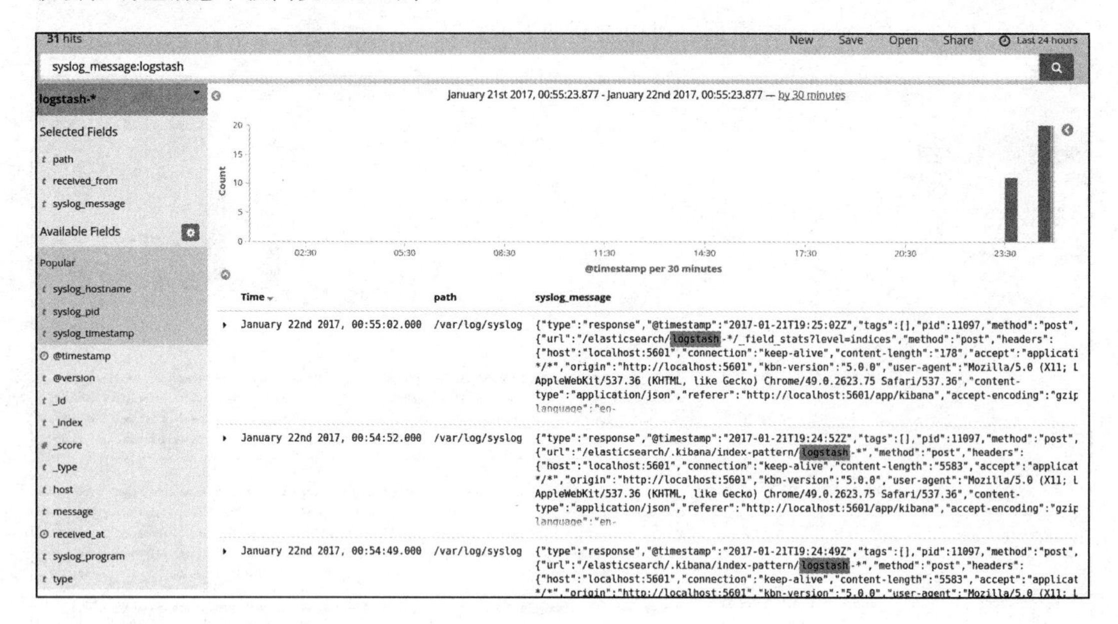

③ Visualization 界面上的更多选项。

在 Kibana 的界面上常常可以看到许多小箭头符号，用于打开或折叠某些小节或设置页面。在下面截图的左下方就可以看到一个这样的箭头，在下面的箭头旁边还特意加了一句话：

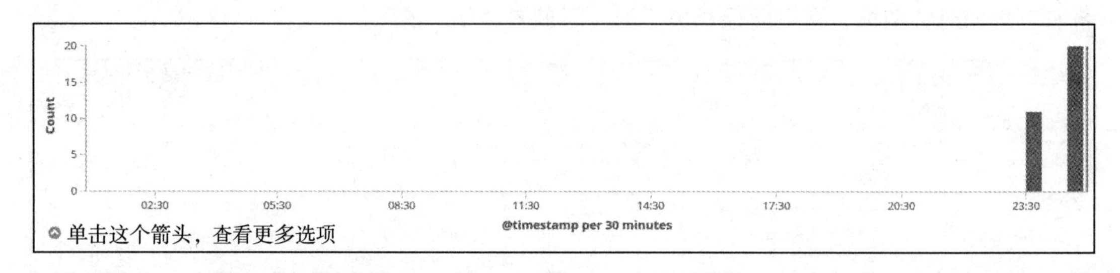

单击这个箭头之后，时间序列的柱状图就被隐藏了起来，下面的界面被展示出来。在它上面有几个选项，Table 将柱状图的数据以表格形式展示了出来；Request 显示发往 Elasticsearch 的真正的 JSON 查询语句；Response 包含着从 Elasticsearch 返回的 JSON 响应消息；Statistics 显示查询执行时间，以及满足查询条件的命中数量：

Table　Request　Response　Statistics

@timestamp per 30 minutes	Count
January 21st 2017, 23:30:00.000	11
January 22nd 2017, 00:30:00.000	20

（3）用 Dashboard 界面创建或加载仪表板

单击 Dashboard 面板之后，先看到的只有一个空白的界面和几个选项，比如 New 是用来创建仪表板的，Open 是用来打开现有的仪表板的，以及一些其他选项。如果是从无到有地创建仪表板，就应该把构建后的可视化效果添加上来，再起个名字保存好。因为已经用 Metricbeat 导入了仪表板，所以直接使用它就可以了。只需要单击 Open 按钮，就可以在 Kibana 上看到类似下面截图的界面了：

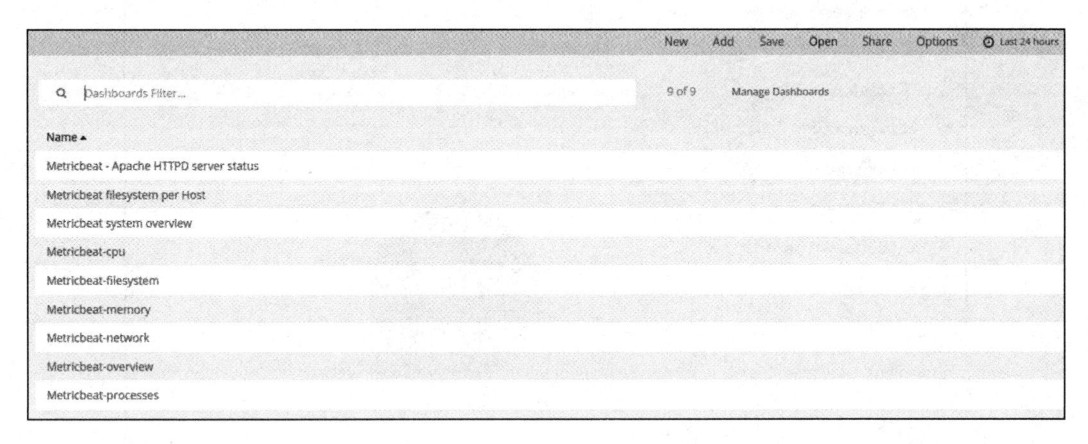

如果在系统上没有安装 Apache，而又选择了第一个选项 Metricbeat-Apache HTTPD server status，它就会加载一个空白面板。也可以随意地选择别的选项，假设选择了第二个选项，就会看到类似下面的界面：

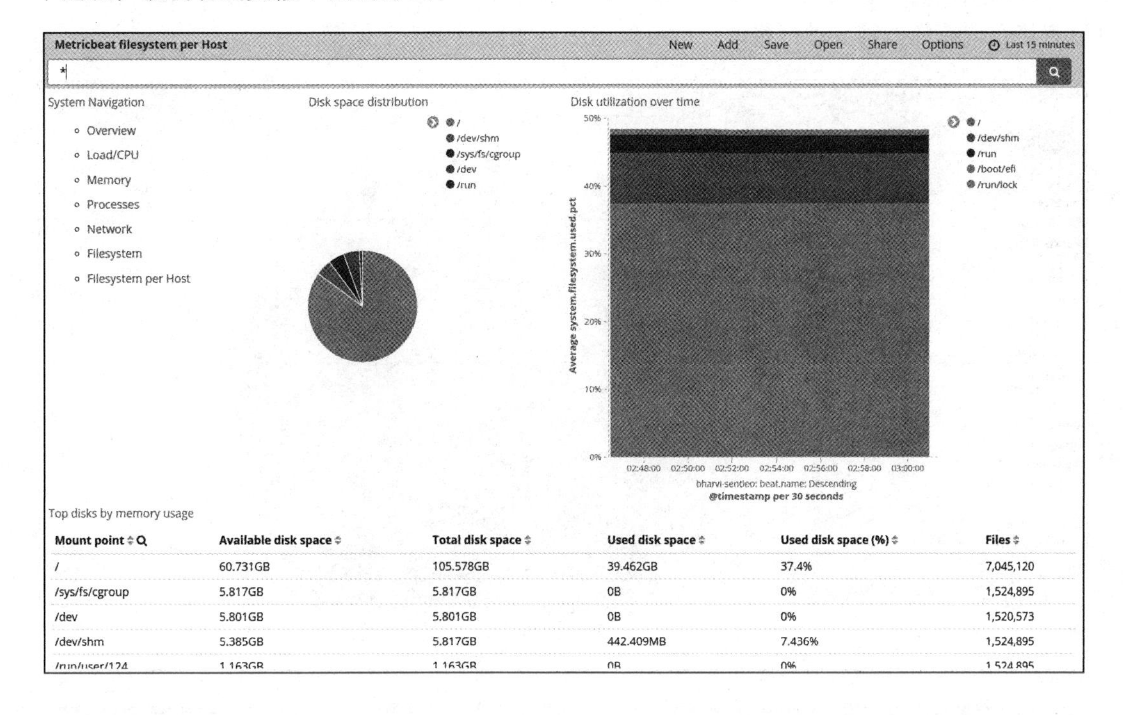

对现有的可视化进行编辑

把鼠标移动到面板上已有的可视化之上，就会出现一个铅笔形状的符号，如下图所示：

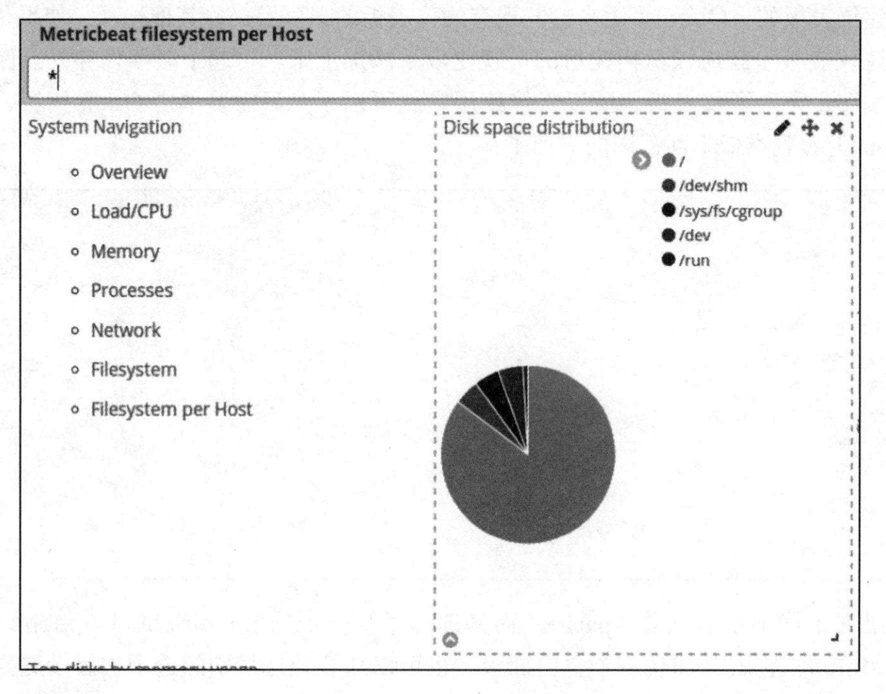

单击铅笔符号，就会在可视化编辑面板中打开相应的可视化，如下面的截图所示。可以直接在现有的内容上进行修改，也可以在编辑之后换个名字保存起来。

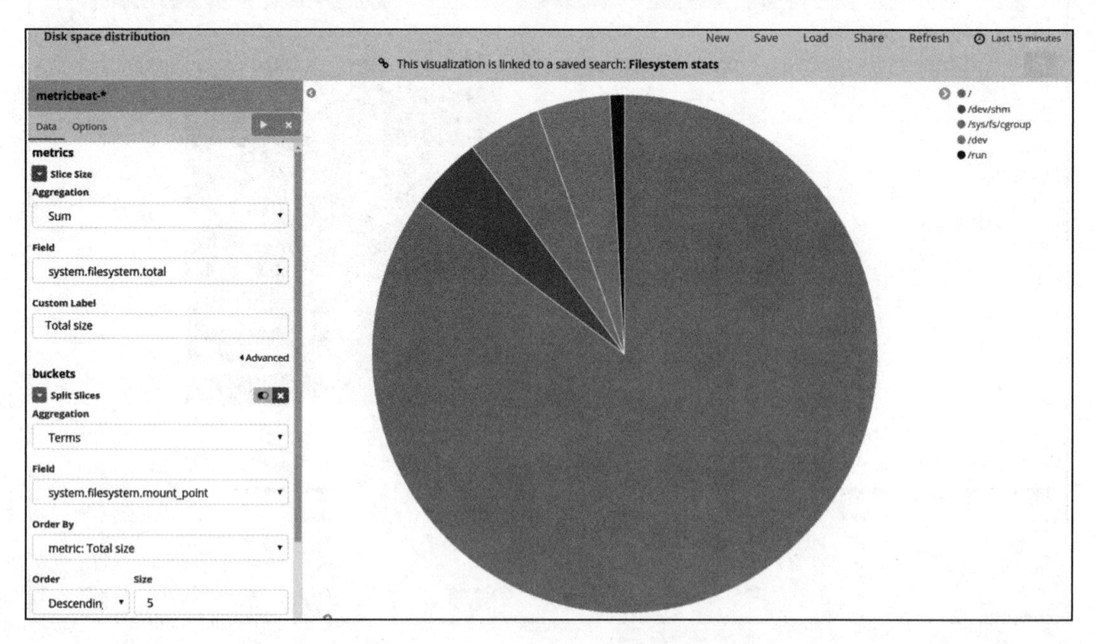

请注意如果是从无到有地创建可视化内容，只需要在左边的界面上单击 Visualize 选项，它就会一步步地指引创建可视化。Kibana 提供了大概 10 种可视化。要了解每一种可视化的具体使用方法，可以访问下面的 Kibana 官方文档：`https://www.elastic.co/guide/en/kibana/master/createvis.html`。

5. 使用 Sense

在 Dev-Tools 选项中，可以找到 Kibana 的终端，它之前的名字叫作 Sense Editor。这是一个加速 Elasticsearch 学习曲线的非常棒的工具，因为它可以为所有的端点和查询提供自动完成功能。如下图所示：

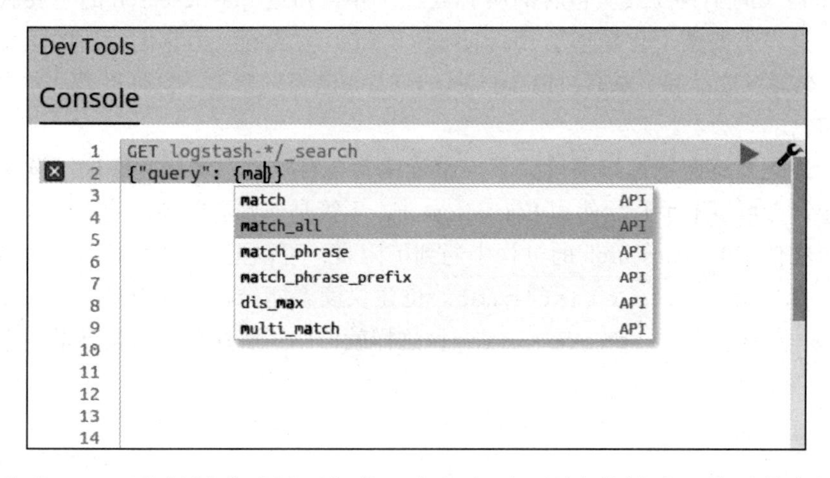

可以看到 Kibana 终端被分成了两部分，在左边可以写查询请求，然后单击绿色的三角形箭头，从 Elasticsearch 返回的响应内容就会展示在右边的面板里：

Dev Tools
Console　History　Settings　Help

```
GET logstash-*/_search
{
  "query": {
    "match_all": {}
  }
}
```

```
{
  "took": 1,
  "timed_out": false,
  "_shards": {
    "total": 5,
    "successful": 5,
    "failed": 0
  },
  "hits": {
    "total": 2374,
    "max_score": 1,
    "hits": [
      {
        "_index": "logstash-2017.01.21",
        "_type": "syslog",
        "_id": "AVnCQpkaqH8sNhQ_67w-",
        "_score": 1,
        "_source": {
          "syslog_pid": "707",
          "syslog_program": "NetworkManager",
          "message": "Jan 21 05:46:53 bharvi-sentieo NetworkManager[707]: <info>  sleeping...",
          "type": "syslog",
          "syslog_message": "<info>  sleeping...",
          "path": "/var/log/syslog",
          "received_from": "bharvi-sentieo",
          "@timestamp": "2017-01-21T00:16:53.000Z",
          "syslog_hostname": "bharvi-sentieo",
          "syslog_timestamp": "Jan 21 05:46:53",
          "received_at": "2017-01-21T18:21:00.824Z",
          "@version": "1",
          "host": "bharvi-sentieo"
        }
      },
```

12.3 小结

在这一章中向读者简单地介绍了整个 Elastic Stack，包括 Elasticsearch、Logstash、Kibana 和 Beats 等模块。在简介之后，就依次介绍了 Logstash、Beats 和 Kibana 的安装和配置。受篇幅所限，尽可能多地介绍了 Kibana 的各个组件。

到此为止，这本书也要结束了。在这里写一点小总结，也对能一直坚持读到这里的读者们说一些话。之所以要写《深入理解 Elasticsearch 5.x，第 3 版》，是因为这本书的上一版是基于 Elasticsearch 1.4.x 的，从那时候起到现在这个技术已经发生了许多变化。希望读者能了解这个强大的工具及其所包含的所有概念，并且知道 Elasticsearch 的主要版本之间的关键变化。这本书的例子全是基于 Elasticsearch 5.0.0 写成的，但它们背后的理念适用于全部 5.x 版。在写下这最后一章时，Elasticsearch 5.2.0 已经发布了，也可以用从本书中学到的概念去研究它。

最后，还是要感谢把这本书读完了。希望读者会喜欢它，希望它解决了读者的某些困惑，也希望读者可以上手开始使用 Elasticsearch，不管是非常专业地使用还是仅仅用着好玩而已。如果在使用 Elasticsearch 的过程中遇到了困难，可以把问题发到官方用户讨论组里，地址是 http://discuss.elastic.co。也建议读者能经常来浏览 Elasticsearch 的官方博客 https://www.elastic.co/blog，这样就可以了解这项技术最新的消息和重要变化。祝好！

推荐阅读

教育部–阿里云产学合作协同育人项目成果

云计算原理与实践

作者：过敏意 主编 吴晨涛 李超 阮娜 陈雨亭 编著 ISBN：978-7-111-57970-0 定价：79.00元

本书全面、系统地展现了云计算技术体系，内容跨越云的各个层次，以云计算为核心，但同样重视云存储；主要着眼于云的系统平台和软件环境，但同样关注硬件基础设施（即数据中心）等。本书不仅涵盖经典的虚拟化、分布式、存储、网络等理论，还融入了以阿里云为代表的真实系统的案例，将云计算实践过程中沉淀的工程化方法和思考呈现在读者面前。通过学习本书，读者可掌握云计算相关的概念、方法、技术与现状，了解云计算领域的研究热点和技术进展，具备初步的云计算开发和实战能力。

云安全原理与实践

作者：陈兴蜀 葛龙 主编 ISBN：978-7-111-57468-2 定价：69.00元

在云计算发展的同时，其安全问题也日益凸显，并成为制约云计算产业发展的重要因素。本书力求将云安全的基本概念、原理与当前企业界的工程实践有机融合。在内容安排上，从云计算的基本概念入手，由浅入深地分析了云计算面临的安全威胁及防范措施，并对云计算服务的安全能力、云计算服务的安全使用以及云计算服务的安全标准现状进行了介绍。本书的另一大特色是将四川大学网络空间安全研究院团队的学术研究成果与阿里云企业实践结合，一些重要章节的内容给出了在阿里云平台上的实现过程，通过“理论+实践”的模式使得学术与工程相互促进，同时加深读者对理论知识的理解。

推荐阅读

Service Mesh
微服务架构设计

Service Mesh实战
基于Linkerd和Kubernetes的微服务实践

Building Serverless Architectures
Serverless架构

Advanced Kubernetes Practices
Kubernetes
进阶实战

企业级业务架构设计
方法论与实践
ENTERPRISE BUSINESS ARCHITECTURE DESIGN

MANNING
Microservices
Patterns
微服务架构
设计模式

RocketMQ
技术内幕
RocketMQ架构设计与实现原理

An In-Depth Analysis of Spring Cloud
Spring Cloud 微服务
架构进阶

O'REILLY
云原生基础架构
构建和管理现代可扩展基础架构的模式及实践
Cloud Native Infrastructure
Justin Garrison Kris Nova 著